蓝天保卫战：

在用汽车排放超标控制技术丛书

汽车排放超标控制检验技术

《蓝天保卫战：在用汽车排放超标控制技术丛书》编写组　编著

人民交通出版社股份有限公司

北　京

内 容 提 要

本书根据当前我国汽车排放超标控制治理形势要求及实施在用汽车排放检验与维护制度(I/M制度)需要,紧扣我国汽车排放检验技术现状和特点,介绍了新车排放标准和检验方法,重点阐述了在用汽车定期排放检验方法、设备、联网要求以及检验流程,讲述了在用汽车排放监督检查方法和监控技术,列举了在用汽车排放控制装置失效原因和检验诊断方法,同时提出了I/M制度闭环管理建议,介绍了I/M制度实践案例。

本书是从事汽车排放检验与维修行业管理工作的技术人员必备读本,是汽车排放检验和维修人员提高技术、业务素质的良师益友,可作为各级交通运输、生态环境等部门治理在用汽车排放超标的培训教材以及高等院校教学的参考书籍。

图书在版编目(CIP)数据

汽车排放超标控制检验技术 /《蓝天保卫战 : 在用汽车排放超标控制技术丛书》编写组编著. — 北京 : 人民交通出版社股份有限公司, 2022.6

(蓝天保卫战 : 在用汽车排放超标控制技术丛书)

ISBN 978-7-114-17437-7

Ⅰ.①汽… Ⅱ.①蓝… Ⅲ.①汽车排气污染—空气污染监测 Ⅳ.①X831

中国版本图书馆CIP数据核字(2021)第279718号

蓝天保卫战:在用汽车排放超标控制技术丛书

Qiche Paifang Chaobiao Kongzhi Jianyan Jishu

书　　名: 汽车排放超标控制检验技术

著 作 者:《蓝天保卫战:在用汽车排放超标控制技术丛书》编写组

责任编辑: 姚　旭　屈闻聪　王金霞

责任校对: 刘　芹

责任印制: 刘高彤

出版发行: 人民交通出版社股份有限公司

地　　址: (100011)北京市朝阳区安定门外外馆斜街3号

网　　址: http://www.ccpcl.com.cn

销售电话: (010)59757973

总 经 销: 人民交通出版社股份有限公司发行部

经　　销: 各地新华书店

印　　刷: 北京印匠彩色印刷有限公司

开　　本: 720×960　1/16

印　　张: 20.5

字　　数: 368千

版　　次: 2022年6月　第1版

印　　次: 2022年6月　第1次印刷

书　　号: ISBN 978-7-114-17437-7

定　　价: 100.00元

丛书审定组

丛书编写组

本书编写组

崔明明　尹　航　刘　嘉　龚巍巍　张诗海　曹　磊

皮晓超　滕　琦　慈勤蓬　祖　雷　渠　桦　王博文

马　遥　贾　明　姚　鹏　李　轶

前　言

我国已实现全面建成小康社会的第一个百年奋斗目标，全党全国各族人民意气风发向着全面建成社会主义现代化强国的第二个百年奋斗目标迈进。人民群众在物质文化生活水平显著提高的同时，对生态环境质量也有着更高的要求，如何有效控制与治理我国在用汽车的排放污染、助力建设美丽中国，已成为推动我国交通可持续发展、提升生态环境治理能力和治理体系现代化的重要课题。

党的十八大把生态文明建设纳入中国特色社会主义事业“五位一体”总体布局。2018 年，中共中央、国务院作出重大决策部署，要求坚决打赢蓝天保卫战。2019 年 9 月，中共中央、国务院印发《交通强国建设纲要》，要求坚决打好柴油货车污染治理攻坚战，统筹车、油、路治理，有效防治公路运输大气污染。2021 年 9 月，中共中央、国务院印发《关于完整准确全面贯彻新发展理念做好碳达峰碳中和工作的意见》，要求着力解决资源环境约束突出问题。2021 年 11 月召开的党的十九届六中全会强调，要坚持人与自然和谐共生，协同推进人民富裕、国家强盛、中国美丽。“十四五”时期是深入打好污染防治攻坚战、持续改善生态环境质量的关键五年，其中柴油货车污染治理攻坚战是大气污染防治的三大标志性战役之一。

汽车排放检验与维护制度（I/M 制度）于 20 世纪 70 年代起源于饱受光化学烟雾事件困扰的发达国家，并于后期持续改进。美国实施 I/M

制度对减少加利福尼亚州等汽车排放重点地区空气污染、改善空气质量发挥了关键作用，日本和欧盟诸国实施I/M制度后在空气质量改善方面也取得明显成效。I/M制度良好的经济、社会效益得到了充分体现，彰显了可持续交通发展的理念，显示出旺盛的生命力。20世纪90年代后期，我国政府主管部门及专家学者开始关注I/M制度，研究探索适用于我国的制度和技术措施，逐步形成有价值的理论成果，得到国家有关部门的重视，最终形成国家政策并迅速推广应用。从目前我国的现实发展情况看，I/M制度不仅对于治理数量庞大的在用汽车排放超标具有关键作用，也对完善维修技术内涵、引导汽车维修行业高质量发展具有重要意义。2020年6月，生态环境部、交通运输部和国家市场监督管理总局印发《关于建立实施汽车排放检验与维护制度的通知》，在全国布置建立实施I/M制度工作，标志着我国在用汽车排放超标治理驶入了快车道。

实施I/M制度是一项理论性、技术性、政策性都很强的工作，具有很大难度和挑战性，既需要思想认识到位，又需要做好充分技术准备。为深入推动我国I/M制度顺利全面实施，给在用汽车排放超标治理提供理论指引、技术指导、方法借鉴和案例示范，中国工程院院士郝吉明和交通运输部政策研究室原主任李刚牵头，组织协调交通运输部规划研究院、中国环境科学研究院、中国汽车技术研究中心、清华大学、北京理工大学、山东交通学院以及其他机构学者专家，针对在用汽车排放超标控制领域存在的理论、政策、技术、方法等方面的重大瓶颈和关键问题，开展系统深入的科学研究、提出政策制度措施建议，最终编写形成《蓝天保卫战：在用汽车排放超标控制技术丛书》。丛书以汽车排放超标控制技术通论、检验技术、诊断技术、维修技术、国外I/M制度等五个专题分别成册，详细分析介绍I/M制度的科学内涵和技术体系，探讨有关I/M制度建设和技术发展问题。

《汽车排放超标控制检验技术》是丛书的第二册。该书主要介绍了新车排放标准和检验方法，阐述了在用汽车排放检验技术及监督检查方法，讲解了排放控制装置失效原因和检验方法，提出了I/M制度闭环管理建议，可为各级政府部门组织推进I/M制度实施，以及汽车排放检验机构（I站）和汽车排放性能维护（维修）站（M站）开展技术培训提供有益的参考借鉴，是广大汽车检验诊断维修技术人员提升业务素质与专业技能的必备教材，也可作为高等院校教学的参考书籍。

本丛书编写得到了国家出版基金立项资助（项目编号：2021X-020），得到了交通运输部运输服务司、生态环境部大气环境司的悉心指导，并得到了李骏院士、贺泓院士以及交通运输部规划研究院、中国环境科学研究院等单位和诸多专家的大力支持，中自环保科技股份有限公司、博世汽车技术服务（中国）有限公司、康明斯（中国）投资有限公司为丛书编写提供了帮助，我们在此一并表示衷心感谢！由于编者水平有限，书中难免有不妥之处，敬请读者批评指正。

绿水青山就是金山银山，践行生态绿色发展理念、建设美丽中国需要全社会共同努力。愿本丛书的出版能够为我国顺利实施I/M制度、改善区域环境空气质量、推进交通可持续发展贡献绵薄力量，愿人民群众期盼的蓝天白云常在身边！

丛书编写组

2022年5月

目　录

概　　述

近年来，随着国民经济的快速发展和汽车工业的科技进步，机动车保有量快速增长。截至2021年底，全国机动车保有量达3.95亿辆，扣除当年机动车报废注销量，同比增加2350万辆，增长6.32%。其中汽车3.02亿辆。全国79个城市汽车保有量超过100万辆，同比增加9个城市，35个城市超200万辆，20个城市超300万辆，其中北京、成都、重庆超过500万辆，苏州、上海、郑州、西安超过400万辆，武汉、深圳、东莞、天津、杭州、青岛、广州、宁波、佛山、石家庄、临沂、济南、长沙13个城市超过300万辆。2020年，全国机动车一氧化碳（CO）、碳氢化合物（HC）、氮氧化物（NO_x）和颗粒物（PM）4项污染物排放总量为1593.0万t。汽车是机动车大气污染物排放的主要贡献者，其排放的CO、HC、NO_x和PM超过90%。柴油车NO_x排放量超过汽车排放总量的80%，PM排放量超过90%；汽油车CO排放量超过汽车排放总量的80%，HC排放量超过汽车排放总量的70%。由此看来，抓住“关键少数”，强化在用高污染物排放车辆维护和修理，对于助力打赢蓝天保卫战和柴油货车污染治理攻坚战具有重要意义。本章主要阐述我国大气污染防治形势对强化汽车排放控制的要求，结合国外汽车排放控制管理经验，根据我国实情和管理经验，开发成我国特有的汽车排放检验制度体系，助力打赢蓝天保卫战、柴油货车污染治理攻坚战，为“十四五”大气污染防治发展规划的完成提供有力支持。

第一节 我国大气污染防治形势对汽车排放控制的要求

一、大气污染防治形势

党的十八大以来，中共中央、国务院把生态文明建设和环境保护摆上更加重要的战略位置，作出一系列重大决策部署。大气污染防治是生态文明建设的重要内容；加快改善环境空气质量，是人民群众的迫切愿望，是可持续发展的内在要求。

2013 年 9 月，国务院印发《大气污染防治行动计划》（以下简称《大气十条》），提出加大综合治理力度、调整优化产业结构、加快企业技术改造、加快调整能源结构、优化产业空间布局等 10 条 35 项措施，以硬措施应对硬挑战。

《大气十条》实施以来，在中共中央、国务院的坚强领导下，各地区各部门思想统一、态度坚决、行动有力，采取了一系列积极有效的措施；同时，根据环境与经济形势的变化和完成既定目标任务的需要，适时对有关措施进行补充完善，不断强化实施方案，扎实推进各项防治任务落实，工作力度和措施强度前所未有，取得积极成效，全国大气环境质量总体改善。

《大气十条》第一阶段的圆满收官、《打赢蓝天保卫战三年行动计划》第一年的良好开头，都表明大气污染防治工作的方向是正确的，措施是有效的。

但与此同时，当前大气污染防治工作形势依然十分严峻。部分重点区域内城市大气污染出现反弹现象，此外，非重点区域部分城市大气污染问题凸显，面临不能完成全国空气质量约束性指标的巨大风险。

而在以大型电厂、石油化工等重点行业为代表的固定污染源被严格管控，污染总量大幅削减的大背景下，以机动车尾气排放为代表的移动污染源问题逐渐凸显出来。汽车和工程机械保有量大的城市在污染源解析过程中发现，移动污染源占比高达 30% ~40%，许多城市的空气污染已由燃煤型污染转向燃煤和机动车混合型污染。在复合污染条件下，机动车尾气的光化学氧化反应会促进生成大气新粒子，造成二次污染，进而导致我国城市地区形成霾，影响人们呼吸。可见机动车尾气污染对环境和人们身体健康的危害已相当严重。因此，控制机动车一次排放的颗粒物和气态污染物，进而达到改善空气质量和保护人体健康的双赢效果迫在眉睫。

2020年9月22日，习近平总书记在第七十五届联合国大会上提出“中国将提高国家自主贡献力度，采取更加有力的政策和措施，二氧化碳排放力争于2030年前达到峰值，努力争取2060年前实现碳中和。”[1]《中共中央　国务院关于完整准确全面贯彻新发展理念　做好碳达峰碳中和工作的意见》中，第六条明确提出“加快推进低碳交通运输体系建设”。

2021年11月，党的十九届六中全会强调：“党中央以前所未有的力度抓生态文明建设，美丽中国建设迈出重大步伐，我国生态环境保护发生历史性、转折性、全局性变化。”习近平总书记指出，实现碳达峰、碳中和是一场广泛而深刻的经济社会系统性变革，要把碳达峰、碳中和纳入生态文明建设整体布局，拿出抓铁有痕的劲头，如期实现2030年前碳达峰、2060年前碳中和的目标。生态文明建设是我国实现高质量发展的内在要求，也是实现民族复兴的必由之路。把碳达峰、碳中和纳入生态文明建设整体布局，其关键在于打好实现碳达峰、碳中和这场硬仗。

2021年12月28日，《国务院关于印发“十四五”节能减排综合工作方案的通知》（国发〔2021〕33号）中提到：“（四）交通物流节能减排工程。推动绿色铁路、绿色公路、绿色港口、绿色航道、绿色机场建设，有序推进充换电、加注（气）、加氢、港口机场岸电等基础设施建设。提高城市公交、出租、物流、环卫清扫等车辆使用新能源汽车的比例。加快大宗货物和中长途货物运输‘公转铁’‘公转水’，大力发展铁水、公铁、公水等多式联运。全面实施汽车国六排放标准和非道路移动柴油机械国四排放标准，基本淘汰国三及以下排放标准汽车。深入实施清洁柴油机行动，鼓励重型柴油货车更新替代。实施汽车排放检验与维护制度，加强机动车排放召回管理。加强船舶清洁能源动力推广应用，推动船舶岸电受电设施改造。提升铁路电气化水平，推广低能耗运输装备，推动实施铁路内燃机（车）国一排放标准。大力发展智能交通，积极运用大数据优化运输组织模式。加快绿色仓储建设，鼓励建设绿色物流园区。加快标准化物流周转箱推广应用。全面推广绿色快递包装，引导电商企业、邮政快递企业选购使用获得绿色认证的快递包装产品。到2025年，新能源汽车新车销售量达到汽车新车销售总量的20%左右，铁路、水路货运量占比进一步提升。（交通运输部、国家发展改革委牵头，工业和信息化部、公安部、财政部、生态环境部、住房和城乡建设部、商务部、市场监管总局、国家能源局、国家铁路局、中国民航局、国家邮政局、中国国家铁路集团有限公司等按职责分工负责）。”

在碳达峰、碳中和背景下，对于包括机动车在内的“移动源”污染减排领域，党

[1] 引用自《人民日报》（2020年09月23日01版）。

和国家给出了全新的命题。通过此书了解机动车排放污染物形成的原理、汽车污染物控制技术的现状和国内外政策制度及监管体系的建立历程,迎接机遇,接受挑战,具有十分重要的意义。

二、汽车主要排放污染物

移动源排放污染物主要由内燃机造成,而内燃机排气包含着许多成分,随着内燃机种类及运转条件的改变而变化。内燃机排气的基本成分是二氧化碳(CO_2)、水蒸气(H_2O)、过剩的氧气(O_2)及存下的氮气(N_2)等。可以看出,内燃机排气中基本成分是无害的。除基本成分外,排气中还有不完全燃烧和燃烧反应的中间产物,包括 CO、HC、NO_x、二氧化硫(SO_2)、PM、臭气(甲醛、丙烯醛等)等。这些污染物质的总和,在柴油机废气总量中的占比不足1%,但在汽油机废气总量中的占比随不同工况变化较大,有时可达5%左右,它们中大部分是有毒的,或有强烈的刺激性、臭味和致癌作用,因此,被列为有害成分。在有害成分中,CO、HC、NO_x 和PM 是造成大气污染的主要物质。

CO 是燃烧产物中最早为人们发现的污染物之一。CO 是由于烃的不完全燃烧所致,在燃烧过程中又会部分地进一步转换为 CO_2。理论上,当内燃机混合气空燃比大于理论空燃比时,在氧气过剩的稀混合气情况下,排气中将不存在 CO 而代之产生 CO_2。实际上,由于内燃机各缸混合比不一定均匀一致,燃烧室各处的混合气也不均匀,因此,会出现局部的缺氧区域,在排气中仍会有少量的 CO 产生。即使燃料和空气混合很均匀,由于燃烧后的高温,已经生成的 CO_2 也会有一小部分被分解成 CO 和 O_2。另外,排气中的 H_2 和未燃烃 HC 也可能将排气中的一部分 CO_2 还原成 CO。

HC 是指由汽车排放的没有燃烧或部分燃烧的碳氢化合物的总称。汽油机未燃 HC 的生成与排放有3个渠道:尾气排放、曲轴箱排放物、燃油箱蒸发排放物。柴油机排放的未燃 HC 则完全由燃烧过程产生。由于柴油机的工作原理是喷油压燃,燃油停留在燃烧室的时间比汽油机短得多,因而受汽缸壁面冷激效应、狭缝效应、沉积物吸附作用很小。这是柴油机 HC 排放较低的原因。

NO_x 是氮氧化物的总称,其中 NO 的生成量较多。燃烧过程 NO 的生成有3种方式,根据产生机理的不同分别称之为热力 NO(即高温 NO)、燃料 NO 以及瞬发NO。热力 NO 主要是由于火焰温度下大气中氮被氧化而成,特点是当燃烧的温度下降时,热力 NO 的生成反应会停止,即 NO 会被"冻结";燃料 NO 是含氮燃料在较低的温度释放出来的氮所形成;瞬发 NO 是形成热力和燃料 NO 以外的其他机

理所形成，主要是由于燃料产生的原子团与氮气发生反应所产生，最高温度不超过1600K（约1327℃）的湍流扩散火焰中，瞬发NO则成为NO的主要来源。燃烧过程中上述3种生成NO的过程中，除了可与含N原子等中间产物反应还原为N_2外，还可与各种含氮化合物生成NO_2。与NO的生成量相比，NO_2的生成量较少。

PM在点燃式内燃机中基本上不排放，汽油中硫造成的硫酸盐，是排气中颗粒物的主要成分，一般汽油含硫量都很低，所以汽油车很少排放颗粒物。但柴油机的中颗粒物排放量要比汽油机多几十倍。这种颗粒物由在燃烧时生成的含碳粒子（炭烟）及其表面上吸附的多种有机物组成，后者称为有机可溶成分（SOF）。炭烟生成的条件是高温和缺氧。由于柴油机混合气极不均匀，尽管总体是富氧燃烧，但局部的缺氧还是会导致炭烟的生成。

三、汽车排放污染物的危害

大气污染对生物及人体的影响，情况是多种多样的。从卫生学观点考虑，应从健康角度来观察环境污染的影响。表1-1列举了美国有关部门按照世界卫生组织（WHO）提出的有关空气质量的指南，结合美国情况而研究制定的大气质量标准。表中同时列出了为保护大气质量，对当时尚未采取净化对策的汽车排气净化的要求。

美国大气质量标准　　表1-1

有害成分	大气质量标准		允许汽车排气浓度(g/mile)	现有(未净化)汽车排气浓度(g/mile)	对现有汽车排气净化要求
	平均时间	允许浓度			
CO	8h内	$10mg/m^3$ (9×10^{-6}) (每年不超过一次)	6.16	80	92.5%
HC	8h内	$160\mu g/m^3$ (0.24×10^{-6}) (每年不超过一次)	0.15	11	99%
NO_x	年算数平均值	$100\mu g/m^3$ (0.05×10^{-6})	0.38	4	93.6%
光氧化剂	1h	$160\mu g/m^3$ (0.08×10^{-6}) (每年不超过一次)	—	—	—

注：mile意为英里，1mile = 1.609m。

CO是燃料在空气不足情况下的燃烧产物，是汽车及内燃机排气中有害浓度最大的成分。就地区大气污染来说，美国和日本大气中的CO，有95%～99%来自汽车。CO是一种无色、无味且有毒的气体，通常认为CO是由于被人吸入体内才显示影响的。吸入的CO很容易和血红蛋白（Hb）结合并输送到体内。CO急性中毒症状是由于阻碍血红素带氧，造成体内缺氧而引起的窒息状态。这种内窒息状态一旦解除，症状也就随之消失。

关于有无CO慢性中毒症尚待研究。有研究观察到，煤气配管工有记忆力减退症状，这说明确实存在着慢性中毒问题。从地区大气污染角度来考虑CO污染时，必须把24h以内吸气中的CO浓度限制在5×10^{-6}以下。大气中不同浓度CO的危害见表1-2。由于CO在大气底层停留时间较长，其累积浓度常易超过允许值，因此，要特别重视大气中CO的危害性。

大气中不同浓度CO的危害　　表1-2

CO浓度（$\times10^{-6}$）	危　害
≥10	人慢性中毒、贫血，病人心脏、呼吸道恶化
≥30	人在4～6h内中毒
≥100	使人头痛、恶心
≥120	人在1h内中毒
≥10000	使人死亡

氮氧化物有NO、NO_2、N_2O_3、N_2O、N_2O_5、N_2O_4以及NO_3等。从大气污染的角度来看，最重要的是NO和NO_2，除了N_2O在环境中有少量可见外，其余的氮氧化物可以忽略不计。与环境污染有关的NO和NO_2总称NO_x。

内燃机排气中的氮氧化物是由于燃烧室内高温燃烧而产生的。由于NO_x除了本身对生物发生危害外，还与HC生成光化学过氧化物，所以，美国、日本等国对NO_x的污染问题很重视。

高浓度的NO能引起中枢神经的瘫痪及痉挛，而低浓度的NO的影响尚有待于今后探讨，目前只能就NO_x的影响加以讨论。

NO_2是一种褐色气体，沸点21.2℃，有特殊刺激性臭味，是内燃机排气中恶臭物质成分之一。它使人中毒的症状是在发生肺水肿同时，引起独具特点的闭塞性纤维性细支气管炎。对健康人，大约在16×10^{-6}、10min条件下，肺气流阻力有明显上升。大气中不同浓度NO_2对人及生物影响见表1-3。

大气中不同浓度 NO_2 对人及生物的影响　　表 1-3

NO_2 浓度($\times 10^{-6}$)	影　响
≥0.5	连续 3 ~ 12 个月,患支气管炎部位有肺气肿出现
≥1.0	闻到臭味
≥2.5	超过 7h,西红柿、植物等作物叶子变白色
≥5.0	闻到强烈臭味
≥50	1min 之内,人的呼吸异常,鼻受刺激
≥80	3 ~ 5min,引起胸痛
≥100 ~ 150	人在该环境中 30 ~ 60min,会因肺水肿而死亡

所谓颗粒物,是指存在于接近大气条件的,除掉未化合的水以外的任何分散物质。这种分散物质可能是固态的,也可能是液态的,它包括原始的和二次的颗粒物。原始颗粒物是直接来自发动机燃烧产物的颗粒物;二次颗粒物是在大气条件下,因气态、液态和固态的各化学成分之间发生化学或物理变化所产生的颗粒物,例如,经催化反应、光化学反应的颗粒物。

汽油机和柴油机排放的颗粒物是不同的。汽油机排放的颗粒物主要是铅化物、硫酸、硫酸盐和低分子物质。柴油机排放的颗粒物在数量上要比汽油机多得多,一般要高 30 ~ 60 倍,成分也要复杂得多,它是一种类如石墨形式的含碳物质(炭烟)并凝聚和吸附了相当的高分子量有机物,这些有机物包括未燃的燃油、润滑油以及不同程度的氧化和裂解产物。

炭烟是燃料不完全燃烧的产物,主要由直径 0.01 ~ 10μm 的多孔性炭粒构成。由于混合及燃烧机理不同,柴油机在扩散燃烧阶段易生成炭烟,而汽油机产生的炭烟比柴油机少得多。因此,炭烟构成柴油机排放的主要颗粒物。

炭烟往往黏附有 SO_2 及 3,4 苯丙芘等有机化合物,对人和生物都有危害。一般说来,2 ~ 10μm 的炭烟被吸入气管后可排出体外,对身体影响不大;2μm 以下的炭烟吸入肺部后会沉积起来,而 0.1 ~ 0.5μm 的炭烟对人体危害最大,除了致癌作用外,这种炭烟吸入肺部,会导致慢性病、肺气肿、皮肤病及变态性疾病。

颗粒越小,其悬浮于空气中的时间也越长。最小的颗粒物沉降时间最长,在空中最长可达一周以上。这就增加了颗粒物接触人体的机会,以及颗粒物在大气中受阳光和其他物质作用而产生光化学反应的机会。根据柴油机颗粒试验资料统计,一般柴油机排出颗粒物中 90% 以上小于 1μm。这就说明,柴油机排放的颗粒物,是环境空气中危害最严重的颗粒物。

第二节　国外汽车排放控制管理经验

发达国家开展机动车排放污染控制已有几十年的历史,经过不断的实践,目前已形成以美国、日本和欧洲为主的三大管理模式。它们对机动车排放污染的控制重点都放在机动车生产厂中的新车设计与生产的源头阶段,对新型车和新生产车辆进行了严格的控制,建立了一系列完善的管理制度,如新车型认证、生产一致性抽查、在用汽车符合性检查、有缺陷车辆的召回制度等。经验证明,这些管理措施是控制和减少机动车排放污染物,提高环境效果和经济效益的措施。对在用汽车采取的管理措施主要是定期检测和维护(I/M)制度,辅助以少量的激励或限制政策,如:低排放车辆的税收减免政策,高污染车辆的改造或更新政策,环境区域限制行驶制度,报废车辆的回收利用制度等。

一、美国汽车排放控制管理

国外控制机动车污染物排放起源于美国加利福尼亚州(以下简称加州)的洛杉矶地区。20 世纪 40 年代,由于工业的发展,车辆数剧增,加上当地自然环境条件的制约,曾出现“洛杉矶光化学烟雾事件”。20 世纪 60 年代初,加州汽车保有量已超过 400 万辆。1959 年,加利福尼亚州最早提出通过立法来控制汽车污染物的排放,并于 1963 年颁布了限制汽车排放的强制性法规。随后,美联邦政府也颁布了相关法规。日本于 1966 年、欧盟于 1970 年相继以不同的方式制定了自己的汽车排放控制法规。

1959 年,加州议会要求公共卫生部制定大气环境质量标准和汽车污染物排放标准;1960 年,美国环境署通过了汽车污染控制法令;1963 年,加州首先开始限制汽车 HC 排放,要求国内生产的小汽车安装曲轴箱通风装置,开始控制曲轴箱燃油蒸发物排放;1965 年该措施扩大到进口车;1966 年,加州正式颁布小汽车排放污染物排放标准,颁布实施“7 工况法”汽车排放法规,明确 1970 年的控制目标为 CO 排放量下降 60%、HC 排放量下降 80%;1969 年,加州开始对重型汽车排放进行控制;1970 年加州对车辆蒸发排放物实施控制;1971 年加州对车辆排放的 NO_x 也进行控制。美国联邦政府从 1970 年开始制定一系列车辆排放控制法规,1972 年采用 LA-4C(FPT-72)测试循环,并增加对 NO_x 排放的控制,1975 年改用 LA-4CH(FPT-75)测试循环;从 1975 年起到 20 世纪 80 年代,美国排放法规大幅度加严,特

别强化对 NO_x 排放的限值,同时再提高对 HC 和 CO 排放的控制。1990 年美国国会对《大气净化法》做了重大修订,对汽车排放提出了更高的要求。1994 年加州制定的低污染汽车排放法规,将轻型汽车分为过渡低排放车(TLEV)、低排放车(LEV)、超低排放车(ULEV)和零排放车(ZEV),并且规定从 1998 年起销售到加州的轻型汽车应有 2% 为无污染排放(零排放),2001 年为 5%,2003 年达到 10%。同时计划在 2004 年进一步强化汽车排放法规(SULEV),限值为 ULEV 的 1/4。

仅有排放污染物限值还难以达到保证降低污染排放量的目的。为此,美国还制定了各种法规和实施法规。如新车合格性实施方法,包括新车鉴定、装配线试验、合格试验和商品检查。在用汽车检查性实施法规包括由公路巡逻队在路边检查控制装置安装情况,车辆过户或外区域车辆牌照,由检查中心检查车辆污染物排放量,发现问题要求修理等。

对于美国联邦政府制定的汽车排放法规,各州是自愿实施的。对于新开发的车型以车辆型式认证方式实施控制,实行的也是自愿认证制度,即认证试验和日常的监督试验基本上由汽车生产厂自己进行。除对新车使用认证和抽查方式进行控制外,还有一套对在用汽车强制执行的检查和维修制度,即 I/M 制度。美国是最早出现汽车,也是执行 I/M 制度最严格、最为先进,取得经验和教训最多的国家。1981 年以前,检查试验采用单怠速。自 1981 年起,美国小汽车和轻型汽车的排放限制大幅加严,当时只有装上催化净化装置才能达到法规限制的要求,因此,1981 年以后,对于装有催化净化装置的汽车增加一个高怠速,即所谓的双怠速。美国在实施双怠速近十年之后,到 20 世纪 80 年代末提出了工况法(汽车在实际运行中的工作状况标准),即所谓的 I/M240 方法。该方法自 20 世纪 90 年代实施,1993 年以前,美国的 122 个地区实施 I/M 制度,38 个州的 177 个地区实施 I/M240,分为基本型和加强型两种。基本型的 I/M 制度仍采用单怠速,在 95 个地区实施,其中 26 个是新增地区。加强型的 I/M 制度于 1994 年 7 月开始在 82 个地区实施,其中 29 个是新增地区。I/M 制度在 1994 年覆盖了 30% 的有关车辆,1996 年覆盖全部有关车辆,每两年检查一次。美国从 1998 年起严格按标准执行的办法中还有耐久性要求、按“发动机系族”进行分类,汽车厂质量保证体系认定、以平均质量水平(AQL)40% 进行抽查以及退回制度等。

二、日本汽车排放控制管理

日本是仅次于美国的汽车生产大国,年产汽车超过 1000 万辆,国土面积狭小,排放污染更为突出。1963 年,日本对汽车排放危害开始调查;1966 年对新车采用

4 工况法检测,规定控制 CO 排放量小于 3% ,1969 年加严到 2.5% ;1970 年要求新车安装曲轴箱通风装置,1971 年规定小型车 CO 排放量小于 15% ,轻型汽车 CO 排放量小于 3% ;1972 年要求新车安装防止燃料蒸发装置,每次试验燃料蒸发量不超过 2g;1973 年后采用 10 工况试验法,对污染物排放限制扩大到 HC 和 NO_x;1975 年建成无铅汽油供应体系,1986 年对柴油小汽车限值严加控制,对在用汽车制定定期车检法规。重要总成每 6 个月检查一次,规定 5 年旧车更新;1991 年 11 月 1 日起新型车采用 10 工况法、15 工况法试验,排放标准不变;1993 年低公害车进入实用阶段,主要有电动汽车、甲醇汽车和燃气汽车等。

日本的机动车排放法规是在全国范围内强制执行的,也以型式认证方式进行控制。型式认证分为型式认定和型式认可两种,在出售时每一辆车都附有汽车厂出具的认定证书,车辆注册时仍要进行检测,对申请型式认定的汽车厂,需要对其进行质量保证体系和试验设备能力认定。新型车的认证试验由运输省交通安全公害研究所进行,在用汽车的定期检验在各地陆运署的 287 条检测线上进行。法规限值分为平均值和最高限值,每辆产品车不能超过最高限值,而一个季度平均数不能超过法规平均值。实施办法中也有耐久性要求,按车辆型式进行分类,生产厂质量保证体系认定、退回制度、产品车抽验、在用汽车定期检验等。日本还建立了排放物控制装置的型式认定制度和进口车的特殊处理办法,这是其他国家所没有的。其汽油无铅化始于 1970 年,于 1975 年建成供应体系,1985 年无铅汽油供应达 90% 。

三、欧洲汽车排放控制管理

欧洲汽车的排放由欧洲经济委员会(ECE)的排放法规和欧洲经济共同体(EEC,即后来的欧盟 EU)的排放指令加以控制。欧洲各国国土面积相对狭小,汽车制造、使用水平大体相当,因此,形成了统一的控制排放物法规。1958 年,通过 ECE 汽车、摩托车排放法规。欧盟委员会于 1970 年对小汽车规定了 ECE-R15 系列排放控制法规,污染物控制限值每年修订一次,逐渐形成了 01、02、03 和 04 号污染物控制限值;1975 年以前,原规定只限制 CO 和 HC 排放量。1976 年起,01 号限值增加了对 NO_x 的排放量限值;1979—1981 年 03 号污染物控制限值更趋严格;1982—1985 年实施 04 号污染物控制限值,对 HC 和 NO_x 合并控制,限定进一步严格;1986 年起采用无铅汽油。从 1988 年起细分为执行最大总质量等于或小于 2500kg 或定员 6 人以下以燃油为基础(分为有铅汽油、无铅汽油和柴油)的、由发动机排放量确定的 ECE-R83 系列和总质量大于 2500kg、小于 3500kg 的 R15/04 号

排放法规,CO、$HC+NO_x$ 比控制前的减少量,对于发动机排放量大于 20L 的车辆分别是 87% 和 85%,排放量为 1.4～20L 的是 75% 和 73%、排放量在 1.4L 以下的是 82% 和 83%。对于柴油车还有 ECE-R49 和 R24 系列法规。目前 ECE/EEC 最新的型式认证标准按车辆的基准质量划分,除采用 ECE15 工况外还要求考虑到市区高速行驶工况部分。

对于欧盟委员会制定的法规,各国是自愿实施的,当转为欧盟指令后,则在各国内强制执行。欧洲经济共同体实行的也是型式认证。新型车的认证和产品的一致性试验由认证权力部门授权的技术机构进行。1986 年开始向汽油车供应无铅汽油,1993 年无铅汽油占有率达到 55%,德国的无铅汽油价格比含铅汽油便宜 12%～15%。欧洲过去无 I/M 制度,1992 年 8 月欧洲经济共同体实施 I/M 制度,试验采用单怠速法。目前,欧盟委员会正在为制定新的 I/M 制度进行前期准备,计划用两年半时间进行各种简便规程的验证比较。

I/M 制度包括组织体系、检测方法、检测限值、检测频率等多个要素,通过促进正确地维护、减缓机动车排放的劣化趋势和促进老旧车辆的更新等方面实现在用汽车的排放污染削减。I/M 制度按检测和维修的组织方式不同可分为三类:集中式、分散式和混合式。目前,在 I/M 制度中汽车排放污染物的常用测试方法包括稳态工况法、瞬态工况法、怠速法、双怠速法和柴油车自由加速烟度测量等,常用于汽油车 I/M 制度的检测方法有无负载法(怠速、双怠速法)、稳态加载工况法和瞬态工况法。受检污染物的限值是 I/M 制度一个非常重要的特征参数,根据累积分布曲线确定标准限值是国际上用于确定在用汽车标准的常用方法。根据发达国家的管理经验,确定在用汽车 I/M 制度的频率主要考虑因素有当地的环境空气质量状况、机动车的保有量和车辆的实际排放水平、当地的检测能力等。检测频率一般规定有两年一次、一年一次、半年一次、多年一次等。

美国多年的经验表明,检测与维修必须分开执行的 I/M 制度效果最好;而检测和维修合二为一的体制,即检测和维修同时进行,修理厂很难保证检测的正确和完整,因为坚持正确和完整的检测可能使它失去很多顾客。这种体系存在较多的作弊情况和不正确的操作,与此相应的是,用于监督的费用较高;而合同公司负责的集中式 I/M 制度往往能形成规模效益,检测费用相对较低,而且有能力适用综合性强的复杂的检测程序。执行 I/M 制度的检测时,由政府来制定检测/维护法规,提出相应的技术和管理要求,而实际制度的运作通常实施特许经营,由一个独立的社会化专业检测承包商来承担检测业务,政府撰写招标文件,并以公开、透明的方式进行招标,所有投标机构都有机会得到最终的项目合同。

由于实行连锁店式检测服务,各检测站的硬件、软件设备易于统一,认证的设备型号少,一个地区以一种设备为主,从而便于对检测数据库和检测质量进行统一的管理;对检测站和检测人员有严格的资质管理制度,通过公开和非公开的审查定期对 I/M 检测人员是否正确地执行所有的测试进行考核评价;对检测设备标定等数据记录以及所有与检测制度有关的正式文件进行定期审查。

检测系统不仅具备实时数据传输功能,还可实现中心站对各站点仪器设备和检测人员的远程监控,当故障或作弊现象发生时,及时锁定仪器设备,所有检测过程完全实时在线监控管理;检测管理系统能对检测数量、设备审计、标定数据、检测通过率、系统管理等数据进行定期统计。

在常规检测的同时,结合监督抽测,遥测等多种手段,更加全面地掌握 I/M 制度实施地区机动车排放的实际水平。

第三节 我国汽车排放检验制度体系

我国的汽车排放标准体系不但有新生产汽车和在用汽车的排放标准,还包括以最大总质量为表征的轻型汽车和重型汽车排放标准,以不同燃料发动机为表征的排放标准,以及技术方法类和设备制造类的标准。除了上述标准外,根据我国的环境保护体系,还建立了国家标准、行业标准和地方标准 3 个层次。

我国的汽车排放检验正是建立在上述汽车排放标准体系之上的。根据检验测试对象不同,标准体系包括了新车污染物排放标准和在用汽车污染物排放标准。新车排放控制标准与在用汽车排放控制标准的目的不同。新汽车排放控制标准的目的是通过采用新技术,促进汽车排放水平的降低;在用汽车排放控制标准的主要目的是监测车辆的使用和维护质量是否达到排放控制的要求。新车排放控制标准促进新技术的应用,新技术的应用则要求现有的在用汽车排放控制标准与之相适应,能够对采用的新技术做到有效监测。

我国汽车排放污染物的检验制度体系发展,可以分为 4 个阶段。

第一阶段为 1983—2000 年,我们称之为移动源治理体系起步期。在此阶段,管理手段依靠国家发布的机动车排放标准和部门规章、政策;技术方面则采用怠速法和强制装置法控制排放污染,实施主体主要是国家汽车行业主管部门和地方政府。

第二阶段为 2000—2013 年,我们称之为移动源治理体系快速发展期。在此阶

段，在制度方面，形成了比较完善的污染控制法律规范和车型达标控制制度；在体制方面，进一步明确了环境保护部门对机动车环境管理的职能；在技术措施方面，成功地引进了国外成熟广泛应用的排放污染控制技术。

第三阶段为2014—2017年，我们称之为移动源治理体系整体构建期。在此阶段，在制度方面，机动车环保检验合格标志等制度逐渐退出，机动车环保定期检验与安全检验两检合一；在体制方面，明确了公安、环保、质检等部门的职责分工，基本构建了移动源治理体系；在技术措施方面，进一步提高排放标准要求，车油标准同步实施，我国机动车环保治理技术与国际全面接轨。

第四阶段为2018—2021年，我们称之为移动源治理体系完善期。在此阶段，在制度方面，机动车环保信息公开制度全面实施，全面落实企业的主体责任；在技术方面，新车治理技术和在用汽车检测技术得到全面发展，新车控制水平引领了国际方向，在用汽车全面构建了"天地车人"一体化监控体系，移动源治理体系得到了进一步改善。

一、移动源治理体系起步期(1983—2020年)

(一)起步阶段

1987年9月5日，第六届全国人民代表大会常务委员会第二十二次会议通过了《中华人民共和国大气污染防治法》(以下简称《大气污染防治法》)。该法律明确规定各级人民政府的环境保护部门是对大气污染防治实施统一监督管理的机关。针对机动车污染防治的条款只有一条，即"机动车船向大气排放污染物不得超过规定的排放标准，对超过规定的排放标准的机动车船，应当采取治理措施。污染物排放超过国家规定的排放标准的汽车，不得制造、销售或进口"。也就是依据这一法律条款，当时的国家环境保护行政主管部门国家环境保护局承担起机动车排放污染物监督管理的职责：制定机动车排放标准；出台机动车排放控制技术政策；发布在用汽车排放检测机构技术规范和检测设备技术要求，指导和规范我国的在用汽车排放年度(定期)检测工作；提出在用汽车排放污染物的监督管理应以强化I/M制度为主，鼓励老旧车辆淘汰和更新措施为辅的政策方针。1995年8月29日，第八届全国人民代表大会常务委员会第十五次会议对《大气污染防治法》进行第一次修正，但是未对机动车环境管理要求进行修正。此法为控制机动车排放污染物提供了基本法律依据，但是没有对违反排放标准的行为规定处罚措施，而将监督汽车排放污染物的具体办法，授权给国务院立法。

在《大气污染防治法》发布后，1990年8月15日，国家环境保护局、公安部、国家进出口商品检验局、解放军总后勤部、交通部、中国汽车工业总公司联合发布了《汽车排放污染监督管理办法》。该监督管理办法规定了新生产汽车及其发动机产品、在用汽车、进口汽车的排放监督管理以及排放检测管理程序和要求。

1983年，我国颁布了第一批移动源排放标准，主要是汽车排放标准，包括汽油车怠速法、柴油车自由加速烟度和全负荷烟度等6项标准，控制对象和控制污染物都较为简单，但开启了对汽车排放污染物防治工作的控制。

1991年2月22日，国家环境保护局颁布并实施了《全国机动车尾气排放监测管理制度》。这一管理制度是对6部委发布的《汽车排气污染监督管理办法》的补充，强调机动车尾气排放是流动污染源，是影响城市大气环境质量的主要因素之一。因此，机动车尾气排放监测是污染源监测的一个方面，是各级人民政府的环境保护行政主管部门对《大气污染防治法》执行情况的监督检查的重要工作内容和手段之一。20世纪90年代初，我国又先后颁布了涵盖轻型汽车、重型汽油车和摩托车的一系列实施质量控制的污染物排放标准，所控制的污染物范围包括CO、HC和NO_x。首次提出工况法控制、全部污染物控制的理念，并且提出了定型样车和批量生产的产品要满足环境保护的要求。对汽油车还同时增加燃油蒸发和曲轴箱排放量的控制标准。这些要求基本奠定了我国移动源排放控制的范围和技术路线要求。这个阶段我国的机动车排放控制水平相当于发达国家20世纪70年代末的水平，污染物排放标准在我国汽车和摩托车产业方面技术路线确定、生产一致性保证方面起到了实质性的提升作用。

在此阶段，20世纪90年代初，我国建立了相关移动源环境管理制度，包括新定型车的备案制度、在用汽车排放检测制度、维修资质行业管理制度、进口汽车质量许可和法定检验制度、排放检测设备仪器的管理制度。

(1)新定型车的备案制度。规定汽车(及其发动机，下同)生产企业将排放污染指标报省级和省辖市生态环境主管部门备案；新生产车抽检制度：要求经省级生态环境主管部门认可的机构对新生车进行排放性能抽检，对达不到排放标准的产品，不得出厂；超标车生产企业限期治理制度：对达不到或不能稳定达到汽车排放标准的生产企业，依据企业隶属关系，由生态环境主管部门提出意见，报同级政府处理。

(2)在用汽车排放检测制度。汽车排放污染物检测与安全检测一起构成汽车定期检测制度。排放检测和安全检测一样，分为初次检测、年度检测和道路行驶的

抽检。对初次检测不合格的车辆不发牌证;年度检测不合格的车辆不得继续行驶;抽检不合格的车辆,依法处罚。军队和武装警察部队车辆管理部门管理检测其所属车辆,社会车辆(被公安机关称之)一律由公安机关交通管理部门实施排放检测。对公安机关交通管理部门的汽车排放检测能力不能满足要求的地方,由生态环境主管部门的环境监测机构承担汽车排放年度检测工作。

(3)维修资质行业管理制度。维修主管部门组织制定排放污染超标汽车的维修规范,对从事汽车污染防治装置维修的企业由维修主管部门审查核发专营许可证,要求经维修的车辆污染物排放达标后才能出厂。地市级生态环境主管部门可以对维修后车辆排放进行抽测。

(4)进口汽车质量许可和法定检验制度。进口汽车的单位和个人,必须将限制汽车污染物排放标准纳入订货合同,禁止进口污染物排放超标车辆。

(5)排放检测设备仪器的管理制度。地市级以上生态环境主管部门负责排放污染物检测设备仪器的抽检和业务指导,不合格的,生态环境主管部门有权责令改正;检测机构必须向生态环境主管部门报送检测统计数据。

(二)政策指引

为解决地方政府和环保部门在控制机动车排放污染工作中存在的问题,明确机动车污染防治的战略部署和技术路线,指导企业遵守国家和地方环保法规,国家环保总局、科技部和国家机械工业局于1999年6月8日联合发布了《机动车排放污染防治技术政策》(环发〔1999〕134号),这是国家第一份比较系统阐述防治机动车排放污染工作的技术指导文件。该技术政策共分为5个部分,关于汽车类的政策内容如下。

1.总则和控制目标

(1)明确控制汽车排放的主要污染物是CO、HC、NO_x和PM(仅针对柴油车),此外,汽车空调用的氟利昂是破坏平流层臭氧的主要物质,应逐步取代。

(2)提出新生产车的排放污染控制阶段规划时间表和目标:

轻型汽车的污染控制技术水平,2000年前后达到相当于欧洲第一阶段水平,2004年前后达到相当于欧洲第二阶段水平,2010年争取与国际水平接轨。

重型汽车的污染控制技术水平,2001年前后达到相当于欧洲第一阶段水平,2005年前后达到相当于欧洲第二阶段水平,2010年前后争取与国际水平接轨。

(3)指出机动车污染控制的重点在城市;根据中国环境保护远景目标纲要,重点城市应达到国家大气环境质量二级标准。为尽快改善城市环境空气质量,依据各城市大气污染分担率,在控制城市固定污染源排放的同时,应加强对流动污染源的控制。由于绝大多数机动车集中于城市,应重点控制城市机动车的排放污染。

2.汽车、发动机生产企业的汽车污染控制发展技术方向

(1)要求汽车生产企业,出厂的新定型产品,其排放水平必须稳定达到国家排放标准。不符合国家标准要求的新定型产品,不得生产、销售、注册和使用。

(2)要求汽车、发动机生产企业,应在其质量保证体系中,根据国家排放标准对生产一致性的要求,建立其产品排放性能及其耐久性的控制内容,并在产品开发、生产质量控制、售后服务等各个阶段,加强对其产品的排放性能管理,使其产品在国家规定的使用期限内排放性能稳定,达到国家标准的要求。

(3)要求汽车、发动机生产企业,应在其产品使用说明书中,专门列出维护排放水平的内容,详细说明车辆的使用条件和日常维护项目、有关零部件更换周期、维修操作规程,以及生产企业认可的零部件厂牌等,为在用汽车的I/M制度提供技术支持。

(4)鼓励汽车、摩托车及其发动机生产企业,采用先进的排放控制技术,提前达到国家制定的排放控制目标和排放标准。

(5)鼓励汽车生产企业,研究开发专门燃用压缩天然气(CNG)和液化石油气(LPG)为燃料的汽车,提供给部分有条件使用这类燃料的地区和运行线路相对固定的车型使用。代用燃料车的排放性能也必须达到国家排放标准的要求。

(6)鼓励发展油耗低、排放性能好的小排量汽车和微型汽车。

(7)鼓励新开发的车型逐步采用车载诊断系统(OBD),对车辆上与排放相关的部件的运行状况进行实时监控,确保实际运行中的汽车稳定达到设计的排放削减效果,并为在用汽车的I/M制度实施提供新的支持技术。

(8)鼓励研究开发电动汽车、混合动力车辆和燃料电池车技术,为未来超低排放车辆做技术储备。

(9)鼓励研究开发稀燃条件下降低NO_x排放量的催化转换技术,以及再生能力良好的颗粒物捕集技术。

3.在用汽车污染控制的原则和方向

(1)要求在用汽车在规定的耐久性期限内要稳定达到出厂时的国家标准,并确定加强车辆维护,使其保持良好的技术状态。这是控制在用汽车污染排放的基本原则。

(2)要求对在用汽车的排放控制,应以强化 I/M 制度为主,并根据各城市的具体情况,采取适宜的鼓励车辆淘汰和更新措施。完善城市在用汽车 I/M 制度,加强检测能力和网络的建设,强化对在用汽车的排放性能检测,强制不达标车辆进行正常维修,保证车辆发动机处于正常技术状态。

(3)逐步建立汽车维修企业的认可制度和质量保证体系,使其配备必要的机动车排放检测和诊断手段,并完善和正确使用各种检测诊断仪器,提高维修技术水平,保证维修后的车辆排放污染物达到国家规定的标准要求。

(4)要求对 1993 年以后出厂的在用汽油车(曲轴箱作为进气系统的发动机除外),进行曲轴箱通风装置和燃油蒸发控制装置的功能检查,确保其处于正常工作状态。

(5)提出在用汽车排放年检方法及要求应该与新车排放标准相对应,除目前采用的怠速法或自由加速法检测外,对安装了闭环控制和三效催化净化系统,达到更加严格排放标准的车辆,应采用双怠速法检测,并逐步以简易工况法代替。

(6)对污染物排放性能耐久性有要求的车型,在规定的耐久性期限内,应以工况法排放检测结果作为是否达标的最终判定依据。

(7)提出对在用汽车进行排放控制技术改造,只是一种补救措施,必须首先详细研究分析该城市或地区的大气污染状况和分担率,确定进行改造的必要性和应重点改造的车型。针对要改造的车型,必须进行系统的匹配研究和一定规模的改造示范,并经整车工况法检测确可达到明显的有效性或更严格的排放标准,经国家环境保护行政主管部门会同有关部门进行技术认证后,方可由该车型的原生产厂或其指定的代表,进行一定规模的推广改造。

(8)指出将在用汽车改造为燃用天然气或液化石油气的双燃料车,只是一种过渡技术,最终应向单一燃料并匹配专用催化净化技术的燃气新车方向发展。在有气源气质供应和配套设施保障的地区,可对固定路线的车种(公交车和重型汽车)进行一定规模的改造,必须在整车上进行细致的匹配工作之后,方可按上述第(7)条的规定进行推广。

4. 车用燃料技术指标的发展方向

(1)2000 年后,全国生产的所有车用汽油必须无铅化。

(2)2000 年后,国家禁止进口、生产和销售作为汽油添加剂的四乙基铅。

(3)积极发展优质无铅汽油和低硫柴油,其品质必须达到国家标准规定的要求。当汽车排放标准加严时，车用油品的品质标准也应相应提高，为新的排放控制技术的应用和保障车辆排放性能的耐久性提供必需的支持条件。

(4)应确保车用燃料中不含有标准不允许的其他添加剂。

(5)制定车用代用燃料品质标准，保证代用燃料质量达到相应标准的规定要求。

(6)应保证油料运输、储存、销售等环节的可靠性和安全性，防止由于上述环节的失误造成对环境的污染，如向大气的挥发排放，储油罐泄漏污染地下水等。

(7)应加强对车用燃料进口和销售环节的管理，加大对加油站的监控力度，确保加油站的油品质量达到国家标准的规定要求。

(8)为防止电控喷射发动机的喷嘴堵塞和汽缸内积炭，在汽油无铅化的基础上，应采用科学配比的燃料清净剂，按照规范的方法在炼油厂或储运站统一添加到车用汽油中，以保证电喷车辆的正常使用。

(9)对油料中含氧化物的使用，如 MTBE(甲基叔丁基醚)、甲醇混合燃料等，应根据不同地区的情况制定具体的规范。

5. 汽车污染控制技术和检测技术发展方向

(1)应加快车用催化净化装置等排放控制装置的研究开发和国产化，并建立动态跟踪管理制度。

(2)汽车生产企业应配备完整的排放检测设备，为生产一致性检查和排放控制技术的研究开发服务。

(3)应加速汽车排放污染物分析仪器、测试设备的开发和引进技术的国产化。

(4)在用汽车排放污染控制装置应与整车进行技术匹配，形成成套技术并经过国家有关部门的技术认证后方可推广使用。

(5)怠速法和自由加速法检测只能作为在用汽车 I/M 制度的检测手段，不能作为判定排放控制装置实际削减效果的依据。

(6)汽车排放分析仪器、测试设备应达到国家汽车、摩托车排放标准规定的技术要求。

通过该政策的发布，国家有关部门首次明确我国汽车排放标准体系采用欧洲技术法规体系。该政策的发布，对指导环保部门防治机动车污染管理工作，改善管理水平，起到了很好的效果，并为国家分阶段制定和实施排放标准创造了条件。

二、移动源治理体系快速发展期(2000—2013年)

(一)政策发展阶段

2000年4月29日,第九届全国人民代表大会常务委员会第十五次会议决定对《大气污染防治法》进行第一次修订,这是我国对该法的第二次修改。第一次修改于1995年8月29日,规定了国家逐步淘汰车用含铅汽油。第二次修改的《大气污染防治法》,在控制机动车排放污染方面取得了巨大进展,该法在六章的篇幅中专设第四章"防治机动车船排放污染",并且在第六章"法律责任"中对违反防治机动车船排放污染的法律制度,设定了处罚措施。

该法补充规定了超标制造、销售、进口机动车的法律责任,规定了在用机动车必须符合排放标准,明确了定期排放检测制度,首次提出了车用燃料油质量控制方向,进一步明确淘汰含铅汽油,对地方机动车排放标准的审批规定了特别程序。

20世纪90年代末,我国汽车工业开始进入高速增长期,随着汽车保有量的增加,汽车排放造成的污染问题日益突出,受到了国家的高度重视,国家开始采取更加积极严格的环保政策。1999年,国家环保局制定颁布了国一、国二汽车污染物排放标准,同时牵头大力推动淘汰含铅汽油工作的实施。这个阶段汽车排放控制技术大致相当于欧洲于20世纪90年代初实施的欧一、欧二阶段排放法规,使我国的汽车污染物排放的控制水平一跃向前推进了十几年。

考虑到1999年发布的《机动车污染防治技术政策》中,附件"机动车排放污染防治技术指南"针对柴油车污染防治的技术政策过于笼统等问题,2003年,国家环保总局联合国家经济贸易委员会和科技部发布了《柴油车排放污染防治技术政策》(环发〔2003〕10号)。该政策明确提出国家鼓励发展低能耗、低污染、使用可靠的柴油车政策,并将通过优惠的税收等经济政策,鼓励提前达到国家排放标准的柴油车和车用柴油发动机产品的生产和使用。针对在用柴油车的排放污染防治,提出的总原则是应以完善和加强I/M制度为主,通过加强检测能力和检测网络的建设,强化对在用柴油车的排放性能检测,强制不达标车辆进行维护修理,以保证车用柴油机处于正常技术状态。其具体内容如下。

(1)在用柴油车在国家规定的使用期限内,要满足出厂时国家排放标准的要求。控制在用柴油车污染排放的基本原则是加强车辆日常维护,使其保持良好的排放性能。

有排放性能耐久性要求的车型,在规定的耐久性里程内,制造厂有责任保证其排放性能在正常使用条件下稳定达标。

(2)在用柴油车的排放控制,应以完善和加强 I/M 制度为主。通过加强检测能力和检测网络的建设,强化对在用柴油车的排放性能检测,强制不达标车辆进行维护修理,以保证车用柴油机处于正常技术状态。

(3)柴油车生产企业应建立和完善产品维修网络体系。维修企业应配备必要的排放检测和诊断仪器,正确使用各种检测诊断手段,提高维护、修理技术水平,保证维修后的柴油车排放性能达到国家排放标准的要求。

(4)严格按照国家关于在用柴油车报废标准的有关规定,及时淘汰污染严重的、应该报废的在用柴油车,促进车辆更新,降低在用柴油车的排放污染。

(5)在用柴油车排放控制技术改造是一项系统工程,确需改造的城市和地区,应充分论证其技术经济性和改造的必要性,并进行系统的匹配研究和一定规模的改造示范。在此基础上,方可进行一定规模的推广,保证改造后柴油车的排放性能优于原车的排放。确需对在用柴油车实行新的污染物排放标准并对其进行改造的城市,需按照《大气污染防治法》的规定,报经国务院批准。

(6)城市应科学合理地组织道路交通,推动先进交通管理系统的推广和应用,提高柴油车等流动源的污染排放控制水平。

(二)快速发展阶段

经历政策发展阶段后,我国移动源排放标准进入了快速发展阶段,一方面,标准控制技术水平持续提升,另一方面,标准体系不断健全完善,监管制度持续加强。自 1999 年至 2013 年,我国相继发布了 24 项国家机动车排放标准,其中,汽车标准从国一升级到国五,摩托车标准从国一升级到国三,三轮汽车、低速货车标准从无到有。同时,2007 年和 2010 年,我国相继发布了《非道路移动机械用柴油机排气污染物排放限值及测量方法(中国Ⅰ、Ⅱ阶段)》(GB 20891—2007)和《非道路移动机械用Ⅱ型点燃式发动机排放限值与测量方法(中国第一、二阶段)》(GB 26133—2010)两项排放标准,使我国移动源排放控制的范围从原来的道路机动车扩展到非道路的工程机械、农业机械、园林机械等。这一阶段,是排放标准不断完善和升级的过程,是汽车等产业排放控制技术不断进步、产业不断优化的过程,也是环保监管制度不断完善的过程。到 2013 年,我国汽车、摩托车都全面进入电喷技术时代,也逐步形成了环保型式核准、生产一致性和在用汽车监督检查为基本框架的全链条移动源排放控制管理制度。

2013 年 6 月,中共中央政治局常委会审定批准了《大气污染防治行动计划》,打响了史无前例的蓝天保卫战。移动源在统筹“油路车”污染治理的大框架下,开启了标准创新升级发展新篇章。

在此阶段,我国对移动源环境管理制度进一步完善,建立了新车型式核准制度、在用汽车排放定期检测制度、老旧机动车报废等制度。

1998 年,国家环境保护总局发出《关于加强新生产机动车排放污染监督管理的通知》(环发〔1998〕83 号),要求地方生态环境主管部门组织本地汽车生产企业申报排放数据,对符合排放标准的车辆(含发动机)型进行型式核准,这是国家生态环境主管部门真正开始对新汽车实排放污染施监督管理。国家环保总局于 2000 年 11 月 20 日发布《关于实施〈车用压燃式发动机排放污染物排放标准〉和〈轻型汽车污染物排放标准有关要求的通知〉》(环发〔2000〕227 号),要求地方生态环境主管部门组织当地汽车生产企业,按照排放标准的规定申报排放数据,环保总局根据申报的排放数据,对照排放标准规定,进行型式核准。

2004 年 6 月 15 日,国家环保总局发布《关于开展在用汽车 I/M(检测/维修)技术规范实施示范工作的通知》(环办函〔2004〕368 号),提出为进一步加大机动车排气污染防治工作力度,改善环境空气质量,使科学研究与污染管理机制紧密结合,将组织开展国家科技攻关课题“中国在用车 I/M(检测/维修)技术规范与管理体系研究”。该课题在借鉴国际经验教训的基础上,将研究制定符合中国国情的在用汽车 I/M 制度实施技术规范。为此,国家环保总局选择辽宁省、山东省和深圳市作为在用汽车 I/M 技术规范实施示范省(市),在全省(市)范围内全面推广实施在用汽车 I/M 制度。

2005 年,国家环保总局发布《在用机动车排放污染物检测机构技术规范》(环发〔2005〕15 号),全面完善了在用汽车排放定期检测制度,并且对检验合格的车辆核发机动车环保检验合格标志。在用汽车排放清单检验和环保检验合格标志制度的全面实施,为我国机动车日常监督管理、低排放控制区划定、机动车污染物总量减排等工作提供了支持,全面保障了我国在用机动车的达标排放。

2000 年 12 月 18 日,国家经济贸易委员会、国家发展计划委员会、公安部和国家环保总局联合对汽车报废标准第二次进行了部分修订,延长了车辆允许使用年限,发布了《关于调整汽车报废标准若干规定的通知》(国经贸资源〔2000〕1202 号)。之后,国家经济贸易委员会、国家发展计划委员会、公安部和国家环保总局又分别于 2001 年 3 月 13 日、2002 年 8 月 23 日发布了《农用运输车报废标准规定》(国经贸资源〔2001〕234 号)和《摩托车报废标准暂行规定》(国家经贸委贸令第33号),提出对无法达到排放标准的老旧车辆,强行注销登记,并禁止上路行驶。

2007年,我国开展了第一次全国污染物普查工作,移动源作为重要排放源,被纳入第一次全国污染源普查工作。这项工作首次摸清了我国移动源排放底数,为后续开展移动源污染物总量减排和移动源环境统计工作奠定了数据基础。后续,我国陆续发布了《机动车排放清单编制指南》和《非道路移动源排放清单编制指南》等文件,确立了我国移动源排放清单计算方法和模型。

此阶段,我国借鉴欧洲排放标准体系,实施了国一至国四排放标准,污染治理技术也逐步形成机内净化、机外净化协调控制的体系,汽油车采取闭环电喷、三元催化转换,柴油车更是发展出单体泵、高压共轨、废气再循环、增压中冷、后处理装置等一系列治理技术。检测方面,新车检测技术按照标准要求,全面采用整车工况和发动机工况进行排放检测,并且增加了蒸发排放、OBD诊断、低温冷起动等检测要求;在用汽车检测技术由之前的怠速法和烟度法,向稳态工况法、简易瞬态法和加载减速法切换。

三、移动源治理体系整体构建期(2014—2017年)

2015年8月29日,第十二届全国人民代表大会常务委员会第十六次会议对《大气污染防治法》进行第二次修订,此次修订确立了新车环保信息公开制度和召回制度;在用汽车方面明确了机动车环保定期检验和机动车安全技术检验"两检合一";明确了新车和在用汽车监管的职能分工,明确提出移动源超标排放的和未按规定信息公开的处罚条款,全面构建了移动源治理体系。

自2014年以来,我国发布了《轻型汽车污染物排放限值及测量方法(中国第六阶段)》(GB 18352.6—2016)、《非道路移动机械用柴油机排气污染物排放限值及测量方法(中国第三、四阶段)》(GB 20891—2014)、《船舶发动机排气污染物排放限值及测量方法(中国第一、二阶段)》(GB 15097—2016)等重要标志性排放标准,以及《摩托车污染物排放限值及测量方法(中国第四阶段)》(GB 14622—2016)和《轻型混合动力电动汽车污染物排放控制要求及测量方法》(GB 19755—2016)等排放标准。

这一时期,我国移动源标准呈现出新的特点。一是标准制修订更加关注我国环境空气质量,研究思路有了新的突破,更加注重实际使用中的污染物减排,污染物排放测试由在实验室进行,扩展到在实际道路上进行车载测试,这是在以往标准基础上的一个重大进步。二是标准具体研究方法方面,充分汲取以往标准制定和实施中的经验，全面调研我国实际情况，开展大量理论和试验研究，在融合欧美法规先进技术理念的基础上，提出了适合我国的技术和管理要求，有针对性地解决我国移动源污染防治问题。三是标准制订过程更加注重行业、企业的参与，建立起非常好的沟通、协作机制，为标准顺利发布和实施均奠定了良好基础。四是体系更加完善，提出了《船舶发动机排气污染物排放限值及测量方法（中国第一、二阶段）》（GB 15097—2016），为我国控制船舶和港口污染、规范船舶行业发展给出了具体发展方向，同时带动了我国船用燃料的低硫化和清洁化。

与排放标准升级相呼应，我国油品标准升级开始提速，实现了油品标准先于排放标准的重大转变。2017 年，车用汽柴油实施了国五标准，汽油和柴油硫含量分别从 2013 年的 150mg/kg、350mg/kg 降至同一浓度 10mg/kg，车用油品质量连跳两级，标志着我国车用油品完成了低硫化进程。燃油品质的快速提升，为机动车等采用更先进的排放控制技术提供了基本保障。

2016 年，环境保护部印发《关于开展机动车和非道路移动机械环保信息公开工作的公告》（国环规大气〔2016〕3 号），此文件的发布标志着我国新车环境管理从型式核准制度向环保信息公开制度的转变，强调生产、进口企业的主体责任，我国新车环境管理的重心从事前监管向事中、事后监管转移，同时，机动车环保信息公开清单也为地方机动车注册登记、标准实施提供支持，全面向公众公开机动车和非道路移动机械的环保信息，强化社会监督的作用。

长期以来，我国在用汽车环保定期检验与安全技术检验是割裂开的，部分地区环保定期检验机构甚至与安全技术检验机构也是分离的，给车主带来了不便。2016 年，环境保护部、公安部、国家认证认可监督管理委员会联合印发《关于进一步规范排放检验加强机动车环境监督管理工作的通知》（国环规大气〔2016〕2 号），确定了在用汽车环保定期检验与安全技术检验“两检合一”，在便民、利民的同时，按照《大气污染防治法》的要求，全面强化了在用汽车环保定期检验的要求，经检验合格的，方可上道路行驶；未经检验合格的，公安机关交通管理部门不得核发安全技术检验合格标志。

此阶段的治理技术基本沿用前一阶段的治理，但监测技术有了很大突破。随着“大众门”事件的出现，对机动车实际道路排放的监管需求突然增强。在轻型汽车国六排放标准中，采用更加符合实际道路的全球轻型汽车统一测试程序（WLTC）工况，采用实际道路排放（RDE）的测试要求，都是为了加强实际道路排放的监管。同时，在在用汽车检测方面，道路遥感监测的技术也得到了广泛应用。

四、移动源治理体系完善期(2018—2021年)

自2018年以来,我国发布了《重型柴油车污染物排放限值及测量方法(中国第六阶段)》(GB 17691—2018)、《柴油车污染物排放限值及测量方法(自由加速法及加载减速法)》(GB 3847—2018)、《汽油车污染物排放限值及测量方法(双怠速法及简易工况法)》(GB 18285—2018)和《非道路移动柴油机械排气烟度限值及测量方法》(GB 36886—2018)4项排放标准。《重型柴油车污染物排放限值及测量方法(中国第六阶段)》(GB 17691—2018)除了要在污染物控制水平和控制技术上达到国际先进水平外,更是提出了发动机和排放数据实时监控并远程传输给监管平台的要求,这是对移动源排放监管方法的新探索,将对解决重型汽车排放监管难问题起到至关重要的作用。两项在用汽车标准,即《柴油车污染物排放限值及测量方法(自由加速法及加载减速法)》(GB 3847—2018)和《汽油车污染物排放限值及测量方法(双怠速法及简易工况法)》(GB 18285—2018),在原有标准基础上加严了污染物排放限值,并增加了车载诊断系统检查规定,适应了国三排放标准以后汽车的检验需要;增加了柴油车 NO_x 测试方法和限值要求,解决了对在用柴油车 NO_x 排放无标准可依的问题;规范了排放检测的流程和项目,并对数据记录、保存等进行规范,将为在用汽车检查维护制度的建立提供重要技术支撑。《非道路移动柴油机械排气烟度限值及测量方法》(GB 36886—2018)标准为首次发布,解决了非道路移动机械在使用阶段无标准可依的问题,为非道路移动机械进行编码登记和加强监管提供了的新的标准方法。

与排放标准相对应,这一时期我国的燃油品质进一步提升。2018年,我国实现车用柴油、普通柴油、部分船舶用油"三油并轨",并自2019年1月1日起,全面实施车用汽、柴油国六标准,进一步分别降低了烯烃、芳烃和多环芳烃的含量。这个阶段,标准面临的难题主要集中在柴油车和柴油机上,如何确保市售燃油达标,确保用户加到合格的燃油,仍是今后需要重点解决的问题。

另外,铁路内燃机(车)和大型汽油移动机械等方面标准已启动,可以预见,"十四五"期间,我国移动源排放标准体系将实现全面覆盖。

2004年10月,国家质检总局等4部委联合颁发《缺陷汽车产品召回管理规定》,标志着我国缺陷汽车产品召回制度正式确立。2015年修订的《大气污染防治法》提出国家建立机动车和非道路移动机械环境保护召回制度。2019年,国家市场监管总局和生态环境部联合发布《机动车环境保护召回管理规定(征求意见稿)》(市监质函〔2019〕1419号),标志着我国机动车召回制度正在逐步建立。

2019年8月1日，因环保问题，梅赛德斯-奔驰（中国）汽车销售有限公司召回2016年2月29日至2018年10月16日期间生产的部分进口奔驰汽车GLESUV和GLSSUV，共计302辆。2021年，国家市场监督管理总局和生态环境部联合发布《机动车排放召回管理规定》（国家市场监督管理总局令第40号），标志着我国机动车环保召回制度正式实施。

机动车检验维修制度自我国开展机动车环保定期检验开始逐步建立，2018年7月3日，国务院印发《打赢蓝天保卫战三年行动计划》（国发〔2018〕22号），明确指出"实施在用汽车排放检测与维护制度"。2018年12月30日，生态环境部、交通运输部等11部门联合印发《柴油货车污染治理攻坚战行动计划》（环大气〔2018〕179号），明确要求"建立完善机动车排放监测与维护制度（I/M制度）"。2020年6月22日，生态环境部联合交通运输部、国家市场监督管理总局发布《关于建立实施汽车排放检验与维护制度的通知》（环大气〔2020〕31号），标志着我国机动车检测维修制度的全面构建。

针对国六排放标准的要求，汽油车颗粒捕集器、缸内直喷等技术得到应用；检测和新车方面，按照标准要求，远程在线监控、蒸发排放、车内空气质量、加油油气回收等检测技术得到应用；在用汽车方面，按照"天地车人"一体化监测体系部署，继续加强遥感监测、远程在线监控、尾气检测的要求。

回顾标准制定，展望未来实施，国六排放标准充分体现了当前最新技术进展和排放控制要求，并积极借鉴欧美排放控制的先进内容，考虑了我国的环境质量改善需求，形成了一个全新的自主技术标准，为提升国内企业及相关零部件行业的竞争力，打造汽车强国迈出了关键一步。

第二章 新生产汽车排放标准与检验

随着机动车数量的增加,机动车排放污染对环境造成的危害也日益严重,许多国家和地区都通过制定机动车排放标准达到控制污染的目的。美国在1966年开始实施了第一个汽车排放法规,当时的加利福尼亚大气资源委员会制定了美国加州限制HC和CO的汽车排放标准,之后,日本、欧洲也陆续出台了自己的排放法规和标准。我国于1983年颁布了机动车排放标准,经过几十年的发展和完善,形成了标准体系。发展至今,通过制定和实施机动车污染物排放标准、加强生产及销售环节的环境监管等方式,保证新生产机动车污染物达标排放,切实强化了源头管控,减少了新车排放。本章首先介绍了我国新生产汽车排放体系的发展历程,然后着重介绍最新国六排放标准的测量方法和限值要求,并与欧美最新排放标准、国五排放标准作对比,随后阐述了未来汽车排放标准的发展趋势,最后介绍了我国对新生产汽车排放的监督检查办法。

第一节 新生产汽车排放标准概述

一、新生产汽车排放标准发展历程

新车排放控制标准体系的建立经历了排放控制标准的初期制定、探索、借鉴学习到自我发展的道路。1979年,我国颁布了《中华人民共和国环境保护法(试行)》,开始对机动车污染进行控制。1983年,我国发布了首批汽车污染物排放标准,其中包括 3 项排放限值标准,即《汽油车怠速污染物排放标准》(GB 3842—1983)、《柴油车自由加速烟度排放标准》(GB 3843—1983)和《汽车柴油机全负荷烟度排放标准》(GB 3844—1983),以及与之相对应的 3 项测量方法标准,即《汽油车怠速污染物测量方法》(GB 3845—1983)、《柴油车自由加速烟度测量方法》(GB 3846—1983)和《汽车柴油机全负荷烟度排放标准》(GB 3847—1983)。以上标准仅对四冲程汽油车排放 CO、HC 作出了限定,未对 NO_x 的排放进行控制;对柴油车仅限定了自由加速和全负荷烟度排放,未对 CO、HC、NO_x 排放作出具体限定。首批汽车国家标准的发布与实施,标志着我国汽车污染物排放标准从无到有,并逐步建立形成汽车排放控制法规体系。此后发布的《机动车运行安全技术条件》(GB 7258—1987)将以上标准的相关条款纳入规定,要求对登记注册的新车和在用汽车进行排放检测,对城市汽车污染控制起到了积极作用。1989 年,国家环保局发布了《汽车曲轴箱污染物排放测量方法和限值》(GB 11340—1989)、《轻型汽车排放污染物控制标准》(GB 11641—1989)、《轻型汽车排放污染物测量方法》(GB 11642—1989)3 项控制标准,借鉴欧洲 ECE R15-03 标准的做法,采用 15 工况法进行评价,比较客观地评价发动机的整体排放。

1993 年,机动车排放污染控制工作进入快速发展阶段,我国相继颁布了《汽油车怠速污染物排放标准》(GB 14761.5—1993)、《柴油车自由加速烟度排放标准》(GB 14761.6—1993)等 7 项汽车排放污染标准,对汽车和发动机、柴油车和汽油车、柴油机和汽油机分别进行排放控制。与之对应,颁布了《车用汽油机排放污染物试验方法》(GB 14762—1993)和《汽油车燃油蒸发污染物测量方法　收集法》(GB 14763—1993)两个测试方法标准。同时,修订了《汽油车排气污不染物的测量　怠速法》(GB/T 3845—1993)、《柴油车自由加速烟度的测量滤纸烟度法》(GB/T 3846—1993)2 项排放污染测试方法标准,对测试方法进行了明确限定。这个时期是机动车排放污染最为细化的阶段,整体排放控制水平达到欧洲 20 世纪 70 年代水平。

1999 年,国家质量技术监督局和国家环保局进行汽车污染物排放控制标准的新一阶段制修订工作。国家质量技术监督局批准了《汽车排放污染物限值及测量方法》(GB 14761—1999),全面替代《轻型汽车排气污染物排放标准》(GB 14761.1—1993)、《车用汽油机排气污染物排放标准》(GB 14761.2—1993)和《汽车曲轴箱排放物测量方法及限值》(GB 11340—1989)等 6 项标准,部分替代《汽油车排气污不染物的测量　怠速法》(GB/T 3845—1993)等 2 项排放标准。《压燃式发动机和装用压燃式发动机的车辆排放污染物限值及测试方法》(GB 17691—1999)与

GB 14761—1993系列标准有重叠的地方，也有对其的补充。同年颁布的《压燃式发动机和装用压燃式发动机的车辆排气可见污染物限值及测试方法》(GB 3847—1999)，对柴油机和柴油机汽车的烟度排放进行了整合，取代了以前的四项排放标准，标志着我国排放标准开始从数量扩展阶段进入系统整合阶段。与此同时，国家环保总局颁布了《轻型汽车污染物排放标准》(GWPB 1—1999)等6项标准，对轻型汽车的排放控制进行了优化整合。至此，我国对汽车污染物排放的整体控制水平达到欧洲20世纪80年代水平，同时我国进入了参照欧洲进行对机动车排放控制限值划阶段的历程。这个时期的特点是，排放标准发展开始从数量扩张走向系统优化，管理部门则出现了交叉管理的特点。

2000年12月，国家质量技术监督局颁布了《在用汽车排放污染物限值及测试方法》(GB 18285—2000)，标准达到欧洲20世纪90年代初期水平。在用汽车的排放控制体系与新车的排放控制体系开始分离。汽油车和柴油车的污染物控制，沿用了1993年颁布的《汽油车怠速污染物排放标准》(GB 14761.5—1993)等4项排放标准。这是我国机动车污染物排放控制的关键时期，新车和在用汽车开始分别采用专门的控制体系，排放控制体系进一步科学化，开始走向成熟。

2001年4月，国家质量技术监督局和国家环境保护总局联合颁布了3项排放标准:《轻型汽车排放污染物限值及测量方法(Ⅰ)》(GB 18352.1—2001)、《轻型汽车排放污染物限值及测量方法(Ⅱ)》(GB 18352.2—2001)和《车用压燃式发动机排放污染物测量方法》(GB 17691—2001)，保留了1999年颁布的《压燃式发动机和装有压燃式发动机的车辆排放污染物限值及测试方法》(GB 3847—1999)和《汽车用发动机净功率测试方法》(GB/T 17692—1999)2项标准。《轻型汽车污染物排放限值及测量方法(Ⅰ)》(GB 18352.1—2001)相当于欧一的水平，《轻型汽车污染物排放限值及测量方法(Ⅱ)》(GB 18352.2—2001)相当于欧二的水平。这个时期的特点是，机动车排放控制体系在借鉴欧盟排放控制体系的基础上发展成熟。

我国排放标准与欧洲排放相应标准的发展历程相比，整体存在一定差距，如图2-1所示。2002年，我国颁布了《车用点燃式发动机及装用点燃式发动机　汽车排放污染物排放限值及测量方法》(GB 14762—2002)。2005年，颁布了《轻型汽车排放污染物限值及测量方法(中国Ⅲ、Ⅳ阶段)》(GB 18352.3—2005)，与欧三和欧四水平相当。同时，颁布了《车用压燃式、气体燃料点燃式发动机与汽车排气污染物排放限值测量方法(中国Ⅲ、Ⅳ、Ⅴ阶段)》(GB 17691—2005)，与欧三、欧四、

欧五水平相当。2008 年，颁布了《重型车用汽油发动机与汽车排放污染物排放限值及测量方法（中国Ⅲ、Ⅳ阶段）》（GB 14762—2008）。

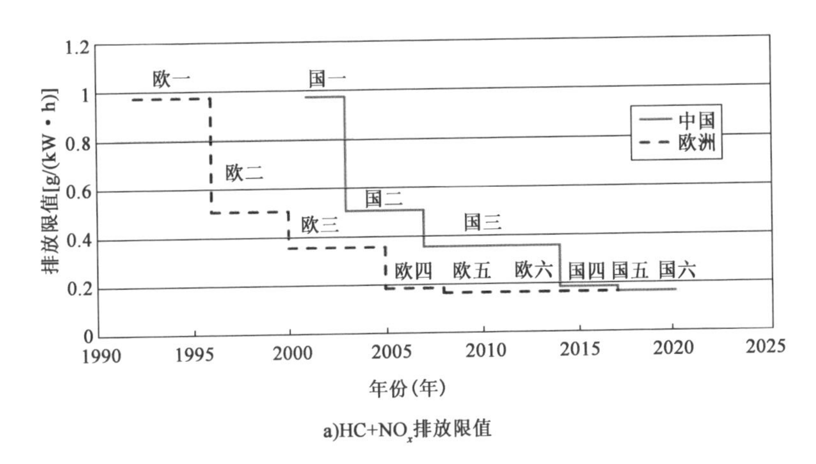

a)HC+NO_x排放限值

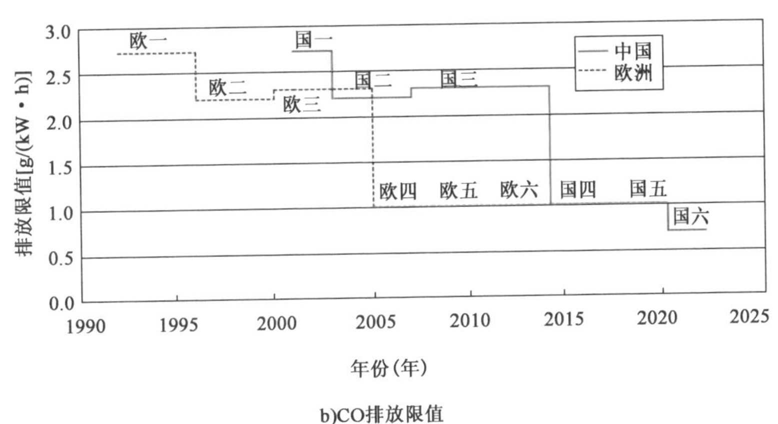

b)CO排放限值

图 2-1　我国与欧洲排放标准对比（轻型汽油车）

2013 年，我国发布了《轻型汽车排放污染物限值及测量方法（中国第五阶段）》（GB 18352.5—2013），与欧五水平相当。2016 年，发布了《轻型汽车排放污染物限值及测量方法（中国第六阶段）》（GB 18352.6—2016），2018 年，发布了《重型柴油车污染物排放限值及测量方法（中国第六阶段）》（GB 17691—2018），与欧六水平相当。至此，我国的机动车污染物排放控制标准和汽车的排放控制技术水平与欧洲同步。

二、新生产汽车排放标准限值变化

轻型汽车是指最大设计总质量不超过5000kg的载客汽车和最大设计总质量不超过3500kg的载货汽车。现行的汽车排放污染物控制标准主要有2类，轻型汽车目前执行《轻型汽车污染物排放限值及测量方法（中国第六阶段）》（GB 18352.6—2016），也就是通常说的国六排放标准。回顾每一次法规升级，国二阶段相较国一阶段CO加严了18.4%，THC（总烃）+ NO_x 限值加严48.5%；在国三、国四和国五阶段对汽油车的CO排放限值进行了区分，取消了THC + NO_x 排放要求，单独控制THC和 NO_x 排放，国五阶段增加了非甲烷碳氢化合物（NMHC）污染物的种类要求。从国三到国五阶段，CO限值加严了56.5%，THC和 NO_x 的排放限值分别加严了50%和46.7%；而将于2023年7月1日全国实施的国六b阶段，其CO、THC和NMHC相较国五均再次加严近50%，NO_x 加严42%、PM加严了33%，并提出了对颗粒物数量（PN）的限值要求。与欧洲同水平的欧六标准相比，国六排放标准的实施落后了6年。经研究，轻型国六相比国六和欧六c排放标准限值加严了50%以上，基本相当于美国Tier3排放标准中规定的2020年平均限值。考虑到测试程序和测试循环的改进，以及实际道路排放（RDE）和PN等限值的引入，结合标准中对高海拔排放控制、冷起动排放控制、蒸发排放控制、OBD、车载油气回收（ORVR）等功能的全面升级，轻型汽车国六标准堪称目前世界上最严格的排放标准之一。

从排放标准的发展历程来看，国内与国外排放标准的差距逐渐缩小，测试程序也随着标准的发展日渐完善，测试的可控性越来越高。从技术角度看，排放标准的控制目标也从单纯的控制污染物排放量的下降，发展到检测子系统的耐久性，从系统的角度保证汽车排放性能的耐久性。在国四排放标准发布以后，排放标准开始大量引用ISO标准和EN标准（欧洲标准体系），国内和国外技术的差距逐渐缩小，先进排放标准的实施促进了发动机排放控制技术的进步。

由于欧洲、美国、日本三大汽车排放标准体系中，欧洲法规在标准的松严程度、道路交通情况等方面相对适用于我国的实际情况，故我国在充分吸收欧洲的经验后，全面等效采用欧盟（EU）指令、ECE技术内容和部分采用EEC法规的基础上形成了中国汽车排放法规体系。

重型柴油车方面，为适应我国加入世界贸易组织（WTO）后与国际接轨的需要，为兑现2008年在北京举办的奥运会的承诺，为满足我国国民经济的持续迅速发展和改善环境、提高人民生活质量的需要，我国对制定、公布和实施车用柴油机

的排放标准十分重视，并不断加严。国家技术监督局于1999年3月10日曾发布《压燃式发动机和装用压燃式发动机的车辆排放污染物限值及测试方法》(GB 17691—1999)(即国一、国二排放标准，相当于欧一、欧二排放标准)。随后于2001年4月16日，国家环境总局、国家技术监督检验检疫总局重新更新发布了此标准，即《车用压燃式发动机排放污染物排放限值及测量方法》(GB 17691—2001)，将实施国二标准的时间提前了16个月。

2005年8月，国家环保总局和国家质量监督检验检疫总局联合发布了《车用压燃式、气体点燃式发动机与汽车排气污染物排放限值及测量方法(中国Ⅲ、Ⅳ、Ⅴ阶段)》(GB 17691—2005)。为了迎接2008年的北京奥运会，2006年1月1日，北京在全国范围内率先实施国三排放标准，2008年7月1日开始试行国四标准。当时由于各种原因，尽管全国国四排放标准生产一致性实施时间可能有所推延，但我国排放标准的升级趋势已无法阻挡。

此外，《车用压燃式、气体燃料点燃式发动机与汽车排气污染物排放限值及测量方法(中国Ⅲ、Ⅳ、Ⅴ阶段)》(GB 17691—2005)还增加了以下要求：

(1)从第四阶段开始，增加了OBD或车载测量系统(OBM)的要求。

(2)耐久性要求，即第三阶段，如有后处理装置，应在正常寿命期内有效工作；第四阶段，应在正常寿命期内，排放控制装置正常运转。

(3)第四阶段要求在用汽车的符合性。

自1999年国家技术监督局公布车用柴油机有关排放法规以来，各主机厂及汽车厂对降低现生产商用车柴油机的排放已做了大量的攻关研究，并取得明显的成效。目前，多数厂家产品都能通过国三排放标准，有不少机型已能达到国四排放标准。

重型汽车执行的标准是2018年颁布的《重型柴油车污染物排放限值及测量方法(中国第六阶段)》(GB 17691—2018)，该标准已于2019年7月1日开始实施。自标准实施之日起，该标准代替《车用压燃式、气体燃料点燃式发动机与汽车排气污染物排放限值及测量方法(中国Ⅲ、Ⅳ、Ⅴ阶段)》(GB 17691—2005)，以及《装用点燃式发动机重型汽车曲轴箱污染物排放限值》(GB 11340—2005)中气体燃料点燃式发动机相关内容。

长期以来，我国通过制定排放法规，加严对柴油机排放污染物的限值要求，促进柴油机技术进步来降低柴油机带来的污染。图2-2所示为我国各阶段柴油机排放标准限值。表2-1为欧洲、美国、日本和我国重型汽车排放法规限值与实施时间对比。排放法规的日益严格已经成为推动柴油机污染物控制技术不断向前发展的重要因素。

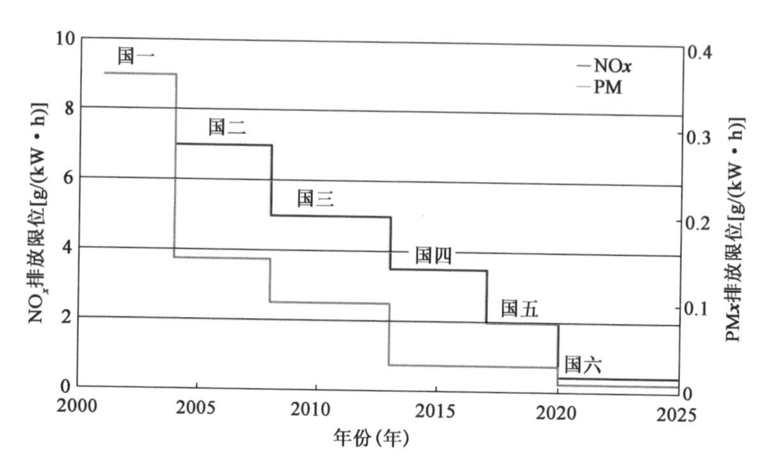

图 2-2　柴油机排放污染物限值升级历程

欧洲、美国、日本和我国重型汽车排放法规限值与实施时间对比[单位:g/(kW・h)]

表 2-1

<table>
<tr><th>年份(年)</th><th colspan="2">欧　洲</th><th colspan="2">美　国</th><th colspan="2">日　本</th><th colspan="2">中　国</th></tr>
<tr><td>2000</td><td rowspan="5">欧三</td><td rowspan="5">NO_x:5.0
PM:0.10</td><td rowspan="4">EPA1998</td><td rowspan="4">NO_x:5.43
PM:0.14</td><td rowspan="3">JP97</td><td rowspan="3">NO_x:4.5
PM:0.25</td><td rowspan="5">国一</td><td rowspan="5">NO_x:8.0
PM:0.36</td></tr>
<tr><td>2001</td></tr>
<tr><td>2002</td></tr>
<tr><td>2003</td><td rowspan="2">JP2003</td><td rowspan="2">NO_x:3.38
PM:0.18</td></tr>
<tr><td>2004</td><td rowspan="3">EPA2004</td><td rowspan="3">NO_x:3.40
PM:0.14</td></tr>
<tr><td>2005</td><td rowspan="3">欧四</td><td rowspan="3">NO_x:3.5
PM:0.02</td><td rowspan="4">JP2005</td><td rowspan="4">NO_x:2.0
PM:0.027</td><td rowspan="3">国二</td><td rowspan="3">NO_x:7.0
PM:0.15</td></tr>
<tr><td>2006</td></tr>
<tr><td>2007</td><td rowspan="3">EPA2007</td><td rowspan="3">NO_x:1.63
PM:0.013</td></tr>
<tr><td>2008</td><td rowspan="5">欧五</td><td rowspan="5">NO_x:2.0
PM:0.02</td><td rowspan="7">国三</td><td rowspan="7">NO_x:5.0
PM:0.10</td></tr>
<tr><td>2009</td><td rowspan="6">JP2009</td><td rowspan="6">NO_x:0.7
PM:0.01</td></tr>
<tr><td>2010</td><td rowspan="5">EPA2010</td><td rowspan="5">NO_x:0.27
PM:0.013</td></tr>
<tr><td>2011</td></tr>
<tr><td>2012</td></tr>
<tr><td>2013</td><td rowspan="2">欧六</td><td rowspan="2">NO_x:0.4
PM:0.01</td></tr>
<tr><td>2014</td></tr>
</table>

续上表

<table>
<tr><th>年份(年)</th><th colspan="2">欧　洲</th><th colspan="2">美　国</th><th colspan="2">日　本</th><th colspan="2">中　国</th></tr>
<tr><td>2015</td><td rowspan="7">欧六</td><td rowspan="7">NO_x:0.4
PM:0.01</td><td rowspan="7">EPA2010</td><td rowspan="7">NO_x:0.27
PM:0.013</td><td rowspan="7">JP2009</td><td rowspan="7">NO_x:0.7
PM:0.01</td><td rowspan="3">国四</td><td rowspan="3">NO_x:3.5
PM:0.02</td></tr>
<tr><td>2016</td></tr>
<tr><td>2017</td></tr>
<tr><td>2018</td><td rowspan="3">国五</td><td rowspan="3">NO_x:2.0
PM:0.02</td></tr>
<tr><td>2019</td></tr>
<tr><td>2020</td></tr>
<tr><td>2021 之后</td><td>国六</td><td>NO_x:0.46
PM:0.01
PN:6.0×10^{11}
(个/kWh)</td></tr>
</table>

第二节　国六排放标准测量方法和限值要求

一、轻型汽车国六排放标准测量方法和限值要求

2016 年,国家环境保护部发布了《轻型汽车污染物排放限值及测量方法(中国第六阶段)》(GB 18352.6—2016),这是在《轻型汽车污染物排放限值及测量方法(中国第五阶段)》(GB 18352.5—2013)的基础上,延续欧盟排放法规,协调全球技术法规,融合美国排放法规并充分考虑我国国情及标准实施的可行性,而提出的我国第六阶段的轻型汽车排放标准。该标准分两阶段进行,在国五排放标准基础上进一步加严了排放限值,提高排放耐久要求,完善 OBD 诊断功能,同时明确了最为严苛的 RDE 试验要求。

我国自 2000 年实行国一轻型汽车排放标准时,各项指标要求均远远落后于发达国家,从国一到国五,我国排放标准一直等效采用欧盟排放标准体系,并以四年左右一个阶段的速度迅速追赶,经过十多年的发展,终于在国六排放标准发布后基本追上了发达国家排放标准的要求。在标准发展的同时,我国也推动汽车企业大力发展汽车排放控制技术,且成效显著。根据国六排放标准内容,开展轻型汽油车的国六排放的研究和开发非常必要,且具有重大的意义,不仅响应了国家节能环保要求,而且为企业满足后续国六排放标准实施做好技术储备,进而提前抢占市场并提升企业的品牌效应。国六排放标准的更新动作幅度是排放标准强制执行以来最大的一次,可以说是汽车排放发展史上的一个里程碑。除了不再等效采用欧洲标准体系,而是根据我国的实际情况自行制定多项要求之外,还在检验项目和排放限值等重量级内容中作了重大的调整。

国六排放标准分 a、b 两个阶段,b 阶段的限值相较 a 阶段更为严苛。根据排放来源以及检测方法的不同,分为表 2-2 所列的八个试验项目。

国六排放标准不同燃料类型车型试验项目　　表 2-2

试验项目				
试验项目	点燃式发动机轻型汽车(包含混合动力汽车)			压燃式发动机轻型汽车(包含混合动力汽车)
	汽油车	两用燃油车	单一气体燃料车	
Ⅰ型	进行	进行	进行	进行
Ⅰ型-PM	进行	进行(仅汽油)	不进行	进行
Ⅰ型-PN	进行	进行(仅汽油)	不进行	进行
Ⅱ型(RDE)	进行	进行(仅汽油)	进行	进行
Ⅲ型	进行	进行	进行	进行
Ⅳ型	进行	进行(仅汽油)	不进行	不进行
Ⅴ型	进行	进行(使用气体燃料)	进行	进行
Ⅵ型	进行	进行	不进行	进行
Ⅶ型(ORVR)	进行	进行(仅汽油)	不进行	不进行
OBD	进行	进行	进行	进行

注:1. 常温下冷起动后排放污染物排放测试(Ⅰ型试验)。
2. 实际行驶污染物排放测试(Ⅱ型试验)。
3. 曲轴箱污染物排放测试(Ⅲ型试验)。
4. 蒸发污染物排放测试(Ⅳ型试验)。
5. 污染控制装置耐久性试验(Ⅴ型试验)。
6. 低温冷起动排放中 CO/THC 和 NO_x 排放试验(Ⅵ型试验)。
7. 加油过程污染物排放试验(Ⅶ型试验)。
8. 车载诊断系统(OBD)。

（一）常温下冷起动后排放污染物排放测试（Ⅰ型试验）

常温排放污染物是指在常温下排放管排出的发动机燃烧后的废气，需要检测的有害气体成分主要有 CO、THC、NO_x 和 PM，其中 HC 又主要分为 NMHC 和甲烷（CH_4），而 PM 主要存在于柴油车和缸内直喷汽油车的排放污染物中。该项测试是汽车在强制性目录中的第一项，是所有排放项目中的基础，甚至有时人们提到的车辆排放水平就仅指该项的排放结果。

常温排放试验过程是将车辆放置在实验室环境舱中底盘测功机上，由车辆驾驶检测员按照既定的循环工况行驶，收集排放后进行分析，并经各种修正计算得到最终的排放结果。该项测试需要大型精密的试验设备和严格的环境要求。

该测试采用 WLTC 工况，该试验测试工况突出瞬态变化，更接近实际行驶状态，能有效减少实验室认证排放与实际使用排放的差距，可较好地考察车辆排放控制装置在常温冷起动低速行驶、中速行驶、高速行驶和超高速行驶下的工作能力。

该试验设备包括底盘测功机、连续稀释采样系统和分析测试系统等。被测车辆在底盘测功机上按照 WLTC 循环规定的车速和加速度行驶，同时由连续稀释采样系统进行采样和分析测试。

国六排放标准采用燃料中立原则，对汽、柴油车制定了相同限值要求。为促进标准在需要地区提前实施，并给汽车行业升级换代留有一定缓冲期，标准制定了国六 a、国六 b 两个阶段要求，分别于 2020 年 7 月 1 日和 2023 年 7 月 1 日分阶段实施。同时，无论国六 a 还是国六 b 的 PN 限值均为 6.0×10^{11} 个/km。考虑到国六排放标准提前实施情况，对 2021 年 7 月 1 日前实施过渡期要求（PN 过渡期限值为 6.0×10^{12} 个/km），见表 2-3 和表 2-4。

常温下冷起动后排放污染物排放测试（Ⅰ型试验）限值（国六 a）　　表 2-3

项目		测试质量（kg）	限值						
			CO	THC	NMHC	NO_x	N_2O	PM	PN
			mg/km	mg/km	mg/km	mg/km	mg/km	mg/km	个/km
第一类车	—	全部	700	100	68	60	20	4.5	6.0×10^{11}
第二类车	Ⅰ	TM≤1305	700	100	68	60	20	4.5	6.0×10^{11}
	Ⅱ	1305 < TM≤1760	880	130	90	75	25	4.5	6.0×10^{11}
	Ⅲ	1760 < TM	1000	160	108	82	30	4.5	6.0×10^{11}

常温下冷起动后排放污染物排放测试（Ⅰ型试验）限值（国六 b）　　表 2-4

项目		测试质量 (kg)	限值						
			CO	THC	NMHC	NO_x	N_2O	PM	PN
			mg/km	mg/km	mg/km	mg/km	mg/km	mg/km	个/km
第一类车	—	全部	500	50	35	35	20	3.0	6.0×10^{11}
第二类车	Ⅰ	TM≤1305	500	50	35	35	20	3.0	6.0×10^{11}
	Ⅱ	1305 < TM≤1760	630	65	45	45	25	3.0	6.0×10^{11}
	Ⅲ	1760 < TM	740	80	55	50	30	3.0	6.0×10^{11}

（二）实际行驶污染物排放测试（Ⅱ型试验）

随着标准排放限值的不断加严，必须减少型式检验和真实生活中排放的差异，作为限制未来车辆真实排放的有效测试手段，实际行驶污染物应运而生。国五及以前的排放标准只是要求在实验室中进行所有的排放试验，此次国六排放标准增加了 RDE 试验，并定义为Ⅱ型试验，取代原来的怠速污染物排放试验。该项目要求被测车辆在城市道路、乡村道路、高速公路上各行驶约 1/3 里程，而且三种工况之间要保持连续性。试验时间根据测试条件的不同在 3 ~ 5h 之间。该项目将车辆的排放试验与实际行驶结合起来，虽然环境温度、海拔、负载、坡度、风向等因素对试验结果均有影响，但也能更加真实地反映车辆的实际排放水平。鉴于该项目为新增项目，目前该项的排放限值在过渡期（2023 年 7 月 1 日之前）内仅作监测，不强制进行符合性判定。

实际行驶污染物排放测试是指车辆在实际道路上行驶 90 ~ 120min，其间利用便携式排放测试设备（PEMS）进行尾气测试。此测试方法的运行工况具有随机性，是实验室测试程序的必要补充，能够有效避免类似“大众门”之类的排放作弊行为。同时，由于测试地点不再限于排放实验室，且测试设备价格远低于实验室设备，因此，更有利于主管部门执行监督管理。

该试验应在温度为 -7 ~ 35℃ 和海拔在 2400m 以下的环境条件下进行，如果试验过程不符合以上环境条件，则试验结果无效。试验前应先选择一条适合的行驶路线，包括 34% 的城市道路路段（行驶车速在 60km/h 以下）、33% 的乡村道路路段（行驶车速在 60 ~ 90km/h 之间）和 33% 的高速公路路段（行驶车速大于 90km/h）。上述各段行驶比例的误差控制在正负 10% 以内，但城市道路路段的行驶比例不能低于总行驶距离的 29%。试验车辆应按城市道路—乡村道路—高速

公路路段的顺序连续行驶，过程中要对排期污染物进行连续的采样分析，按标准规定计算出排放结果。

国六排放标准要求该试验结果（包括市区行程和总行程污染物排放）均不得超过Ⅰ型试验排放限值与符合性因子（CF）的乘积。为了让企业明确研发目标，并预留准备时间，该符合性因子为预告性数值，将于2022年7月1日前进行确认，且2023年7月1日前不强制要求达到符合性因子要求。

该试验中，如果环境温度和海拔高度条件中至少有一个被扩展，环境条件就成为扩展条件。如果在一个特定时间间隔内，环境条件符合"扩展条件"或者"进一步扩展条件"的规定，此特定时间间隔内的排放（CO_2除外）除以扩展系数（ext）后，再评估其是否符合上述要求。

扩展环境条件具体规定如下。

（1）普通海拔条件：海拔不高于700m；

（2）扩展海拔条件：海拔高于700m，不高于1300m；

（3）进一步扩展的海拔条件：海拔高于或等于1300m，但不高于2400m；

（4）普通温度条件：环境温度高于或等于0℃，低于或等于30℃；

（5）扩展温度条件：环境温度高于或等于－7℃且低于0℃，或高于30℃且低于35℃。

（三）曲轴箱污染物排放测试（Ⅲ型试验）

判断曲轴箱污染物是否达标有两种方式。

（1）曲轴箱通风测试。进行Ⅲ型试验时，将试验车辆放置在底盘测功机上，按照标准规定在三个不同车速和不同负荷的工况下运转，同时检测曲轴箱通风口处的压强。

国六排放标准规定"试验时，发动机曲轴箱通风系统不允许有任何曲轴箱污染物排入大气"。

（2）排放测试。没有涉及曲轴箱强制通风功能的汽车，需要在进行Ⅰ型排放试验的过程中，将曲轴箱污染物引入连续采样分析系统，和排放污染物一并采样检测，计入排放污染物总量。这个总的排放结果要满足Ⅰ型试验限值要求。

（四）蒸发污染物排放测试（Ⅳ型试验）

Ⅳ型试验主要模拟车辆实际使用过程中会发生的热浸损失和换气损失过程（图2-3）。同时在（38±2）℃下高温浸车和行驶车辆，能够在一定程度上模拟车辆运行过程中燃油蒸发的影响条件。整个试验过程也包括燃油系统泄漏影响。试验包括以下两个阶段。

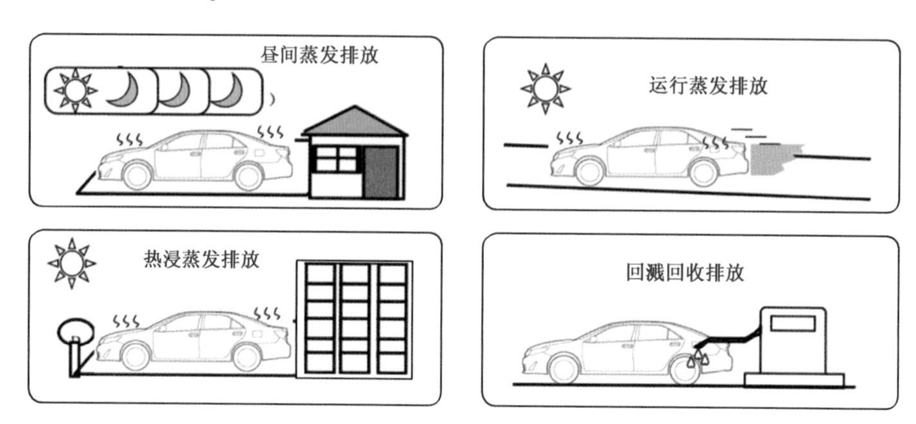

图 2-3　蒸发排放来源

1. 车辆预处理

这个过程影响炭罐饱和程度和整车及燃油系统的冷热状态等，对最终测试结果有很大影响，因而是测试过程中很重要的步骤，包括：①由Ⅰ型试验测试循环的低速、中速、高速和超高速组成的预处理循环和用丁烷预处理炭罐。②高温浸车和由Ⅰ型试验测试循环中的低速、中速、高速和超高速组成的高温度测试循环。

2. 燃油蒸发测试

预处理后的车辆立即放入密闭式中静置，通过对密闭室中的气体进行采样分析，来测试车辆所挥发出的燃油蒸气。该测试包括以下两部分：

(1)测定热浸损失。试验时间为(60 ±0.5)min。在关闭密闭室门之后最初的5min 内，密闭室的温度应维持在(38 ±5)℃；之后的时间内，密闭室温度应维持在(37 ±4)℃。在(60 ±0.5)min 热浸试验结束时，测量并记录热浸试验的最终碳氢化合物的浓度等数据，计算蒸发排放量。

(2)测定昼夜换气损失。热浸损失测试完成后，在(20 ±2)℃下浸车 6 ~ 36h，之后将车辆静置于密闭室中进行为期两天的测试。密闭室模拟真实环境的昼夜温度变化，进行从 20 ~ 35℃的两个循环变换。在关闭密闭室门后 10min 内进行初始测试，并以此时为 0 时刻。第 1 天试验取样期为 0 时刻后的 24h ±6min，第 2 天试验取样期为 0 时刻后的 48h ±6min。对采取的样品分别进行分析测试，计算出每一阶段的蒸发排放量。以两天的测试结果中较大者作为昼夜换气试验的结果。

Ⅳ型试验结果为热浸试验结果和昼夜换气试验结果的总和。试验结果应采用劣化修正值进行加和校正，校正后的蒸发污染物排放量不得超过标准中规定的限值要求（表2-5）。

蒸发排放试验限值　　表2-5

车　辆		试验质量TM(kg)	蒸发排放限值(g/测试)
第一类车		全部	0.70
第二类车	Ⅰ	TM≤1305	0.70
	Ⅱ	1305 < TM≤1760	0.90
	Ⅲ	1760 < TM	1.20

（五）污染控制装置耐久性试验（Ⅴ型试验）

Ⅴ型试验的目的是给Ⅰ型、Ⅳ型和Ⅶ型试验提供劣化系数（修正值）。该试验用以考察定型或批量生产的新车能否在规定的耐久里程中满足排放限值要求，以确保车辆设计和生产过程能够满足耐久里程的排放控制要求。耐久里程国六a排放标准阶段为16万km，国六b排放标准阶段为20万km。而2023年7月1日之前，国六b排放标准阶段车型可以仅进行16万km的耐久试验。

国六排放标准要求在整个耐久试验过程中，试验车辆排放测试结果不得超过Ⅰ型试验排放限值。耐久试验结束后，根据测试结果计算出劣化系数（或修正值）。劣化系数（或修正值）用于判定同一耐久系族的其他车型能否满足排放要求，以Ⅰ型试验的测试结果乘以裂化系数（或加上修正值）的结果不高于Ⅰ型试验限值为达标。生产企业也可以不进行耐久性试验，而使用标准中规定的指定劣化系数（修正值）。

生产企业设计生产的车辆在16万km（国六a阶段）或20万km（国六b阶段）的耐久里程内均能满足蒸发试验限值要求。通过进行实车道路行驶耐久性试验可确定Ⅳ型和Ⅶ型试验劣化修正值，方法类似于Ⅰ型试验道路行驶耐久试验方法，也可以使用标准中给出的Ⅳ型和Ⅶ型试验劣化修正值。

（六）低温冷起动排放中CO、THC和NO_x排放试验（Ⅵ型试验）

该测试方法能够考察车辆在低温环境或长期低负荷行驶情况下的CO、THC和NO_x的排放状况，其中NO_x的控制要求首次在国六排放标准提出。该试验方法类似于Ⅰ型试验，主要区别有两方面：一是试验环境温度条件为（−7±3）℃，

试验在低温舱内进行；二是测试工况由Ⅰ型试验的低速段和中速段两部分工况组成（图2-4）。每次试验测得的排放污染物排量应小于标准中规定的限值（表2-6）。

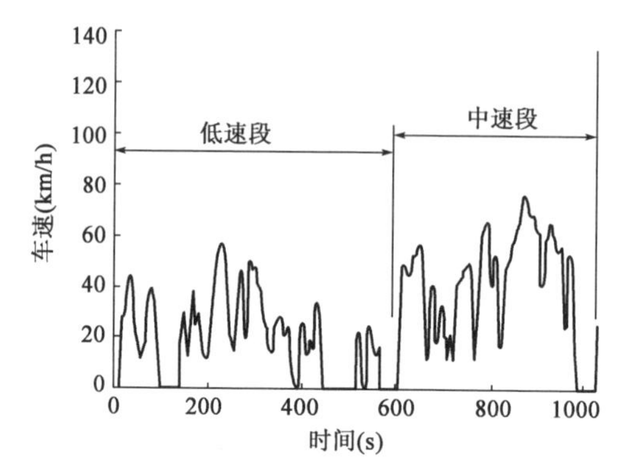

速度区间	行驶距离(km)	平均车速(km/h)	最大车速(km/h)	最大加车速(m/s^2)	最大减车速(m/s^2)	相对正加速度RPA(m/s^2)	加速比例(%)	减速比例(%)	怠速比例(%)	匀速比例(%)
低速段	3.09	18.9	56.5	1.47	-1.47	0.205	28.4	31.1	24.5	15.8
中速段	4.76	39.5	76.6	1.58	-1.5	0.196	36	30.3	10.6	23.1

图2-4 Ⅵ型试验测试工况

Ⅵ型试验测试限值 表2-6

车辆		试验质量TM(kg)	CO(g/km)	THC(g/km)	NO_x(g/km)
第一类车		全部	10.0	1.20	0.25
第二类车	Ⅰ	TM≤1305	10.0	1.20	0.25
	Ⅱ	1305 < TM≤1760	16.0	1.80	0.50
	Ⅲ	1760 < TM	20.0	2.10	0.80

（七）加油过程污染物排放试验（Ⅶ型试验）

首先，对车辆进行预处理，包括防油及加油、浸车、预处理行驶和预处理炭罐等。然后，模拟车辆行驶至加油前的状态，包括Ⅰ型试验测试循环行驶、加油控制系统处理行驶、放油及加油和浸车。此时环境温度应为（23±5）℃，燃油温度应为（24±2）℃，最后油箱内燃油的体积应为标称油箱容积的10%±0.5L。

开始测试时，将准备好的测试汽车放置于开门状态的密闭室内，取下汽车油箱

盖,将加油枪从密闭室接入端口插入汽车的加油管。密闭室门需在取下油箱盖后的2min内关闭并密封。在关闭密闭室门的10min内,测量密闭室气体中的HC浓度等。之后,1min内启动加油操作。燃油温度为(20±1)℃,以(37±1)L/min的速率输送燃油,直至输送的燃油量到达85%油箱标称容量以上,加油枪自动关闭。输油最终结束后,在(60±5)s的时间内读取密闭室HC分析仪最终读数。

加油过程蒸发排放试验结果采用Ⅶ型试验劣化修正值进行加和校正,校正后的加油过程蒸发污染物排放量不得超过0.05g/L。

测试规程根据系统结构不同,分为整体式与非整体及NIRCO两种试验方法,同时进行1次Ⅰ型排放试验(表2-7)。

加油过程污染物排放试验　　表2-7

加油试验流程	整体系统汽车	非整体系统及NIRCO系统汽车
Ⅰ型试验预处理	低速+中速+高速+超高速	低速+中速+高速+超高速,需要测各阶段油耗
浸车	浸车12~36h,浸车温度(23±3)℃	同整体系统
Ⅰ型试验	低速+中速+高速+超高速,运行期间进行排气污染物取样和测量	同整体系统
放油加油95%	无	断开炭罐连接,放空燃油,连接炭罐,加入油箱标称容量95%±0.5L的燃油,燃油温度为(22±4)℃
蒸发系统预处理运行	2min内要开始运行低速+低速+中速+低速	加油后马上开始重复运行Ⅰ型试验循环,持续行驶到消耗了燃油箱标称容量85%±0.5L的燃油后,结束行驶

除单一气体燃料车外,所有装用点燃式发动机的汽车均进行此项试验。两用燃料车仅对汽油进行此项试验。该试验同时适用于使用汽油机的混合动力电动汽车。

(八)OBD

国六排放标准要求车载诊断系统通过电子控制系统(ECU)接收车辆安装的传感器信号和逻辑计算,随时监控发动机的运行状况和车辆污染控制装置及系统的工作状态，一旦发现有可能引起排放超标的情况，会马上发出警示，故障指示灯(MIL)或检查发动机警示灯亮，同时 OBD 会将故障信息存入存储器。当 OBD 报警后，驾驶员应尽快检查维修车辆。维修人员可以通过标准的诊断仪器和数据线，连接 OBD 信号接口，以故障码的形式读取相关信息，迅速准确地确定故障性质和部位。

OBD 监控项目及最小 IUPR 率(即以车辆运行次数为基数的监测次数比例)如下：

(1)对二次空气系统、强制曲轴箱通风系统、汽油机颗粒捕集器(GPF)以及采用国六排放标准中 J.3.4.3.2(D)和(E)规定的分母增加规则的冷起动和冷起动减排策略、发动机冷却系统监测以及综合部件监测中输入输出部件的合理性诊断和功能性诊断的相关监测，最小 IUPR 率为 0.100。

(2)混合动力车辆，所有需要按照国六排放标准中 J.3.3.2 要求定义监测条件的监测，最小 IUPR 率为 0.100。

(3)蒸发系统的监测。

①脱附流量监测的最小 IUPR 率为 0.336。

②1mm 泄漏监测的最小 IUPR 率为 0.260。

③0.5mm 泄漏和高负荷脱附管路诊断监测的最小 IUPR 率为 0.100。

④催化器、氧传感器、废气再循环(EGR)、可变气门正时技术(VVT)系统及其他所有在国六排放标准中 J.4 和 J.5 规定的，需要按照 J.3.3.2 要求定义监测条件的监测，最小 IUPR 率为 0.336。

为确认 OBD 系统的监测功能，国六排放标准规定了 OBD 功能性项目验证试验(Ⅰ型试验污染物排放)。试验应当在已行驶 16 万 km 的汽车上进行。通过模拟发动机管理系统或排放控制系统中有关系统的失效，检查安装在汽车上的 OBD 是否发挥了功能作用。当与排放相关的部件或系统出现故障而导致排放量超过 OBD 阈值时，OBD 应指示出故障，阈值要求见表 2-8。

OBD 阈值要求 表 2-8

车辆		试验质量 TM(kg)	CO(mg/km)	NMHC + NO_x(mg/km)	PM(mg/km)
第一类车		全部	1900	260	12
第二类车	Ⅰ	TM≤1305	1900	1360	12
	Ⅱ	1305 < TM≤1760	3400	335	12
	Ⅲ	1760 < TM	4300	390	12

(4)针对点燃式车辆的OBD故障演示试验项目。

①型式检验项。催化转换器、前氧传感器和失火作为型式检验必选,另任选两项,总共不超过五项;对所有型式检验的试验项,如果单个型式试验项有多个排放试验要求的,可任选一项进行排放试验。

②全部监测项如下:排气传感器(氧传感器)、EGR系统、VVT系统、燃油系统、失火、二次空气系统、催化转换器效率、加热型催化转换器系统、冷起动排放降低策略、蒸发系统、其他排放控制系统。

③对VVT、燃油系统以及冷起动减排策略相关故障演示试验时,如果能证明电脑修改产生的结果与诱发的硬件故障等效,可以采用修改电脑的方式来模拟故障限值状态。

④故障演示涉及的排放试验,有缺陷的部件或装置不得导致汽车排放达到OBD阈值的1.2倍以上。

二、重型汽车国六排放标准测量方法和限值要求

2018年6月,生态环境部发布了《重型柴油车污染物排放限值及测量方法(中国第六阶段)》(GB 17691—2018,以下简称重型汽车国六排放标准)。国六排放标准将分为两个阶段实施,分别是国六a排放标准和国六b排放标准。国六a排放标准已于2019年7月1日对燃气车辆实施,于2020年7月1日对城市车辆(城市公交车、环卫车、邮政车等)实施,于2021年7月1日对所有车辆实施;国六b排放标准已于2021年1月1日对燃气车辆实施,将于2023年7月1日对所有车辆全面实施。

GB 17691—2018融合了欧洲标准和美国标准的先进之处,并针对我国的实际情况提出了更严格的要求,可以说国六排放标准将成为全球最严格的排放标准之一。区别于国一至国五阶段排放标准对翻译欧洲同期标准的借鉴采纳,本次国六排放标准的编写从实际出发,根据具有中国特色的车况、路况和驾驶习惯等客观条件,首次自主研发出了一套符合当前国情的重型汽车排放标准。

GB 17691—2018的主要技术内容包括发动机台架工况法试验、发动机台架非标准循环排放试验、整车实际道路车载法试验、OBD和氮氧化物控制提示系统测试、排放控制耐久性等要求。为了加强对整车排放的监管,排放与油耗联合管控,国六排放标准规定整车测量油耗时也测量污染物;为了增强生产企业环保责任,提出排放质保期要求等。

如表2-9所示,重型汽车国六排放标准采用更接近实际工况的世界工况:瞬态

WHTC、稳态 WHSC 发动机测试循环，增加低速低负荷占比，整体排放气温低，从而有利于考核催化转换器低温性能和冷起动排放情况。此外，增设发动机非标准循环排放试验（WNTE）要求，防止控制装置仅在认证工况（标准测量循环）下起作用，其他工况不起作用。

GB 17691—2018 排放标准概要　　表 2-9

车辆	国六重型汽车
测试循环	WHTC，WHSC，WNTE
污染物	CO，THC，NMHC，CH_4，NO_x，PM，PN，NH_3
排放限值	限值与欧六相同，NO_x 削减 77%，PM 削减 67%； PM = 10mg/(kW·h)，PN = 6×10^{11}（8×10^{11}，WHSC），NH_3 = 10×10^{-6}
排放和油耗联合管控（CO_2 控制）	燃油消耗量试验必须同时测量排放并达标
PEMS	国六 b 阶段：海拔扩展到 2400m，温度范围：-7～38℃（25℃），实验负载：10%～90%，NO_x：690mg/kW·h，PN = 1.2×10^{12}
质保期	M_1，N_1，M_2：8 万 km/5 年；M_3，N_2，N_3：16 万 km/5 年
耐久性	M_1，N_1，M_2：20 万 km/5 年； N_2，N_3（≤16t），M_3（Ⅰ，Ⅱ）：30 万 km/6 年； N_3（>16t），M_3（Ⅲ）：70 万 km/7 年
OBD，NO_x 控制	基于欧六排放标准，额外增加 OBD 永久故障代码、OBD 整车测试方法、超 OBD 阈值限扭以及远程监控要求

（一）整车排放检验方法

长期以来，重型汽车一直存在发动机排放测量达标，但实际装车后排放状况无法考核的问题。国五排放标准之前是要求把发动机从车上拆下来做试验，该规定不具有操作性。国六排放标准中则提出了整车在实际道路上行驶时的排放测试和限值要求，即整车道路车载法（PEMS）试验，直接明确了整车企业责任，为整车监督检查提供方法。

本方法是利用便携式排放测试系统，进行整车实际道路行驶时的污染物排放测试，包括气态污染物（NO_x、CO）和 PN，同时测量 CO_2 排放量。欧美法规的 PEMS 试验也规定了 HC 的测量和限值要求，但考虑到重型柴油车的 THC 排放通常很低，而法规推荐测量 THC 的氢火焰离子法（FID）需要使用存在安全隐患的压缩氢

气，且测量设备成本和操作要求都较高，经综合考虑后，国六排放标准的 PEMS 测试中，对柴油车的 THC 排放测试不作强制要求。

对于 PM 排放测试，考虑到其监管效果不及 PN，且在线测试方法尚未成熟，因此，PEMS 标准中不作强制要求；其推荐测试方法参考国五阶段排放标准，综合使用滤膜采样和在线监测设备进行 PM 排放的测量。

整车道路车载法试验的数据分析方法，参考欧六排放标准采用功基窗口法，其测试结果是结合台架试验的做功计算出排放的滑动窗口平均值。车辆可在 10% ~ 100% 载荷条件下进行试验，但所选载荷应保证发动机的循环平均功率在发动机额定功率的 10% 以上。

车辆试验路线应包括城市道路、乡村道路和高速公路，按总行驶时间百分比来分配，见表 2-10。允许实际构成比例有 ±5% 的偏差。

各类车辆的试验路线构成　表 2-10

车辆类型	城市道路（车速≤50km/h）	乡村道路（车速≤75km/h）	高速公路（车速>75km/h）
M_1，N_1（执行 GB 18352.6—2016 标准的车辆除外）	34%	33%	33%
M_2，M_3，N_2（城市车辆除外）	45%	25%	30%
公交、环卫、邮政等	70%	30%	—
N_3	20%	25%	55%

利用新增 PEMS 系统进行的实际道路排放测试，增加了实际行驶工况有效数据点的 NO_x 排放浓度要求，PEMS 实际道路排放测试不仅应用于型式检验，还应用于新生产车和在用汽车符合性的监督检查。由于国一至国五阶段排放标准中实验室测试工况只是一个“典型工况”，无法完全反映车辆在实际使用中的排放水平。因此，车辆在实际道路上行驶的排放水平可能比实验室测试要高出几十倍。更有甚者，某些汽车企业为了通过测试不惜作弊，在“失效装置”的帮助下，排放处理系统仅在实验室测试中发挥作用，而在路上行驶的时候就会被主动关闭，导致实际道路的污染物排放大幅升高。与以往标准中的实验室测试的“规定动作”不同，实际道路 PEMS 测试相当于把实验室的测试设备搬到了车上，具体的行驶工况、交通状况、环境温度和海拔等都有可能根据实际情况变化，达标难度大大增加，这对生产企业提出了更高的要求。也由于考虑到测试难度的增加，实际道路测试的标准不能跟实验室测试完全一致。因此，表 2-11 列出了整车实际道路试验（PEMS）的排放限值。

整车实际道路试验(PEMS)排放限值　　表 2-11

发动机类型	CO [mg/(kW·h)]	THC [mg/(kW·h)]	NO_x [mg/(kW·h)]	PN [个/(kW·h)]
压燃式	6000	240(可选做)	690	1.2×10^{12}
点燃式	6000	240/750(NG)	690	1.2×10^{12}(可选做)
双燃料	6000	1.5×WHTC 限值	690	1.2×10^{12}

注:NG 代表燃料为天然气。

(二)排放耐久

国六排放标准加严了排放控制装置的耐久里程要求,并对排放相关零部件提出了排放质保期的规定。和消费者购买其他产品的质保期类似,如果与车辆排放控制相关的零部件在质保期内由于其本身质量问题出现损坏,导致车辆排放控制系统失效或排放超过限值,生产企业应当承担相关的维修费用。如果在使用过程中车辆排放超标,并且确定是由于车辆本身质量问题造成的,则消费者不用花钱维修,维修费用将由生产企业承担。

国六排放标准对排放控制耐久性提出新的要求:国五排放标准阶段,根据车型不同,耐久性里程分别为 10 万 km、20 万 km、50 万 km;国六排放阶段,相应车型的排放耐久性里程要求分别增加到 20 万 km、30 万 km、70 万 km,基本涵盖车辆的整个使用寿命(表 2-12)。

排放耐久性要求及车辆实际使用寿命　　表 2-12

汽车分类	国六排放标准		车辆实际使用寿命	
	行驶里程(万 km)	使用时间(年)	行驶里程(万 km)	使用时间(年)
用于 M_1、N_1 和 M_2 车辆	20	5	16~27	5~8
用于最大设计总质量不超过 18t 的 N_2、N_3 类车辆,M_3 类中的Ⅰ级、Ⅱ级和 A 级车辆,以及最大设计总质量不超过 7.5t 的 M_3 类中的 B 级车辆	30	6	24~40	5~10
用于最大设计总质量超过 18t 的 N_3 类车辆,M_3 类中的Ⅲ级车辆,以及最大设计总质量超过 7.5t的 M_3 类中的 B 级车辆	70	7	50~80	5~8

（三）OBD 要求

在欧六排放标准 OBD 的基础之上，国六排放标准参考美国 OBD 法规提出了永久故障码等反作弊的要求，并首次应用远程排放管理车载终端（远程 OBD）的要求。OBD 是安装在机动车上的排放故障监控系统，当机动车的某些部件发生异常可能导致排放超标时，故障灯会点亮提醒驾驶员，对车辆进行维护。从轻型汽车国三、重型汽车国四排放标准阶段开始，每一辆新车上都强制要求加装 OBD。但是，由于排放相关的故障并不一定会影响车辆的驾驶性能，在实际生活中，车主通常不会主动去进行维修，监管部门对车辆的故障和维修情况也无从知晓，这就导致 OBD 的作用无从发挥，车辆的实际道路排放很难被有效控制。为了更充分地发挥 OBD 的作用，重型汽车国六排放标准首次要求车辆必须装有远程排放管理车载终端（远程 OBD）。与普通 OBD 不同的是，远程 OBD 必须具备发送监测信息的功能。具有此项功能后，监管部门可以随时通过远终端读取车辆 OBD 信息，包括车速、发动机参数、后处理系统的状态，以及 OBD 故障码等，及时判断车辆的实际排放状况和维修情况，从而大幅提升在用汽车监管效率，减少车辆的实际道路污染物排放。OBD 限值要求见表 2-13。

OBD 限值要求　　表 2-13

发动机类型	限值[g/(kW·h)]					
	NO_x		CO		PM	
	国六	国五	国六	国五	国六	国五
压燃式	1.2	3.5(1)/7.0(2)	—	—	0.025	0.1
点燃式(3)	1.2	3.5(1)/7.0(2)	7.5	—	—	—

注：(1)仅适用于 NO_x 控制限值，当 ETC 实验排放值超过该限值时故障指示器激活；

(2)OBD 及 NO_x 控制限值，当 ETC 实验排放值超过该限值时力矩限制器激活；

(3)对于气体燃料点燃式发动机，国五阶段若无 EGR 或降 NO_x 后处理系统，则不执行 NO_x 控制要求。

（四）排放油耗联合管控要求

重型汽车国六排放标准首次提出排放和油耗联合管控。当前，我国机动车管理体系中，污染物排放和油耗分别由生态环境部及工业和信息化部管理，两套管理体系相对独立，测试循环和规程也有差异。两套管理体系导致了一个问题，即汽车企业在进行型式核准时，可以投机取巧：排放测试时，选用一辆根据排放标准标定的车(排放好、油耗差),油耗测试时,再选用另一辆根据油耗标准标定的车(油耗好、排放差)。2018年4月,新的生态环境部正式组建,除了承担原环境保护部的所有职能外,国家发展和改革委员会的应对气候变化和减排的职责也被纳入,这意味着生态环境部成了温室气体(包括CO_2)减排的主管部门。在这一背景下,重型汽车国六排放标准首次提出了排放和油耗联合管控的要求。管控包括两个方面:首先,在进行发动机污染物排放测试时,必须同时测定CO_2排放和燃油消耗量,并进行信息公开(有关CO_2排放的具体要求将适时公布)。其次,国六排放标准要求整车在进行油耗测试时,必须同时测定气态污染物和颗粒物的排放情况。污染物排放应满足重型汽车国六排放标准中PEMS排放限值的要求,企业还需要将排放结果上报生态环境部并进行信息公开。重型汽车国六排放标准提出的这一联合管控思路为我国移动源常规污染物和温室气体的协同控制打开了新思路。

(五)双燃料发动机和汽车技术要求

在双燃料发动机和汽车技术要求中,双燃料发动机是指可以同时使用柴油和一种气体燃料(天然气或液化石油气)的发动机系统。在国五排放标准之前,我国没有对此类发动机的排放测试进行单独规定。近年来,国内已有企业研发双燃料发动机,本排放标准参考欧六排放标准增加此类发动机的要求。对于这类发动机,由于所用燃料比较复杂,其排放测量和纯柴油、纯气体燃料发动机的测量方法不同,有很多特殊要求。因此,标准专门设置了附录N,规定其排放测量方法,并对其排放限值进行了相应的修正。

(六)适合我国的标准实施管理要求

国六排放标准适用于重型发动机及其车辆的型式检验、新生产车排放监督检查和在用汽车符合性检查。在上述实施的不同环节,不同的主体有不同的责任分工(表2-14)。

标准实施管理环节和实施主体　　表2-14

管理环节	实施主体	内容
型式检验	发动机企业	发动机
	整车企业(未加装型式检验发动机)	发动机整车PEMS
	整车企业(已加装型式检验发动机)	整车PEMS(无须再进行发动机型式检验)

续上表

管理环节	实施主体	内容
信息公开	整车企业	发动机污染控制技术信息+检验结果+整车信息向主管部门和社会公开
生产一致性检查	发动机企业	相关资料、排放、OBD和NO_x控制系统、电控单元信息等
新生产车排放达标检查	整车企业	相关资料、排放、OBD和NO_x控制系统、远程排放管理车载终端
在用汽车(发动机)符合性检查	自查:发动机企业+整车企业 监督检查:发动机企业、整车企业	相关资料、排放、OBD和NO_x控制系统、远程排放管理车载终端

重型汽车国六排放标准对未来提出了更为严格的合规监管要求,包括型式检验和信息公开、生产一致性检查、新生产车检查、在用汽车符合性检查等,并简化了达标判定方法。与国一至国五阶段的排放标准相比,重型汽车国六排放标准一个重要的改进就是将型式核准制度改为型式检验。在车辆的设计和制造阶段,排放测试的实施主体从监管部门转移到了企业自身。根据《大气污染防治法》的要求,从重型汽车国六阶段开始,管理部门不再对发动机或整车进行型式核准,而是要求汽车生产企业或其代理对自己的产品进行检验,将检验结果对全社会公开,并对信息公开的真实性、准确性、完整性负责。监管部门仍然制定测试规程和限值,将会把有限的资源集中在生产一致性检验、新车抽查和在用汽车符合性抽查上。

(七)排放质保期

长期以来,车辆的质保期保证部件只包括主要的总成,如发动机、变速器、底盘等,从来不包括排放相关的零部件,因此,车辆一经售出,若排放出现问题,就要用户自己买单。为了改变这种局面,增强车辆生产企业的责任和环保意识,保证排放零部件的功能正常,重型汽车国六排放标准还规定了排放质保期的要求。排放相关零部件如果在质保期内出现故障或损坏,导致排放控制系统失效,或车辆排放超过本排放标准限值要求,制造商应当承担相关维修费用。

国六排放标准参照美国法规,根据车辆类型,规定了排放质保期最短要满足要求。其中,里程或使用时间以先到为准,详见表2-15。

重型汽车国六排放标准也规定了质保期的信息公开要求,生产企业需要将质保零部件目录和相应的质保期进行信息公开。为了使用户充分了解质保规定,标准也要求生产企业将质保零部件等都在产品的说明书中进行说明。

排放质保期　　表 2-15

汽车分类	行驶里程(万 km)	使用时间(年)
M_1,M_2,N_1	8	5
M_3,N_2,N_3	16	5

(八)基准燃油

我国的车用柴油到了第五阶段,对排放后处理影响最大的硫含量指标已降为 10×10^{-6},与欧五和欧六达到了同样的水平,接近无硫水平。对于车用柴油车来说,目前的柴油指标主要是多环芳烃含量较高,且没有总污染物指标,是国六阶段燃油方面应重点改进的指标。

国六排放标准以我国的市售燃料标准为基础,提出我国的试验用基准柴油指标,并通过发动机台架试验进行验证。

第三节 国六排放标准与欧美排放标准的对比

一、轻型汽车国六排放标准与欧美排放标准的对比

轻型汽车国六排放标准与欧美排放标准相比,主要有以下内容区别:

(1)轻型汽车的定义和分类沿用《轻型汽车污染物排放限值及测量方法》(GB 18352.5—2013)的要求。

欧六中的车辆分类为 M 类,N_1(Ⅰ,Ⅱ,Ⅲ)类,N_2类,在国六中的车辆分类为第一类车和第二类车(Ⅰ,Ⅱ,Ⅲ);在车辆质量定义上,欧六中使用的为基准质量,国六中使用的为测试质量(基准质量+选装装备质量+代表性负荷质量)。

(2)对Ⅰ型试验的测试程序进行了修改,采用世界轻型汽车测试程序(WLTP)。

我国自 2000 年实施国一排放标准以来,直到国五世界排放标准一直等效采用欧洲排放标准,使用的测试工况为 NEDC 工况(新标欧洲测试工况)。NEDC 循环设置的工况包含的怠速工况多达十几次,匀速运转的工况也占据了绝大部分的测试时间,并且加速、匀速、怠速时间都是固定的。目前世界上除 NEDC 外,还有日本的 JC08 和美国的 FTP-75 测试工况。JC08 代表的是城市拥堵情况下的驾驶状况,包括怠速和频繁的加减速过程。FTP-75 是美国对轻型汽车和货车认证时的测试

工况，是从洛杉矶实际道路测试数据构建的工况，仅代表美国的一个具体区域的特征。

这些测试工况均有不同程度的缺陷，例如 NEDC 由一系列等速工况和加减速工况组成，过程非常简单，规律性强，易于重复，与实际驾驶工况差距较大，不能真实代表实际道路的驾驶行为特征，也无法充分反映实际道路污染物排放和燃油消耗特征，整个工况覆盖的发动机转速和负荷范围较小，且处于中低负荷范围内。

而国六排放标准采用的 WLTC 工况复杂无规律，更加接近实际行驶条件，对车辆的排放考核更严格，也对车辆的排放控制技术水平提出了更高的要求。该工况时间约为 1800s，比 NEDC 的 1200s 长了 600s。另外从欧六排放标准开始，也采用了 WLTC 工况替代了原来的 NEDC 工况。全球技术法规与欧美测试工况对比图如图 2-5所示。

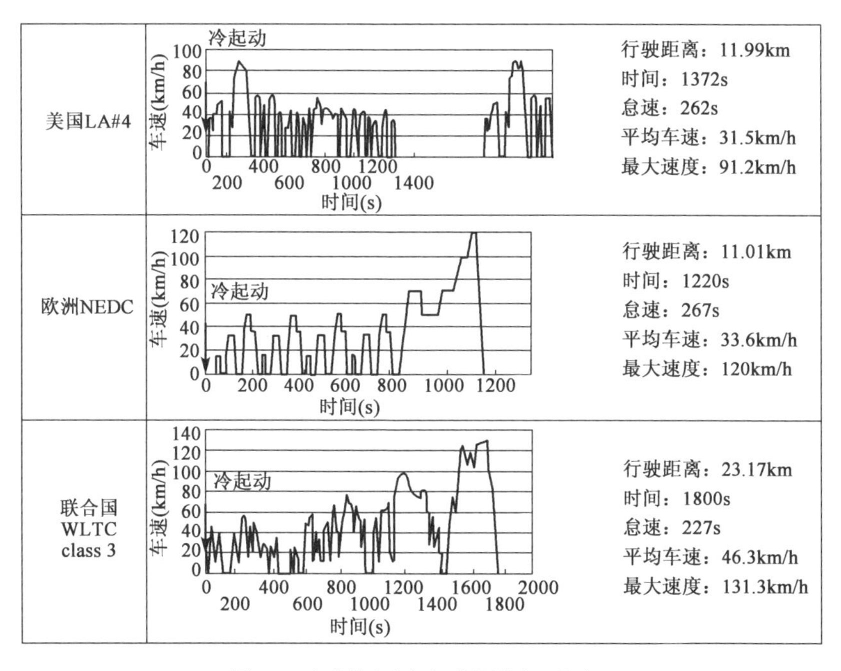

图 2-5 全球技术法规与欧美测试工况对比

(3) Ⅱ型试验改为 RDE 测试，原Ⅱ型试验按照《汽油车污染物排放限值及测量方法(双怠速法及简易工况法)》(GB 18285—2018)执行。

国内外大量的相关文献及研究表明，实验室排放测试不能精确反映轻型汽车的实际道路排放水平。RDE 测试是国六轻型汽车排放标准的新增项目，仍处于发展完善阶段,国内相关科研机构也才刚刚开始 RDE 的研究,之前并没有相关经验,因此,国六 a 阶段只要求进行监测并报告结果,国六 b 阶段将强制实施 RDE 要求。在国六阶段逐步引入 RDE 法规,保证国六排放标准的实施效果和环境效益。

(4)对原Ⅳ型试验进行了修改。

修订后的Ⅳ型昼间排放测试包括较高温度条件下的热浸损失测试和 48h 昼间排放测试,测试工况采用 WLTC 工况(低速 + 中速 + 高速 + 高速)。

国六排放标准主要借鉴了美国现有的蒸发排放测试规程,根据美国蒸发排放控制的实施和管理经验,在考虑各项蒸发排放控制要求的基础上,简化了测试流程,将 72h 运行和 48h 的蒸发排放测试合并为一个 48h 的蒸发测试规程,提高了蒸发排放测试温度(38℃),模拟车辆在高温环境(38℃)下的运行损失和热浸排放,同时,昼间排放测试的时间由原来的 1 天延长至 2 天。与美国标准 72h 蒸发排放测试相比,国六排放标准取消了高温运行损失排放测试,昼间排放由 3 天缩短至 2 天。

(5)Ⅵ型试验增加对柴油车以及 NO_x 的要求。

JRC 的研究表明,对于 EU4 和 EU5 的压燃式车辆,其在低温下具有非常高的 NO_x 排放,而且在一些点燃式车辆也是如此。对点燃式车辆,如果出现较高的 NO_x 排放,则很可能是“循环影响”,即在低温试验中,为了降低法规规定的 HC 和 CO 排放,提高法规没有要求的 NO_x 排放。设定“合理”的低温下 NO_x 排放限值能够防止类似的循环影响。

对压燃式车辆,NO_x 排放问题更为严重,目前,柴油车为了降低 NO_x 排放而选用的选择性催化还原(SCR)等技术,通常在低温条件下不起作用。尽管在低温环境下很难形成光化学烟雾污染,但 NO_x 还是二次颗粒物形成的前体物,从控制 PM2.5 污染考虑,必须控制低温环境条件下柴油车比较突出的 NO_x 排放问题,国六排放标准专门在低温冷起动试验中增加了 NO_x 检测项目,并且适用范围扩展到柴油车。此外,低温条件下柴油车的 CO 和 HC 的排放也不应忽视,本着燃料中立的原则,柴油车的检测项目与汽油车的规定相同。

(6)增加了对加油过程污染物Ⅶ型试验的测试要求。

由于欧洲及我国的轻型汽车排放标准均没有加油 VOCs(挥发性有机化合物)排放控制的测试规程及限值,国六排放标准主要参考了美国加油排放的要求。国六轻型汽车加油排放控制水平与美国 Tier2 相同,限值为 0.05g/L 汽油。

(7)加严了各项污染物排放限值。

与欧六 c 排放限值相比,国六 a 排放汽油车 CO 限值加严了 30%,柴油车 NO_x 限值加严了 25%。国六 b 排放标准在国六 a 排放标准的基础上进一步对汽、柴油

车的 NO_x、THC 以及 NMHC 加严了 40% ~50%。此外,欧六排放标准对点燃式和压燃式车辆有不同的限值要求,国六排放标准中对点燃式和压燃式车辆使用统一的限值。

与美国 Tier 3 排放标准相比,由于美国标准 FTP 工况下的排放计算按照冷热加权计算(冷热起动部分排放权重分别为 0.43 和 0.57),且在 FTP 测试程序中设置了 20s 的时间用于催化器预热,而 WLTP 中是 11s,因此,在 NEDC 和 WLTP 的测试中,车辆从催化剂预热阶段向发动机正常工作阶段转换的时间远远早于 FTP,也就是说,在车辆行驶之前可用于催化转换器充分预热的时间更少。由于现代技术的车辆排放主要来自冷起动阶段,因此,与 FTP 试验相比,WLTP 测试更加严格。根据不同的测试循环,测试流程和技术因素考虑,目前国六 b 排放限值已经达到美国标准 ULEV 70 的控制水平。

(8)对 OBD-Ⅱ相关技术要求进行了修改采用。

国六排放标准 OBD 部分采用美国联邦排放法规 40CFR Part86 部分内容以及美国加州 CCR Title13 法规中 Section 1968.2《故障和诊断系统要求——2004 及之后车型年乘用车、轻型货车和中型车及发动机》和 Section 1968.5《故障和诊断系统的实施要求——2004 及之后车型年乘用车、轻型货车和中型车及发动机》及其修订法规的有关技术内容。

(9)增加了炭罐有效容积和初始工作能力的试验要求;增加了催化转换器载体体积、贵金属总含量及贵金属比例的试验要求;新修订了生产一致性检查的判定方法,新增了催化转换器、炭罐的生产一致性检查要求;在用符合性增加了蒸发排放和加油过程污染物排放的检查要求;修改了试验用基准燃料的技术要求。

二、重型汽车国六排放标准与欧美排放标准的对比

重型汽车国六排放标准与欧美排放标准相比,主要有以下内容区别。

(1)增加了高海拔排放达标要求。

我国高原地区地域辽阔,海拔高度 1000m 以上地区约占国土面积的 65%;高原地区汽车保有量在 4500 万辆以上,主要分布在中西部地区;高原公路占全国总公路的 35% 以上,且是西部地区货物运输、人员流通的重要途径。在高原地区,机动车面临燃烧条件恶化、动力性、经济性下降,热负荷增大,可靠性下降,EGR 的控制协调难度增加,排放温度升高,增压器超速等一系列平原地区不常见的复杂问题。因此,通过将高海拔地区的环境条件加入实际道路 PEMS 测试要求是符合我国客观实际条件的。通过开展国六发动机的高海拔测试,也证明标准中提出的高

海拔排放要求，取得的减排效果非常显著。国六车辆，在标准要求的海拔范围内，高海拔条件下，NO_x 排放几乎无差别，而当海拔超出标准要求后，排放情况急剧恶化。经测试，高海拔排放要求的提出，显著降低了 2400m 以下海拔条件下的重型汽车排放。图 2-6 为高海拔排放要求与欧洲差异。

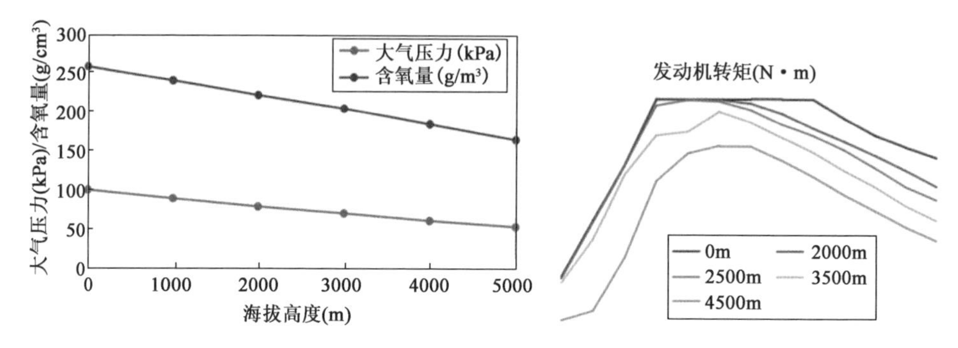

图 2-6　高海拔排放要求与欧洲差异

国六排放标准中的整车 PEMS 测量方法，在欧六排放标准基础上，结合我国情况和已开展的试验研究，对欧盟的方法进行了部分修改，比如海拔高度要求、部分车辆类型的试验路线以及测量的污染物项目等方面。具体差异见表 2-16。

欧六和国六排放标准 PEMS 测量方法主要差别　　表 2-16

项　目	欧六排放标准	国六排放标准
试验条件	海拔高度上限:1700m 大气压力下限:82.5kPa	海拔高度上限:2400m 大气压力下限:73kPa
城市车辆试验路线（城市道路、乡村道路、高速公路）	部分 M_2 类和 M_3 类：70%、30%、0%	公交、环卫、邮政等城市车辆：70%、30%、0%
测试项目	NO_x、CO、THC（柴油车）、NMHC 和 CH_4（气体燃料车）、CO_2	NO_x、CO、THC（对柴油车为可选项）、PN（对气体燃料车为可选项）、PM（可选项）和 CO_2

（2）采用油耗排放联合测试要求，在重型汽车进行油耗测试的同时，进行污染物排放测试，满足车载法测试限值。

油耗标准规定的测试方法采用重型汽车转鼓整车测试，测试循环采用 CWTVC（图 2-7）。商用车油耗标准目前正在修订，拟采用中国工况，根据车辆类型不同，规定了不同的测试循环，如图 2-8 所示。

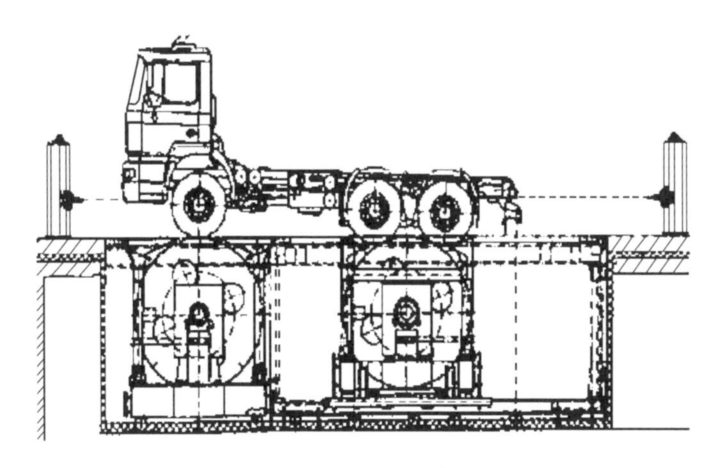

图 2-7　测试方法示意图

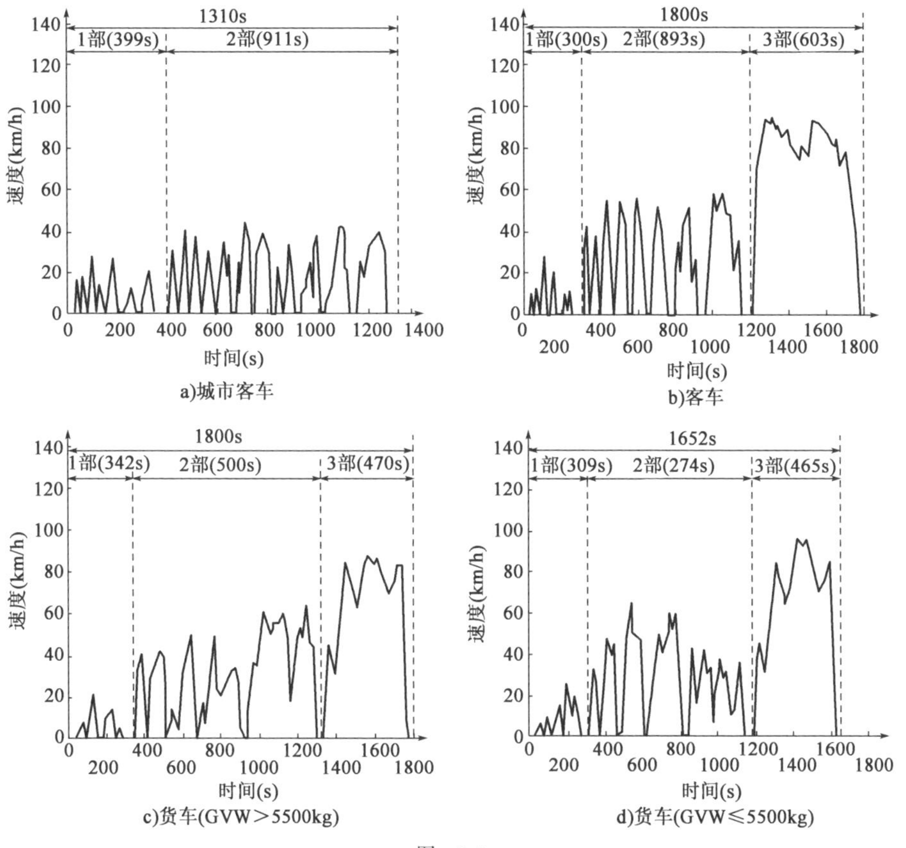

图　2-8

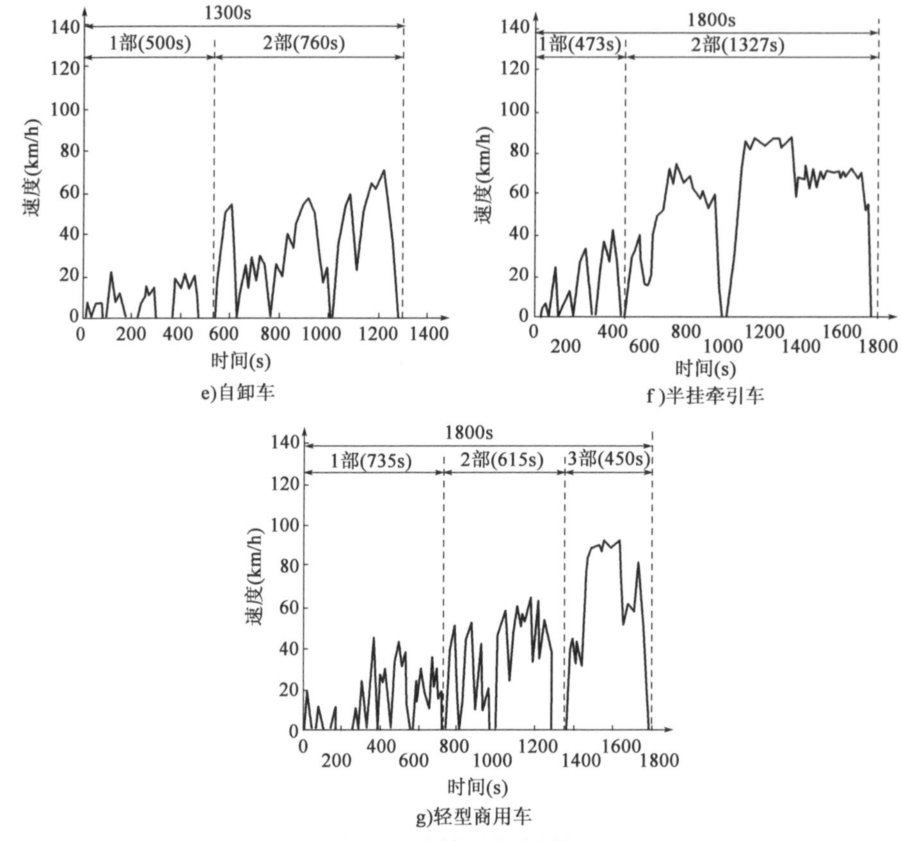

图 2-8　不同车型的测试循环

(3)重型汽车国六排放标准首次引入 OBD 远程排放控制。

基于欧六排放标准,重型汽车国六排放标准额外增加了 OBD 永久故障代码、OBD 整车测试方法、超 OBD 阈值限扭以及远程监控要求。通过远程监控数据评估排放达标性能,起到日常监管作用。利用运行工况数据,构建 PMES 工况,评估是否能达到 PEMS 限值要求。此外,对执行标准的车辆其数据的采集技术、传输技术和安全加密技术都进行了规定,能够实现对重型汽车的监控。OBD 远程监控界面和规范如图 2-9 所示。

(4)排放油耗联合管控。

为解决我国重型汽车排放和油耗分别采用两套标定进行测试的现实问题,国六标准规定在进行整车油耗测量时,同时测量污染物排放测试的要求,并要求整车生产企业将试验结果进行信息公开。

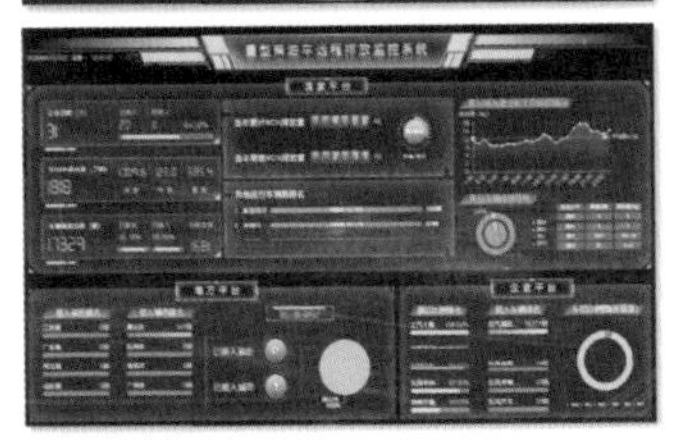

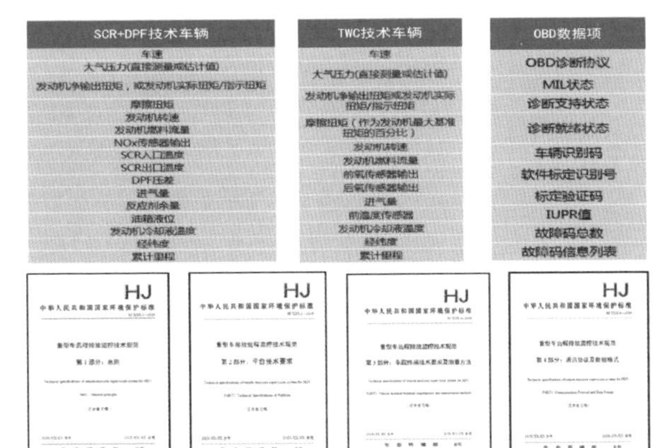

图 2-9　OBD 远程监控界面和规范

(5)排放耐久性要求。

欧六排放标准中，M_1、N_1和 M_2车辆的耐久性里程要求为 16 万 km。在我国已经颁布的轻型汽车国六排放标准中，同类车型耐久性里程要求为 20 万 km。相同车型，耐久性里程要求理应一致，因此，重型汽车国六排放标准与轻型汽车国六排放标准进行了协调，同类车型耐久性里程规定为 20 万 km。

(6)标准实施管理要求。

欧六排放标准的实施仍以发动机为基础，规定了型式核准、生产一致性检查和在用符合性检查要求，试验方法即包括发动机台架和整车 PEMS 试验。按照我国《大气污染防治法》的管理思路，今后我国机动车的排放监管对象，重点将是机动车终端产品重型汽车整车，而不再是中间产品发动机。因此，国六排放标准的实施以整车为基础，规定了整车的型式检验、信息公开、新生产车排放达标检查(含发动机生产一致性检查)、在用汽车(发动机)符合性检查要求，并且各个管理环节的抽样和判定原则也有区别，具体见表 2-17。

欧六和国六排放标准实施管理对比　　表 2-17

项　目	欧六排放标准	项　目	国六排放标准
型式核准	发动机台架试验 整车 PEMS 试验(以发动机系族为基础)	型式检验	发动机台架试验 整车 PEMS 试验(以车型系族为基础)
发动机生产一致性	最多可抽查 32 台发动机	发动机生产一致性	抽查 3 台发动机，排放均不超过限值 1.1 倍，平均值不超限值

续上表

项　　目	欧六排放标准	项　　目	国六排放标准
新生产车排放达标检查	无	新生产车排放达标检查	抽查 3 辆车，采用 PEMS 法
在用符合性	最多抽查 10 辆车，采用 PEMS 法，行驶里程不少于 2.5 万 km 的车辆	在用符合性	最多抽查 10 辆车，采用 PEMS 法，行驶里程不少于 1 万 km 的车辆

(7)排放质保期。

出于增强车辆生产企业的责任和环保意识，以及使排放控制装置的质量有所保障的目的，并确保国六排放标准的实施能够收到预期的环境效益，国六排放标准根据车辆类型，规定了排放质保期要求，即排放相关零部件如果在质保期内出现故障或损坏，导致排放控制系统失效，或车辆排放超过本标准限值要求，制造商应当承担相关维修费用。欧六排放标准中没有此类要求。

(8)其他技术要求。

为标准实施监管的需求，国六排放标准还规定了发动机原机排放要求、发动机排气管口位置及朝向要求，以及对钒基 SCR 的温度上限和 OBD 监测要求。这些内容在欧六排放标准中均没有规定。

第四节　国六排放标准与国五排放标准的对比

一、轻型汽车国六排放标准与国五排放标准的对比

轻型汽车国六排放标准与国五排放标准相比，发生变化的项目见表 2-18。

轻型汽车国六排放标准与国五排放标准检验项目对比　　表 2-18

试验类型	国六排放标准	国五排放标准
I 型试验	变更了 I 型试验测试循环； 增加了汽油车排放 PN 测量要求； 增加了 N_2O 气态污染物测量要求； 增加非电动车 REESS 的 CO_2 质量排放修正要求； 国六排放标准加严了常温下冷起动后排放污染物排放限值	

续上表

试验类型	国六排放标准	国五排放标准
Ⅱ型试验	取消了双怠速或自由加速烟度试验，新增 RDE 试验	
Ⅲ型试验	增加压燃式发动机的轻型汽车Ⅲ型试验要求	
Ⅳ型试验	增加高温浸车和高温预处理； 昼夜试验由国五的 24h 增加到 48h； 增加耐久劣化要求； 国六排放标准加严了蒸发污染物排放限值	
Ⅴ型试验	耐久里程由国五的 16 万 km 增加到国六 b 的 20 万 km； SBC（台架老化试验）替代试验； 劣化系数（修正值）的使用和变更； 双燃料耐久要求	
Ⅵ型试验	增加对柴油车以及 NO_x 的控制要求	
Ⅶ型试验	新增加油污染物排放试验和劣化要求	
OBD	检测失火、催化转换器、氧传感器三项功能并抽检其他列入监测的任意两项功能	检测失火、催化转换器、氧传感器三项功能和一项电气元件性能

(1)轻型汽车国六排放标准与国五排放标准相比，国六排放标准变更了Ⅰ型试验测试循环，加严了污染物排放限值，增加了汽油车粒子数量测量要求。不仅加严了排放中的污染物的排放限值，对排放成分的要求也是不断更新。国六排放标准新增了 N_2O 的测试要求，对汽油车增加了 PN 测试要求。国六 b 阶段排放限值与国五阶段排放限值相比，汽油车污染物降低了 45% ~50%。

本着燃料中立的原则，规定点燃式与压燃式采用同样的限值要求。在不考虑测试工况和测试程序影响的前提下，相比国五排放标准限值，国六 a 阶段汽油车 CO 排放限值加严 30%；国六 b 阶段汽油车 THC 和 NMHC 排放限值下降 50%，NO_x 排放限值加严 42%。轻型汽车国五与国六 a、国六 b 阶段各项污染物排放限值对比见表 2-19。

轻型汽车国五与国六 a、国六 b 阶段各项污染物排放限值对比　　表 2-19

阶段	测试循环	CO (mg/km)	THC (mg/km)	NMHC (mg/km)	NO_x (mg/km)	NMHC + NO_x (mg/km)	N_2O (mg/km)	PM (mg/km)	PN (个/km)
国五（汽油）	NEDC	1000	100	68	60	128	—	4.5	—

续上表

阶段	测试循环	CO (mg/km)	THC (mg/km)	NMHC (mg/km)	NO_x (mg/km)	NMHC + NO_x (mg/km)	N_2O (mg/km)	PM (mg/km)	PN (个/km)
国五(柴油)	NEDC	500	—	—	180	230	—	4.5	6.0×10^{11}
国六 a	WLTP	700	100	68	60	128	20	4.5	6.0×10^{11}
国六 b	WLTP	500	50	35	35	70	20	3	6.0×10^{11}
汽油车减排比例(%)		50.00	50.00	48.53	41.67	45.31	—	33.33	—
柴油车减排比例(%)		—	—	—	—	69.57	—	33.33	—

(2)将 RDE 试验定为Ⅱ型试验。

①曲轴箱污染物(Ⅲ型试验)。国五及以前排放标准的曲轴箱污染物排放试验只针对汽油车,国六排放标准对所有汽车都有要求,禁止曲轴箱通风系统有任何污染物排入大气。

②蒸发污染物(Ⅳ型试验)。该项试验仅对以汽油为燃料的轻型汽车适用。蒸发污染物既包括油箱、油管等燃油系统通过渗透挥发泄漏等方式排出的燃油蒸气(碳氢化合物),也包括轮胎、油漆、塑料件等其他车辆部件挥发出的 VOCs。国六排放标准在该项上的改动也比较大,国六蒸发排放的大幅加严给蒸发控制带来巨大挑战。以轻型汽车为例,蒸发排放限值从 2g 减少到 0.7g,加严幅度为 65%,同时测试程序由原来的 2 天变成 3 天。要想达到新排放标准要求,除了采用提升炭罐的工作能力、采用低渗透的油管和油箱等燃油系统的控制策略外,在其他零部件的挥发性污染控制上也必须下足功夫。国五和国六排放标准关于蒸发试验的变化见表 2-20。

国五、国六排放标准蒸发试验变化　　表 2-20

车辆	区别				
	模式	时间	热浸温度	耐久性	限值
国五	常温浸车 常温运行 关闭空调运行	24h 昼间	20~30℃	无	2g/test
国六	38℃高温浸车 高温行驶 开启空调运行	48h 昼间	(38±2)℃	16 万 km 耐久性要求,劣化系数 0.06g/test	0.7g/test

a. 预处理行驶工况调整为 WLTC 或 WLTC 各阶段组合；

b. 对炭罐进行预处理仅允许 BWC 方式，去除重复加热燃油箱方式；

c. 增加 38℃ 高温浸车和高温预处理，以模拟运转损失排放；

d. 热浸试验温度调整为 38℃；

e. 昼夜试验由 24h 调整为 48h；

f. 要求测量炭罐逐秒脱附流量和脱附体积并在型式检验申报材料进行申报；

g. 对整体、非整体炭罐以及非整体炭罐仅控制加油排放炭罐系统（NIRCO）进行区分（图 2-10、表 2-21、图 2-11）。

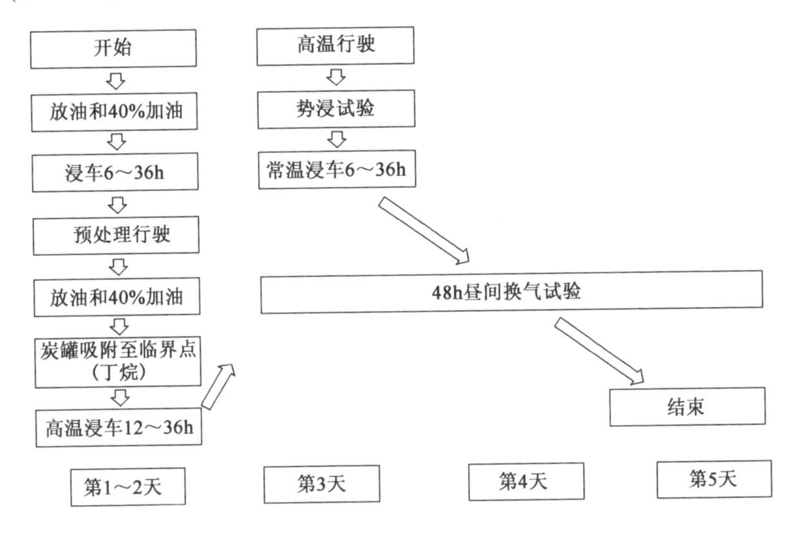

图 2-10 整体和非整体系统（不包括 NIRCO）

蒸发试验高温行驶前电池状态确认表 表 2-21

蒸发排放控制系统	汽车类型	进入高温行驶前电池电荷状态
整体系统及非整体系统	NOVC	全周期低速、中速、高速，电量保持
	OVC	车外充电至电池电荷最高水平
NIRCO 系统	NOVC	全周期低速、中速、高速，电量保持
	OVC	全周期低速、中速、高速，电量保持

③污染控制装置耐久性（V 型试验）。

国六排放标准中的耐久试验与国五排放标准相比基本不变，采用相同的道路和台架试验循环。整车耐久试验每 1 万 km 进行一次常温排放试验，对于蒸发耐久劣化系数需要实测的车型，新标准要求在相应的里程点试验上进行蒸发试验。另外，国六 b 阶段耐久里程从 16 万 km 增加到 20 万 km，具体见表 2-22。国六排放标准推荐劣化系数相比国五排放标准显著提升，具体见表 2-23。

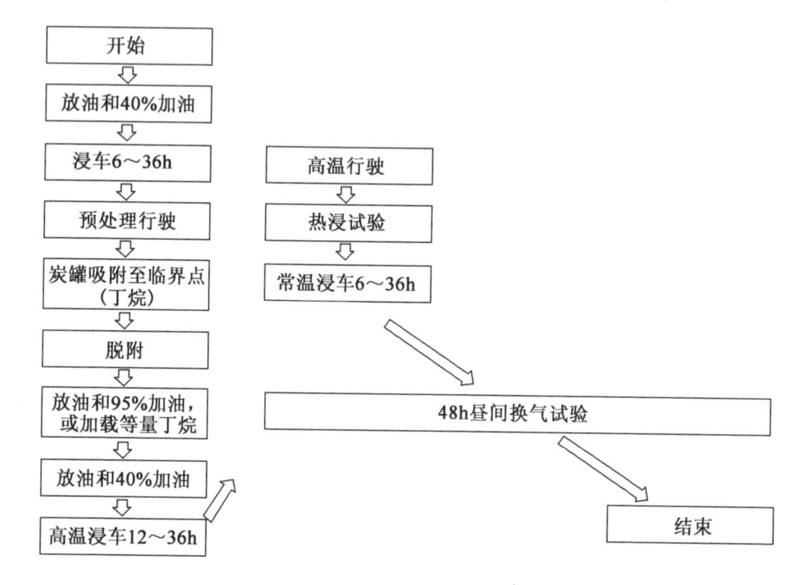

图 2-11　NIRCO 系统（非整体仅控制加油排放炭罐系统）

国五、国六排放标准耐久测试方法及里程比较　　表 2-22

阶段	耐久里程（万 km）	测试方法	老化工况
国五	16	实车耐久性测试（转鼓、试验跑道），SBC，其他	AMA、SRC、SBC
国六 a	16	实车耐久性测试（转鼓、试验跑道）指定劣化系数，SBC，其他	—
国六 b	20		AMA、SRC、SBC

国五、国六排放标准耐久测试推荐劣化系数比较　　表 2-23

发动机类别		劣化系数							
		CO	THC	NMHC	NO_x	N_2O	THC + NO_x	PM	PN
国五	点燃式	1.5	1.3	1.3	1.6	—	—	1.0	—
	压燃式	1.5	—	—	1.1	—	1.1	1.0	1.0
国六	点燃式	1.5	1.5	1.5	1.8	1.0	—	1.0	1.0
	压燃式	1.5	—	—	1.5	1.0	—	1.0	1.0

(3)加严了Ⅵ型试验项目和限值。

低温排放试验主要考察汽车在 -7℃左右的环境温度下行驶的排放情况,国六排放标准中,该项试验的变化主要是试验循环采用 WLTC 中的低速段和中速段,污染物成分增加了 NO_x,另外,CO 和 THC 的排放限值加严许多。另外国六排放标准增加了柴油车在该项的测试要求。

(4)加油过程污染物(Ⅶ型试验)增加了加油过程蒸发污染物测试循环及控制要求。

该项试验为国六排放标准中新增项目,试验设备与试验方法与蒸发试验类似,也只针对汽油车进行。只是试验对象区别于蒸发试验的整体渗出和挥发,加油排放试验只考察车辆在加油时从油箱中逸出的燃油蒸气。其排放限值为 0.05g/L。

(5)对车载诊断系统的监测项目、阈值与监测项目要求等进行了修订。

国六排放标准在 OBD 项目上的篇幅相较国五排放标准有了大幅增加,国五排放标准要求的监测项目较少,且大部分未作详细的监测说明。国六排放标准针对汽油车和柴油车各 16 条监测类型作出了详细的要求和说明。

(6)与国五排放标准相比,国六排放标准附录内容有较大变化。其中,附录 C 由于测试循环变化,增加了换挡策略要求。用实际排放测试 RDE 代替了原来附录 D 的双怠速测试。附录 F 蒸发污染物排放试验要求也有较大变化,增加了混合动力汽车试验规程,具体内容见表 2-24。

轻型汽车国六排放标准与国五排放标准附录内容对比　　表 2-24

编码	标题名称	重点规定内容
附录 A	型式检验申请材料	增加蒸发排放、加油排放、OBD 以及 RDE 材料要求
附录 B	型式检验报告格式	按附录 A 变化相应调整
附录 C	常温下冷起动后排气污染物排放试验(Ⅰ型试验)	采用 WLTP 测试规程
附录 D	RDE 实验(Ⅱ型试验)	等效采用欧盟 RDE 方法
附录 E	曲轴箱污染物排放试验(Ⅲ型试验)	增加柴油车的要求
附录 F	蒸发污染物排放试验(Ⅳ型试验)	采用 HSL 和 2 天的 DBL 试验
附录 G	污染控制装置耐久性试验(Ⅴ型试验)	增加了燃油蒸发及加油过程试验
附录 H	低温下冷起动后排气中 CO 和 NO_x 排放试验(Ⅵ型试验)	增加柴油车要求,增加 NO_x 限值

续上表

编码	标题名称	重点规定内容
附录 I	加油排放测试(Ⅶ型试验)	增加 ORVR 测试要求
附录 J	OBD	修改采用 OBD-Ⅱ2013 版
附录 K	基准燃料的技术要求	与国六油品标准相协调
附录 L	燃用液化石油气(LPG)或天然气(NG)汽车的特殊要求	—
附录 M	作为独立技术总成的替代用污染控制装置的型式检验	—
附录 N	生产一致性保证要求	修改生产一致性判定程序
附录 O	在用汽车符合性检查	修改在用符合性试验统计程序
附录 P	排气后处理系统使用反应剂的汽车要求	—
附录 Q	装油周期性再生系统汽车的排气试验规程	采用 WLTP 测试规程
附录 R	混合动力汽车试验规程	修改采用 WLTP 测试规程

二、重型汽车国六排放标准与国五排放标准的对比

重型汽车排放标准的不断加严,促使我国汽车产业污染物排放大幅降低,但发展至国五排放标准时,在标准的实施过程中也仍发现等效采用欧洲排放标准存在一定的问题,具体如下。

(1)重型汽车标准的 OBD 方面。国四、国五阶段的 OBD 技术要求相对宽松,没有监测频率要求,没有尿素溶液质量及消耗的监测等,不能满足今后监督管理的需要。随着 OBD 技术的发展和日益成熟,原标准的规定可进一步细化,使其在监控发动机实际排放时,更好地发挥作用。

(2)高原排放方面。我国高原十分广阔,对于柴油机来说,随着海拔升高,大气压力下降,发动机燃烧过程的氧气供应会减少,这将直接导致内燃机的燃烧恶化,其动力性、经济性和排放性能明显下降。国四、国五排放标准中,重型发动机试验时的海拔不超过 1000m(或相当于大气压 90kPa),因此,若通过核准的车辆在实际中行驶于高原地区时,排放将得不到保证。

(3)生产一致性检查判定方法。《车用压燃式、气体燃料点燃式发动机与汽车排气污染物排放限值及测量方法(中国Ⅲ、Ⅳ、Ⅴ阶段)》(GB 17691—2005)生产一致性检查时,在进行完 3 台发动机的检查后,为了判定该机型的生产一致性

是否达标,需要增加抽样发动机进行测试,最多时需要进行 32 台发动机测试,才能最终判定该机型达标与否。我国现阶段的监管能力有限,这就使得上述方法执行起来非常困难。实际上,在生态环境主管部门进行的一致性抽查中,也采用了一种简化的方法来进行判定。因此,提供一种简化的生产一致性判定方法是十分必要的。

(4)新生产整车的排放监督检查。原标准规定的排放要求,只是针对发动机进行的台架试验,而发动机装配到整车上后,其排放是否能够很好地达标,没有相应的测量方法可以进行检验,因此,在新车出厂时,都没有有效的手段进行整车的污染物排放检查。若整车出厂时的排放就不能满足要求,则将对环境造成非常严重的影响,标准的实施效果也大打折扣。同时,整车出厂时排放不达标的责任,将在后续进行的在用汽车排放年检中,全部由用户来承担,而厂家不承担任何责任,这是非常不合理的,且对重型汽车污染物减排非常不利。

下面具体分析对比重型汽车国五、国六排放标准。

(1)与国五排放标准相比,重型车国六排放标准的主要变化为:NO_x 排放限值加严 77%,PM 排放限值加严 67%,新增加 PN 排放限值要求,如图 2-12 所示。

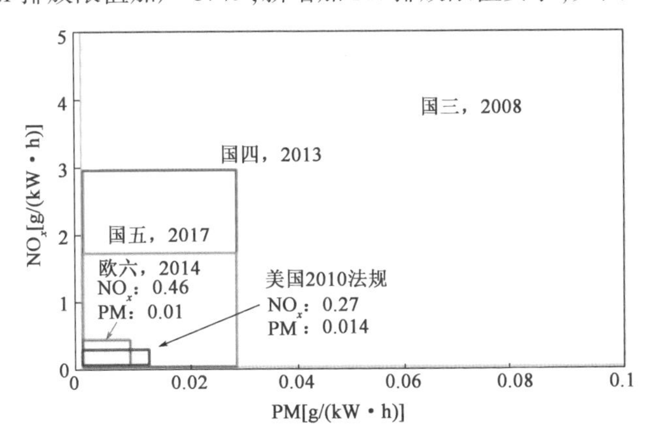

图 2-12　重型汽车发动机排放限值比较

由于重型汽车普遍采用 SCR 控制系统降低 NO_x 排放,并用尿素作为反应剂,为防止氨泄漏,标准同时对 NH_3 提出了排放限值。国六排放限值是基于目前最先进且已经成熟的排放控制技术所能达到的减排效果而提出的,与欧六 c 阶段(于 2016 年底起实施)排放限值完全相同。

国六排放限值是基于目前最先进的排放控制技术所能达到的减排效果,同时鉴于我国排放标准的延续性,参照欧六排放限值提出的。同时,PN 排放限值的提出，将使对颗粒物减排具有稳定、高效作用的壁流式柴油机颗粒捕集器(DPF)技术得以应用。

(2)增加了非标准循环排放测试要求和限值和整车实际道路排放测试要求和限值。

国五排放标准实施以前，标准仅考核发动机在标准循环工况下的排放量，对于标准工况以外的排放状况是不考核的。因此，出现了发动机仅在认证工况下达标，在认证工况以外则排放控制装置不起作用，导致汽车上路之后污染物排放超标的现象。为了防止污染物排放控制装置仅在认证工况下起作用，而实际运行时不起作用，国六排放标准参考欧六排放标准增加了非标准循环排放控制要求。非标准循环要求包括发动机台架试验和整车实际道路车载排放试验两个方面。

发动机非标准循环排放试验(WNTE)，即在WNTE控制区内(图2-13)，随机选择3个区域，在每个区域随机选择5个校核点，对于气态污染物，每个校核区域的5个点的算数平均值应满足标准要求；对于颗粒物，15个校核点的算数平均值应满足标准要求，排放限值见表2-25。

发动机非标准循环试验(WNTE)排放限值[单位：mg/(kW·h)]　　表2-25

试验类型	CO	THC	NO_x	PM
WNTE	2000	220	600	16

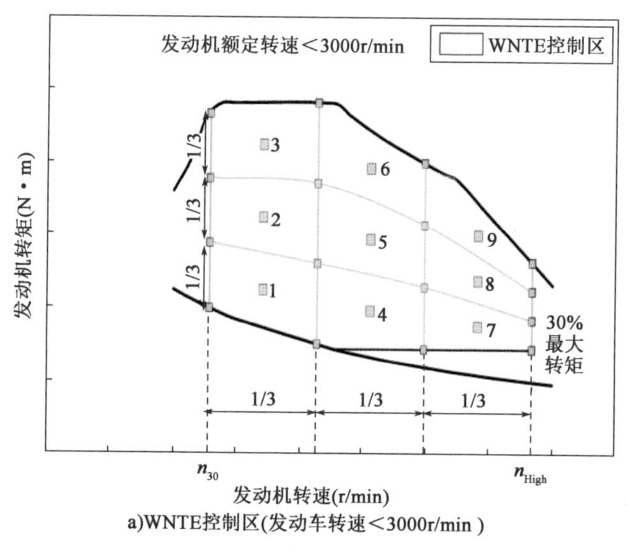

a)WNTE控制区(发动车转速<3000r/min)

图　2-13

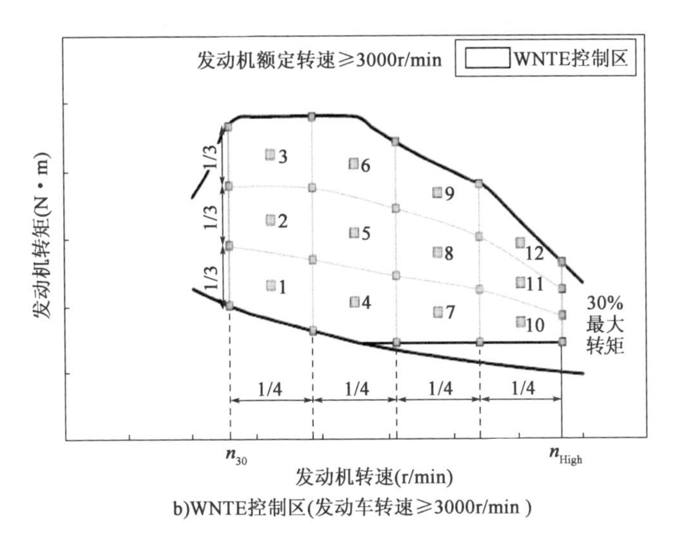

b)WNTE控制区(发动车转速≥3000r/min)

图 2-13　WNTE 控制区

另外,与国五排放标准相比,国六排放标准的控制区范围更大,相比国五排放标准控制区分别向低速和高速扩大;中、高速区与美国排放标准相同,但比美国法规的低速区范围扩大,对控制低转速时的排放更为有效。排放控制区对比示意图如图 2-14 所示。

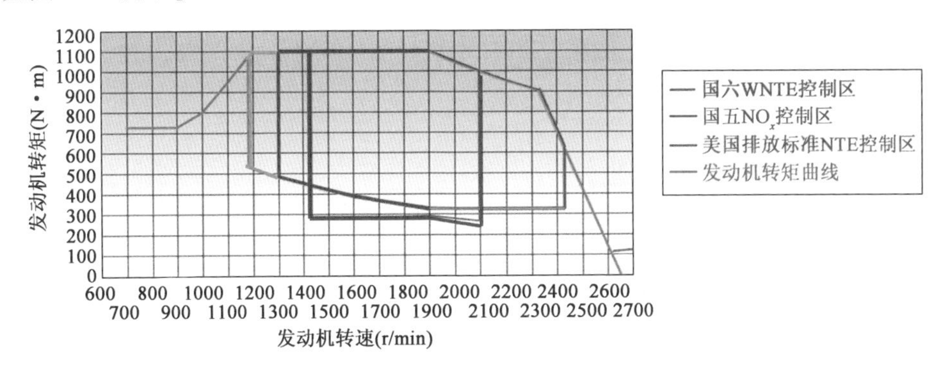

图 2-14　排放控制区对比示意图

非循环排放试验的环境条件与标准循环下的不同,给出了更大的范围,以代表车辆实际使用中可能遇到的环境条件,其中:大气压不低于 73kPa(对应的海拔高度是 2400m);试验的温度范围是 -7 ~38℃。非循环试验可在上述范围内的任意环境条件下进行,其排放结果应满足限值要求。

长期以来,重型汽车一直以发动机试验考核排放达标情况,缺乏对整车排放的检验方法,大大增加了执法难度。针对此现象,国六排放标准提出了整车排放测试方法和限值要求,填补了整车监督执法的测量方法空白。整车试验采用整车道路车载法试验(PEMS)方法,在实际道路上对车辆的污染物排放进行测试。PEMS 试验是为了考核整车实际上路时排放是否达标。

型式检验时,应按照标准规定的 PEMS 演示试验程序,在整车上进行实际道路车载排放试验,要求有效窗口中,90% 以上要满足 PEMS 排放限值要求,气态污染物是发动机 WHTC 排放限值的 1.5 倍,粒子数量是发动机 WHTC 排放限值的2.0倍。

(3)统一采用稳态循环(WHSC)和统一瞬态循环(WHTC)污染物排放测试。

①稳态循环增加低速低负荷要求。

WHTC 与国五排放标准的 ETC 工况相比,WHTC 工况怠速比例高,发动机平均负荷低;ETC 工况怠速比例低,发动机平均负荷高。由于 ETC 工况负荷较高,在实施国六排放标准时已发现该工况存在一定缺陷,尤其是对于城市中运行的车辆,其实际运行时通常是低速、低负荷的状态,排气温度偏低导致氮氧化物还原系统不能有效工作,致使 NO_x 排放远高于排放限值要求。为解决该问题,环境保护部于 2014 年在原有国四、国五排放标准基础上,补充了一项新的标准《城市车辆用柴油发动机排气污染物排放限值及测量方法》(HJ 689—2014),该标准采用的就是负荷更低、更能代表城市车辆运行特点的 WHTC 工况。

采用 WHTC 循环,一方面是采纳了全球统一的汽车排放技术法规的内容,同时也保持了我国排放标准体系的延续性。从技术本身来讲,WHTC 增加了低速低负荷的占比,整体平均排气温度低,能够更加有效地考核排放控制装置在低速低负荷工况下是否起作用。

②稳态循环增加冷起动排放测试要求。

国四和国五排放标准中仅测量热启动工况下的污染物排放,因此,车辆实际使用中冷起动时排放控制装置基本不发挥作用,造成刚启动时各种污染物排放非常高。为了有效控制各种状态下的污染物排放,国六排放标准中引入了冷起动的排放控制要求,发动机排放值由冷起动和热启动测量值加权计算而来,冷起动排放占 14%,热起动排放占 86%。

③稳态循环要求与国五排放标准对比。

国六排放标准的稳态循环,采用全球统一的重型发动机 WHSC 工况。WHSC 工况和国五排放标准的 ESC 工况均是 13 工况,但它们的工况点和相应的权重均不同,WHSC 的工况点负荷更低,而 ESC 工况点相对负荷更高,如图 2-15 所示。WHSC 更有利于测试低速、低负荷时的排放状况。

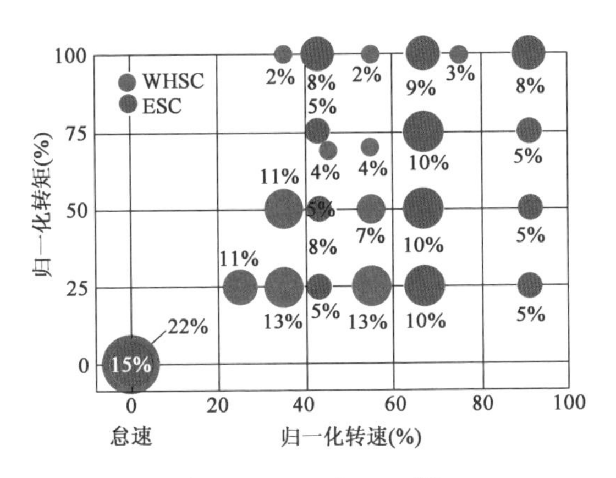

图 2-15　WHSC 和 ESC 对比

由于高速高负荷的情况下排气温度较高，排放后处理装置的转化效率通常比较高；在低速低负荷下排温较低，排放后处理装置的转化效率较低甚至不起作用。因此，较为注重低速低负荷排放的 WHTC 和 WHSC 工况更为合理。重型汽车国六排放标准与国五排放标准检验项目对比见表 2-26。

重型汽车国六排放标准与国五排放标准检验项目对比　　表 2-26

排放标准	试验循环	CO [g/(kW·h)]	THC [g/(kW·h)]	NO_x [g/(kW·h)]	NH_3 (ppm)	PM [g/(kW·h)]	PN [个/(kW·h)]
国六	WHSC	1.5	0.13	0.4	10	0.01	8×10^{11}
	WHTC	4.0	0.16	0.46	10	0.01	6×10^{11}
	WNTE	2.0	0.22	0.6	—	0.016	—
国五	ESC	1.5	0.46	2.0	—	0.02	—
	ETC	4.0	0.55	2.0	—	0.02	—

(4)对气态污染物、颗粒物和烟度排放满足标准限值要求的耐久性和排放控制装置的耐久性作出要求，其中轻型汽车为 5 年或 20 万 km；中型车为 6 年或 30 万 km；重型汽车为 7 年或 70 万 km。将远程 OBD 监控应用到国家标准中，OBD 阈值检测增加到 5 个。

国五阶段，根据车型不同耐久性里程分别为 10 万 km、20 万 km、50 万 km；国六阶段，相应车型的排放耐久性里程要求分别增加到 20 万 km、30 万 km、70 万 km，基本能涵盖车辆的整个使用寿命。增加排放相关零部件质保期要求，规定在质保期内出现非人为制造的故障或损坏，企业应当承担相关维修费用。同时，标准强化生产一致性、在用符合性等事后监管要求，企业可以按照标准规定的耐久性试验程序进行试验，也可以根据工程经验采用替代的耐久性试验方法进行试验，或者选择标准指定的劣化系数，大大降低企业型式检验成本。

(5)后处理技术路线升级。国五阶段柴油车后处理装置技术路线92%的车辆所采用的是SCR技术，只有0.02%采用DPF加SCR。国五阶段燃气车基本的技术路线为稀薄燃烧加DOC(柴油机氧化催化器)。而国六阶段柴油车100%采用了DPF加SCR技术路线，国六阶段燃气车则全部采用当量燃烧并加装三元催化转换后处理技术路线。

(6)更加完善、严格的OBD监控要求和NO_x控制要求。

一是完善OBD和NO_x控制系统要求。增加在用监测频率规定，使OBD功能能够在车辆的实际使用中切实发挥作用；按照美国经验增加永久故障代码存储要求，对存在严重故障的车辆，不能人为清除故障码，确保主管部门在监管中能够有效发现故障车辆；增加了超OBD限值应限速、限扭的规定，确保排放超标车辆能够及时得到维修；增加远程终端要求，规定OBD具备发送监测信息功能，便于对运行在道路上的车辆排放状况进行实时监测。

二是更加严格的OBD和NO_x控制系统要求。更加严格的OBD限值；完善柴油机尾气处理液用尿素监控要求；明确监控项目(尿素质量、尿素消耗量、尿素余量、冻结等)；更严格的尿素质量监控要求；更详细和严格的驾驶性能限制系统要求等，能够有效监督用户的柴油机尾气处理液使用情况，确保车辆实际使用时，SCR能够正常发挥作用。

第五节　新生产汽车排放标准发展趋势

一、颗粒物排放

移动源产生的颗粒物排放会对公众健康造成直接影响。流行病学研究表明，空气中的颗粒物与城市居民的提早死亡和疾病发作具有直接关联，并且就细颗粒物污染而言，根本不存在安全的暴露阈值。颗粒物对健康的影响主要源于一次和二次颗粒物在被吸入人体后产生的物理性和化学性刺激及损伤。一次颗粒物指车辆直接排放出的颗粒物，二次颗粒物则是由一次颗粒物与其他气态污染物在大气

中通过复杂的反应而形成的。被吸入的颗粒物会沉积在人体内，颗粒物粒径越小，沉积比例越高。在车辆尾气中，特别是汽油直喷发动机（GDI）的尾气中包含有大量沉积比例非常高的细颗粒物。

粒径小于100nm的颗粒物更容易在人体中沉积，对人体造成损害。随着颗粒物粒径变小，沉积比例会快速升高。因此，这些超细颗粒物的破坏性是最强的，不仅会大比例沉积于体内，还由于他们的表面积/体积比很大，会加大人体内颗粒物生物活性的影响。

在目前的颗粒物数量（PN）标准中，仍有相当大一部分颗粒物排放尚未被纳入管理范畴。PN限值只适用于粒径大于或等于23nm的固体颗粒物，并不涵盖所有挥发性和半挥发性颗粒物、粒径小于23nm的固体颗粒物、燃气发动机和进气道喷射发动机（PFI）排放的颗粒物，以及颗粒物捕集器再生过程中产生的颗粒物。这些未纳入管理范畴的颗粒物不仅会与人体产生直接的健康影响，还会形成二次气溶胶和PM2.5，对健康造成双重损害。

粒径小于23nm的这部分颗粒物在人体内的沉积比例更高，毒害性也更强。最新的测试结果表明，GDI发动机排放出的粒径在10～23nm之间的固体颗粒物从数量上比23nm以上颗粒物高出260%，不适用于颗粒物排放限值的燃气发动机，其10～23nm颗粒物排放数量比23nm以上颗粒物高出330%，即使是安装了颗粒物捕集器的柴油发动机，其10～23nm的颗粒物排放数量也要比23nm以上的颗粒物高60%。如果将考虑范围扩至2.5～23nm，这一增幅比例还将显著上涨。

根据目前的管理，PN值是依照联合国欧洲经济委员会（UNECE）的颗粒物测量规程（PMP）来测定的。该方法规定在稀释的尾气中进行颗粒物测量，但会从取样中去除挥发性和半挥发性颗粒物，并只统计粒径大于23nm的固体颗粒。之所以将粒径阈值设定为23nm，主要是由于立法程序中的可重复性和可还原性要求，将挥发性颗粒排除在外也是出于这个原因。然而无可争议的是，粒径小于23nm的挥发性和固体颗粒物都是大量存在的。

此外，在捕集器再生阶段产生的颗粒物排放也会超过规定限值的数倍。按照《重型柴油车污染物排放限值及测量方法（中国第六阶段）》（GB 17691—2018）要求，装有周期再生后处理系统的发动机，应根据本标准第C5.6.3条的要求进行测试，排放结果应考虑再生情况进行修正。在这种情况下，就发生再生的试验部分而言，平均排放量取决于再生发生的频率。

（1）将颗粒物粒径阈值从23nm降至至少10nm。UNECE颗粒物测量规程工作组的研究表明：将固体颗粒物的粒径阈值从23nm降至10nm并不需要很高额的投资成本,也无须对现有的测量体系做大规模修订。随着颗粒物测量技术的不断发展,粒径小于10nm的颗粒物在不久的未来也可能被测量统计,因此,未来的标准应将小于10nm的颗粒物纳入管理范畴。

(2)开发测量挥发性和半挥发性颗粒物的方法,将这部分颗粒物纳入管理范畴。尽管目前的颗粒物测量技术尚无法准确可靠地测量非固体颗粒物,但一旦技术条件成熟,未来的排放标准就应将挥发性和半挥发性颗粒物纳入管理范畴。

(3)计入颗粒物捕集器再生期间产生的排放。颗粒物捕集器再生期间产生的颗粒物排放是相当大的,因此,在未来的排放标准中应考虑再生期间产生的这部分颗粒物排放。目前的测量方法也同样适用于再生阶段,所以不需要制订新的测试规程。

(4)延续制订燃料和技术都中立的PN标准。无论采用哪种燃料和喷射技术,都应对所有发动机执行相同的管理限值。

(5)研究直接测量尾气PN的可行性。目前,实验室PN排放是通过稀释管道测量的。在将尾气引入稀释管道时,会损失一部分颗粒物。道路RDE测量是对尾气直接进行测量,因此,在实验室PN测量时直接对尾气进行测量能够提高实际道路与实验室测量结果的可比性,同时还能提高RDE测试中PEMS系统不确定性框架的稳健性。近期研究结果表明,与稀释通道测量相比,对尾气直接进行采样测量不仅不会增加测量结果的不确定性,还能提升测量结果的代表性。

二、氨排放

尽管在燃烧过程中不会直接产生氨,但在汽柴油车辆的排放控制系统中却会形成相当数量的氨。氨排放会导致二次颗粒物形成,对城市空气质量造成危害。通常,农业活动才是氨排放的主要来源,但在欧洲部分城市中,机动车领域的氨排放量甚至已经超过了农业领域,成为头号氨污染源。在城市中,机动车排放出的氨很容易在大气中发生反应,形成硝酸铵和硫酸铵等二次颗粒物,从而导致PM2.5浓度升高。

据针对NO_x和NH_3对汽油车固定氮排放量的逐年贡献率的研究显示,NO_x排放水平在不断降低,由于尚没有氨排放限值,氨排放正在成为汽油发动机排放出的主要固定氮化合物。当汽油发动机处于富燃状态下,例如加速行驶或是发动机持续处于较高负载时,随着尾气温度升高,三元催化转换器(TWC)中会形成氨。柴油车的氨排放则主要来源于稀燃NO_x捕集器的再生阶段和冷起动阶段,另外催化还原装置也需要通过分解尿素水溶液产生气态氨来参与反应。此外,由于实施了RDE管理要求,需要SCR具有更高的转化效率,这就会增加尿素水溶液的使用量,

从而增加氨逃逸的可能性。

目前,已经有一套完整的测试规程在实验室中测量氨排放量。但是,当前国六轻型汽车排放标准并没有将氨排放纳入管理范畴,对重型汽车则实施了 10×10^{-6} 的平均浓度限值。氨排放目前已经成为机动车固定氮排放的重要污染源,并且由于氨会在大气中形成二次颗粒物,故将对城市空气质量造成影响。针对氨排放的管控,建议结合实施既定距离限值(mg/km)和平均浓度限值(ppm),从而避免产生氨排放峰值及氨排放产生的不良气味。建议开展试点测试,使用便携式系统进行氨排放测量,这部分内容可以考虑未来纳入 RDE 规程当中。

三、甲烷和氧化亚氮排放

机动车尾气中存在相当数量的 CH_4 和 N_2O,两者都属于导致全球变暖效应较强的温室气体。其中,CH_4 的 20 年全球变暖潜能值(GWP)为 84,100 年 GWP 为 28,远远高于二氧化碳(CO_2 的 GWP 为 1),而 N_2O 的 20 年和 100 年 GWP 更是分别高达 264 和 2658。

CH_4 排放是由于燃烧不充分产生的,这是因为 CH_4 分子相对比较稳定,与其他长链碳氢化合物相比,CH_4 比较不易在催化转换器中被氧化。N_2O 则是在排放控制系统中形成的,在催化转换器将氮氧化物还原成氮气的过程中,会产生我们并不希望出现的中间产物,即 N_2O。

欧盟乘用汽车的 N_2O 排放量是通过排放因子来估算的,利用排放因子可根据车辆行驶里程计算出车辆的 N_2O 排放量。不过,目前欧盟道路交通排放清单中使用的 N_2O 排放因子被认为存在较大的不确定性。特别是目前尚无法评估 SCR 柴油车的 N_2O 排放水平和趋势。根据目前的排放清单,2017 年 N_2O 排放量估值为 460 万 t CO_2 等效排放,约为直接二氧化碳排放量的 1%。然而,这一估值并没有反映出先进汽柴油车辆排放控制系统对 N_2O 排放量的影响。若柴油机安装有会产生氨逃逸的催化转换装置,其 N_2O 排放量可高达直接 CO_2 排放量的 30%。同样,若在汽油车三元催化转换器中使用贵金属铑和钯来代替铂,也会导致产生较高的N_2O排放。

在欧盟目前的排放法规中,CH_4 是包含在总碳氢排放中进行管理的。对于点燃式发动机,欧六排放标准设置的总碳氢排放限值为 100mg/km,非甲烷碳氢排放限值为 68mg/km。不过,设置上述限值的目的并不是想减少甲烷所带来的气候变化影响,而是为了限制其他反应活性和毒性较强的碳氢化合物。至于 N_2O,目前尚未被纳入欧盟排放法规管理范畴。

作为温室气体排放标准的一部分，美国环保局针对轻型汽车出台了 N_2O 和 CH_4 排放限值，适用于所有 2012 年以后的车辆。美国的 N_2O 限值为 FTP 工况循环下 6.3mg/km，甲烷限值为 18.8mg/km。我国在最新的国六排放标准中规定了 20mg/km 的 N_2O 排放限值。

目前已经有测量甲烷和氧化亚氮排放的实验室测试规程。未来若能使用便携式系统进行排放测量，就考虑可将这部分污染物纳入 RDE 管理框架当中。

四、醛类和其他挥发性有机物排放

醛类是一类毒性较强的化合物，主要是工业源和移动源直接排放产生的。由于醛类是基因毒性物质，人体暴露于醛类环境中会对健康造成重大威胁，可导致罹患鼻咽癌等疾病。

点燃式发动机的醛类排放主要是甲醛和乙醛，绝大部分产生在冷起动阶段，是燃料中所含的乙醇未完全燃烧的结果。实践表明，燃料中乙醇含量越高，醛类排放越高。目前欧盟大部分汽油燃料中的乙醇含量为 5%（E5），然而，含 10% 乙醇（E10）的燃料正在获得越来越多的青睐，一些较先进车辆已经可以使用掺混 15%（E15）乙醇的燃料行驶，此外市场上还有能够使用 85% 乙醇（E85）混合燃料的灵活燃料车。目前的 VOCs 排放清单是基于 20 多年前的排放物数据确定的，随着燃料中乙醇含量的增加，我们尚不清楚该清单是否还能够准确地反映交通领域对醛类排放总量的贡献率。

目前，全球共有 4 个国家出台了醛类排放限值。美国 Tier3 标准规定的甲醛限值为 4mg/mile，巴西 PROCONVE L7 法规中规定的甲醛和乙醛限值均为15mg/km，韩国 K-LEV Ⅲ标准中规定的甲醛限值为 7mg/km。《甲醇燃料汽车非常规污染物排放测量方法》（HJ 1137—2020）规定了燃用甲醇燃料的轻型汽车、重型发动机和汽车（含柴油/甲醇双燃料发动机和汽车）排气中甲醛和甲醇的测量方法。美国和韩国不仅管理了总碳氢和非甲烷碳氢排放量，而且更宽泛地针对非甲烷有机气体（NMOG）设定了排放限值，其中就包含了醛类。

在现有的管理框架体系中，使用高比例乙醇燃料的车辆的 VOCs 排放是被低估的，另外也没有考虑醛类排放物的毒性问题。

采用技术和实施对象中立的醛类排放限值。醛类排放会随着燃料中乙醇的含量增加而增加。出台技术和实施对象中立的醛类排放限值将降低使用高比例乙醇燃料或灵活燃料车所带来的大气基因毒性化合物浓度增加的风险。

五、轮胎和制动产生的颗粒物排放

对于车辆而言，发动机燃烧并不是颗粒物排放的唯一来源。其中，有一些颗粒物非常轻，可以在空气中传播，而另一些则沉积在路面上。沉积的颗粒物可以通过车辆行驶和气流再次悬浮到空气当中。制动磨损被认为是非尾气颗粒物的最主要来源，在所有交通领域 PM10 排放中占比可高达 21%。

目前 UNECE 正在讨论制动磨损颗粒物的测量规程，其中第一个任务就是要规定出一项能够模拟轻型汽车制动过程的底盘测功机测试方法，然后再制订出在测试过程中对颗粒物排放进行测量的方法。

加州目前也在开展车辆排放研究项目，希望更好地了解影响非尾气源排放的各项因素。

随着污染物排放标准不断加严，内燃机颗粒物排放不断降低，制动磨损产生的相关颗粒物排放在车辆颗粒物总排放中的占比逐渐升高。尽管目前尚没有可靠的方法来测试制动磨损产生的相关颗粒物，但未来欧盟标准应努力将非尾气排放纳入管理框架，并特别关注制动磨损颗粒物。

六、一次 NO_2 排放

NO_x 排放中包含 NO 和 NO_2。尽管其中主要是 NO，但在氧化作用下，NO 通常在 1h 内就会在大气中转化为 NO_2。由于 NO 在大气中存在的周期很短，所以政策制订者将氮氧化物排放视为了一个整体来进行管理，并没有区分 NO 和 NO_2。

不过，随着排放控制技术的变化，车辆尾气中 NO/NO_2 的比例也在升高，许多城市地区都出现了 NO_2 超过空气质量标准限值的情况，因此，有必要对直接 NO_2 排放进行更深入的研究。此外，欧盟部分监测交通污染的空气质量监测站的结果表明，柴油车 NO_x 中 NO_2 比例的增加导致了近地面臭氧浓度升高。

过去几十年中，由于排放控制系统技术的变化，NO_2 在柴油车 NO_x 排放总量中的占比一直在上升。不过，柴油发动机尾气中 NO_2 比例较高有助于 DPF 被动再生和提高 NO_x 控制系统的效率。为了控制 NO_2 与 NO_x 的比例，后处理系统需要依赖于氧化催化剂，将发动机排放出的大量 NO 转化为 NO_2。

欧六排放标准中设置了总 NO_x 排放限值，但没有单独设置 NO_2 排放限值。随着 NO_2 排放在柴油车 NO_x 总排放中的占比越来越高，欧盟从 2014 年开始考虑出台 NO_2 排放限值，不过这一提议目前尚未有实质结果。目前 NO_2 和 NO 在实验室测试时是分别单独测量的，所以出台 NO_2 标准并不需要对现有测试规程作任何修改。

目前，世界上还没有国家在污染物标准中设定单独的一次 NO_2 排放限值。2009 年美国对车辆改造技术设定了 NO_2 限值，要求在应用改造技术后，NO_2 排放升高幅度不得超过未改造时排放水平的 20%。

减少一次 NO_2 排放可以减少人们在道路附近直接接触这种污染物，同时也可以减少近地面 O_3 的形成。不过，强制减少一次 NO_2 排放量会进一步限制排放控制系统设计。针对一次 NO_2 排放管控，除了现有的总 NO_x 排放限值，应当考虑增加单独的 NO_2 限值，在制订限值时应综合考虑技术可行性、NO_2/NO_x 比例数据以及对其他污染物的影响等多重因素。

第六节　新生产汽车环保信息公开监督检查

一、环保信息公开监督检查项目及流程

为从源头加强机动车排气污染控制，进一步改善环境空气质量，按照《大气污染防治法》及环境保护部《关于开展机动车和非道路移动机械环保信息公开工作的公告》(国环规大气〔2016〕3 号)规定，机动车生产、进口企业，应当向社会公开其生产、进口机动车的环保信息，包括排放检验信息和污染控制技术信息，并对信息公开的真实性、准确性、及时性、完整性负责。以下介绍新生产汽车环保信息公开监督检查的检查对象、检查环节、检查内容、检查流程、问题处理建议、信息报送和检查纪律等内容。

1. 检查项目

(1)外观检验(含对污染控制装置的检查和环保信息随车清单核查)。

(2)OBD 检查。

2. 新车环保信息公开监督检查流程

新车环保信息公开监督检查流程如图 2-16 所示。

二、环保信息公开监督检查规程

1. 检查目的

确保批量生产的机动车排放检验信息与污染控制技术信息与已环保信息公开的车型一致。

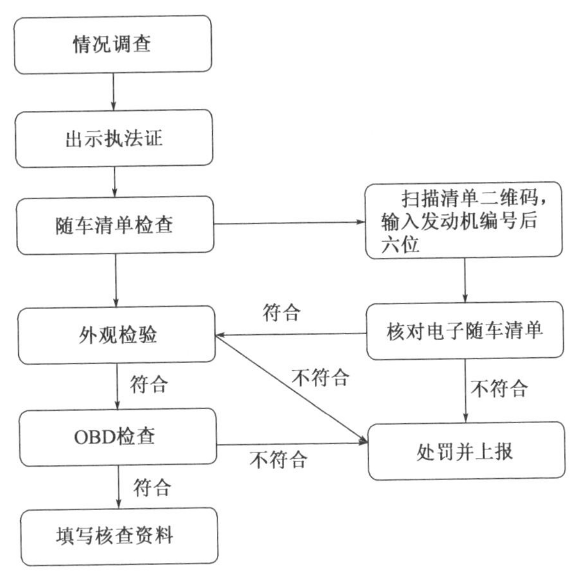

图 2-16　新车环保信息公开监督检查流程

2. 检查人员组成及职责

检查人员分为工作组和检查组。工作组对整个检查工作进行调度和指导，对有争议的问题作出最终判定。检查组按照工作组的要求和监督检查指南具体执行检查工作，当发生特殊情况时及时与工作组沟通解决。执法检查组应至少由两名具有执法资格的工作人员组成(生产一致性监督检查可委托有资质的检验机构进行检查)。

3. 检查对象

在中国境内生产、销售及使用的轻型汽车、重型汽车和摩托车。

4. 检查地点

(1)新车登记注册地点及车辆年检机构。

(2)新车经销商处。

(3)生产企业生产线末端、成品库等地点。

5. 检查内容

(1)企业产量情况调查。

监督检查期间可以有针对性地要求相关企业提供本年度或者某个时间内的产

销量情况,有针对性地选取核查车型(登记注册环节可省略)。

(2)执法人员出示执法证件,说明来意及需要企业配合的内容。

(3)随机选取车辆查验机动车环保信息随车清单及合格证。

车辆合格证确认有无即可。核对合格证的车辆型号及VIN(车辆识别代号)码与随车清单上的车辆型号及VIN码是否一致。机动车环保信息随车清单需扫描机动车环保信息随车清单二维码并输入车辆发动机编号核对,如图2-17所示。

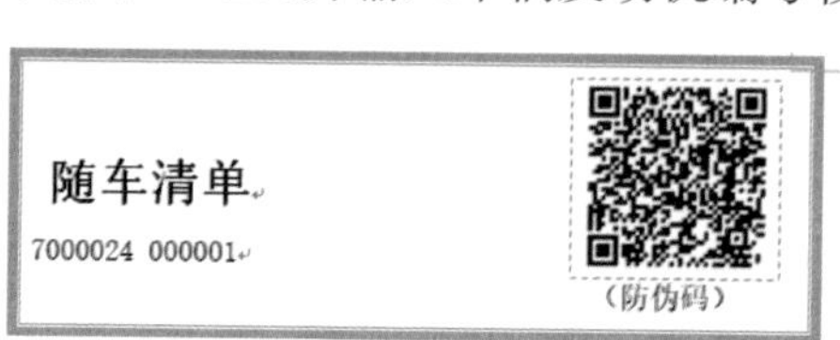

图2-17 环保信息公开随车清单扫描二维码

(4)外观检验。

①企业声明部分。核对制造商及是否达到目前允许上牌的排放阶段;核对企业盖章及车辆生产日期;核对车辆型号、VIN码、商标、汽车分类、发动机编号及污染控制技术信息部分。

②检查车辆污染控制装置是否与环保信息随车清单一致。核对型号及生产企业名称,必要时可参考扫描二维码永久标识内容。

(5)OBD检查。

①检查车辆的OBD接口是否满足规定要求,OBD通信是否正常,有无故障代码。

②OBD检查项目包括:故障指示器状态,诊断仪实际读取的故障指示器状态,故障代码、故障里程和诊断就绪状态。

③对要求配置远程排放管理车载终端的在用汽车,应查验其装置通信是否正常。

④如车辆污染控制装置被移除,而OBD故障指示灯未点亮报警,视为车辆OBD不合格。

(6)填写核查资料。

①核查结束全部项目符合则现场执法人员填写信息公开核查表,填写现场调查笔录,准予登记注册。

②核查结束发现有不符合情况的,需确认不合格车辆数量,填写信息公开核查表,填写现场调查笔录,并由企业负责人及执法人员签字确认,按照《大气污染防

治法》相关条款处罚并上报生态环境部。

(7)需用到的工具。

相机、举升机(或地沟)、内窥镜(或长柄小镜子)、OBD 故障诊断仪。

(8)拍照顺序。

整车(右侧45°)、铭牌、污染控制技术信息、各个零部件型号生产厂、OBD 诊断仪屏幕。

(9)资料清单。

①随车清单复印件。

②合格证复印件。

③信息公开核查表。

④企业法人授权及企业负责人身份证复印件。

⑤调查询问笔录、现场勘查笔录(不合格者填写)。

⑥环保监督检查廉洁自律声明。

⑦照片。

第三章 在用汽车排放标准与定期排放检验

随着经济的发展,我国汽车保有量持续增长,截至2021年底,我国汽车保有量已达3.02亿辆,机动车排放已成为我国城市主要污染源之一,汽车排放所造成的污染也日益成为人们所关注的焦点。随着大气污染防治形势发生变化,在用汽车标准也逐渐发展起来,从2000年以前与新生产车共用一个标准体系发展到独立的标准体系,尤其是《柴油车污染物排放限值及测量方法(自由加速法及加载减速法)》(GB 3847—2018)、《汽油车污染物排放限值及测量方法(双怠速法及简易工况法)》(GB 18285—2018)两个标准的实施,对在用汽车排放检验、监督管理等提出新要求,进一步完善了我国在用汽车排放标准体系,强化了汽车排放污染物控制,为打赢蓝天保卫战,打好柴油货车污染治理攻坚战提供了有力支持。本章首先介绍了在用汽车排放标准的发展历程,其次对现阶段最新在用汽车排放标准进行了解读,介绍了汽柴油两种燃油类型车的定期排放检验测量方法和限值要求,并引入了车载诊断系统对排放检查的新要求,通过新技术来达到定期检验有效运行的目的。

第一节 在用汽车排放标准概述

我国汽车排放标准体系主要参照欧洲体系制定。自20世纪80年代以来,我国参考发达国家的成功经验,逐步制定了一系列汽车排放标准。采取先易后难的方法,对汽油车先实行“怠速法”,而后实行“工况法”控制汽车排放总量。对柴油车先实行“自由加速法”及“全负荷法”控制烟度,再与汽油车同步实行“工况法”,

同时考虑颗粒物排放控制。

我国的在用汽车排放标准主要经历了3个阶段。2000年以前,即第一阶段,我国的在用汽车与新生产车共用同一个标准体系,只在限值和实施时间上加以区别,没有对在用汽车实施独立的一套排放体系,即在1983年发布的《汽油车怠速污染物排放标准》(GB 3842—1983)、《柴油车自由加速烟度排放标准》(GB 3843—1983)和《汽车柴油机全负荷烟度排放标准》(GB 3844—1983),以及与之相对应的三项《汽油车怠速污染物测量方法》(GB 3845—1983)、《柴油车自由加速烟度测量方法》(GB 3846—1983)和《汽车柴油机全负荷烟度排放标准》(GB 3847—1983)。

1993年,为了限制汽车排放污染物和使排放标准真正起到促进汽车工业发展的作用,我国进一步加强汽车排放控制,国家环境保护局发布了《汽油车怠速污染物排放标准》(GB 14761.5—1993)、《柴油车自由加速烟度排放标准》(GB 14761.6—1993)等多项国家标准,总结了自1983年以来汽车污染物排放标准执行过程中存在问题和经验,对汽油车怠速污染物排放标准、柴油车自由加速烟度排放标准等进行了第一次修订,形成了一套较为完善的汽车尾气排放标准体系,为在用汽车路检、年检等尾气排放常规监督工作提供了有力的法律与技术支撑。

2000年,《汽车排放污染物限值及测试方法》(GB 14761—1999)、《压燃式发动机和装用压燃式发动机的车辆排放污染物限值及测试方法》(GB 17691—1999)和《压燃式发动机和装用压燃式发动机的车辆排放可见污染物限值及测试方法》(GB 3847—1999)开始实施。该3项标准均采用ECE法规,较之前排放标准严格了80%,从而完善了汽车排放标准体系,为我国汽车排放标准今后的各项工作奠定了坚实的基础。与此同时,新车排放标准发布实施加快推进了排放控制技术的升级,轻型汽油车普遍采用三元催化转换与闭环电喷技术,柴油车采用增压中冷等技术。对于这些采用新技术的车辆,1993年发布实施的在用汽车污染物排放标准显得过于宽松,无法达到监督排放的目的,修订标准势在必行。

2000年12月,国家质量技术监督局发布《在用汽车排放污染物限值及测试方法》(GB 18285—2000),首次针对在用汽车排放单独规定了限值和测量方法。自此,我国在用汽车排放标准开始进入第二个阶段,开启了在用汽车和新生产车污染物排放检测的专门化管理。

2005年,国家环境保护总局发布了《点燃式发动机汽车排放污染物排放限值及测量方法(双怠速法及简易工况法)》(GB 18285—2005)和《车用压燃式发动机和压燃式发动机汽车排放烟度排放限值及测量方法》(GB 3847—2005)两项国家标准。其中,《点燃式发动机汽车排放污染物排放限值及测量方法(双怠速法及简易工况法)》(GB 18285—2005)主要对《汽油车怠速污染物排放标准》(GB 14761.5—1993)标准进行了修订,规定了点燃式发动机汽车怠速和高怠速排放污染物的排放限值和测量方法,以及高怠速工况对过量空气系数(λ)的要求。此外,新标准还增加了3种简易工况法检测方法,即稳态工况法、瞬态工况法和简易瞬态工况法,并允许各地根据行政区内的空气质量状况选择不同的检测方法。如选择简易工况法,省级环保部门应制定相应的排放限值标准。自标准发布实施后,北京、上海、浙江等14个省、区、市采用简易工况法,并制定了地方排放标准。《车用压燃式发动机和压燃式发动机汽车排放烟度排放限值及测量方法》(GB 3847—2005)主要修订和补充了《柴油车自由加速烟度排放标准》(GB 14761.6—1993)的内容,增加了在用汽车自由加速法检测的不透光烟度测量和加载减速法烟度检测。由于我国各地机动车排放水平差距较大,新标准并未规定加载减速法烟度排放限值,由各地根据行政区内车辆排放状况自行制定地方限值标准。自标准发布实施后,北京、上海、重庆、广东等13个省、区、市制定并发布了加载减速法的地方排放标准,且大都以《确定压燃式发动机在用汽车加载减速法排放烟度排放限值的原则和方法》(HJ/T 241—2005)作为参考,选择推荐限值中较高限值。

随着新生产汽车排放标准的逐步加严,车辆排放控制水平的不断发展以及我国对环境空气质量和大气污染防治工作的严格要求,《车用压燃式发动机和压燃式发动机汽车排放烟度排放限值及测量方法》(GB 3847—2005)、《点燃式发动机汽车排放污染物排放限值及测量方法(双怠速法及简易工况法)》(GB 18285—2005)标准已经逐步无法适应管理要求。2018年,生态环境部发布了我国在用汽车现行国家标准《柴油车污染物排放限值及测量方法(自由加速法及加载减速法)》(GB 3847—2018)与《汽油车污染物排放限值及测量方法(双怠速法及简易工况法)》(GB 18285—2018),分别对《车用压燃式发动机和压燃式发动机汽车排放烟度排放限值及测量方法》(GB 3847—2005)、《点燃式发动机汽车排放污染物排放限值及测量方法(双怠速法及简易工况法)》(GB 18285—2005)内容进行了修订。其中,《柴油车污染物排放限值及测量方法(自由加速法及加载减速法)》(GB 3847—2018)主要修订内容包括规定了外观检验、OBD检查;增加了检验流程、检验项目、检测记录项目以及检测软件要求;规定了NO_x排放限值及测量方法,并调整了烟度排放限值;明确了环保监督抽测内容和方法;删除了关于压燃式发动机以及新生产汽车型式核准的要求。尤其是对柴油车增加了NO_x检测的要求,使其在全球范围内处于先进行列。《汽油车污染物排放限值及测量方法(双怠速法及简易工况法)》(GB 18285—2018)主要修订内容包括增加了外观检验、OBD

检查、燃油蒸发检测等内容；增加了检验项目、检验流程、检测记录项目和检测软件要求；明确规定了环保监督抽测内容和方法；调整了汽车污染物排放限值。修订后的在用汽车标准适应了我国汽车技术发展和标准体系强化的需要，将我国机动车排放控制标准体系的发展带入到一个新的阶段。

《汽油车污染物排放限值及测量方法（双怠速法及简易工况法）》（GB 18285—2018）和《柴油车污染物排放限值及测量方法（自由加速法及加载减速法）》（GB 3847—2018）标准已于2019年5月1日起正式实施，两项新标准的实施进一步完善了我国在用汽车排放标准体系，为强化汽车排放污染物控制，打赢蓝天保卫战，打好柴油货车污染治理攻坚战提供了有力支持。

第二节　汽油车定期排放检验测量方法和限值要求

一、双怠速法

同时采用怠速和高怠速工况检测的方法称为双怠速法。怠速工况指汽车发动机以最低稳定转速运转工况，即离合器处于接合位置、变速器处于空挡位置（对于自动变速器的汽车应处于“N”或“P”挡位），加速踏板处于完全松开位置。高怠速工况指满足上述（除最后一项）条件，用加速踏板将发动机转速稳定控制在标准规定的高怠速转速下。《汽油车污染物排放限值及测量方法（双怠速法及简易工况法）》（GB 18285—2018）标准中将轻型汽车的高怠速转速规定为（2500 ± 200）r/min，重型汽车的高怠速转速规定为（1800 ± 200）r/min；如不适用的，则参照制造厂技术文件中规定的高怠速转速。

双怠速法主要是测量汽车排放中CO和HC的体积排放浓度，以及对过量空气系数（λ）进行测定。双怠速法检测具有检测速度快，测量仪器简便、便宜，测试方法简单等优点，在我国目前的I/M制度中有着广泛使用。同时，双怠速法检测也存在一定的局限性。双怠速法属于无负载检测法，与有负载的简易工况法相比，无法全面反映汽车的实际排放状况。研究表明，部分老旧车辆经过有负载的工况法检测表明其排放已超标，但双怠速法检测的CO和HC却仍然达标。此外，双怠速法检测对NO_x排放量无控制要求，无法评价车辆NO_x的排放状况。

1. 试验设备

双怠速法的试验设备主要由取样设备和气体分析仪组成。双怠速法试验设备的主要功能是测试仪器通过采样，经过采样泵将样气传输至气体处理系统和检测器进行分析，发出被测组分的体积分数相关信号，测定汽车排放污染物体积浓度和过量空气系数（λ）值。

1）气体分析设备

双怠速法使用的气体分析设备主要为四气体分析仪，能够测量汽车排放污染物 CO、CO_2、HC（用正己烷当量表示）和 O_2 4 种成分的体积分数（或浓度），并能按照规定公式计算过量空气系数（λ）值。CO、CO_2、HC 的测量应采用不分光红外线法（NDIR），O_2的测量可采用电化学电池法或其他等效方法。系统应配备有符合标准要求的怠速和高怠速测量程序。气体分析设备应具有发动机转速和机油温度测量功能，或转速和机油温度信号输入端口。

2）取样设备及采样方式

取样设备由取样探头、取样管、采样泵、水分离器和过滤器等组成。它通过取样探头、取样管和采样泵从车辆排放管中采集排放样气，再用水分离器和过滤器把排放中的炭渣、灰尘和水分等除掉，仅把排放送入分析装置。

双怠速法的采样方式为直接取样法，直接取样法是指将取样探头插入车辆排放管内，从排放气流中直接采集部分尾气的采样方法。采样气体经过取样管、过滤器和取样泵，引入分析仪中进行气体分析。直接取样法的优点是采样方法简单易行，这种方法在我国气体采样中有着广泛应用。

2. 测量程序

《汽油车污染物排放限值及测量方法（双怠速法及简易工况法）》（GB 18285—2018）附录 A 第 A.3 条中规定了双怠速法检测程序内容，具体测量程序如图 3-1 所示。

首先，应保证被检测车辆处于制造厂规定的正常状态，发动机进气系统应装有空气滤清器，排放系统应装有排放消声器和排放后处理装置，排放系统不允许有泄漏。进行排放测量时，发动机冷却液或润滑油温度应不低于 80℃，或者达到汽车使用说明书规定的热状态。

发动机从怠速状态加速至 70% 额定转速或企业规定的暖机转速，运转 30s 后降至高怠速状态。将双怠速法排放测试仪取样探头插入汽车排气管中，深度不少于 400mm，并固定在排放管上。维持 15s 后，由具有平均值计算功能的双怠速法排放测试仪读取 30s 内的平均值，该值即为高怠速排放污染物测量结果，同时计算过量空气系数（λ）的数值。发动机从高怠速降至怠速状态 15s 后，由具有平均值计

算功能的双怠速法排放测试仪读取 30s 内的平均值，该值即为怠速污染物测量结果。在测试过程中，如果任何时刻 CO 与 CO_2 的浓度之和小于 6.0%，或者发动机熄火，应终止测试，排放测量结果无效，需重新进行测试。

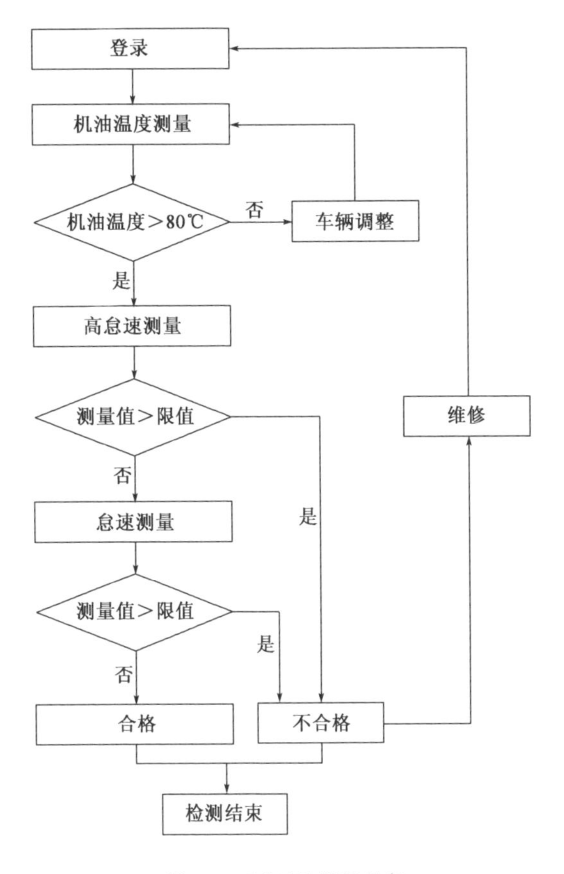

图 3-1　双怠速法测量程序

对多排放管的车辆，应取各排放管测量结果的算术平均值作为测量结果。也可以采用 Y 形取样管的对称双探头同时取样，应保证两分取样管内的样气同时到达总取样管，并且两分取样管内样气流量的差异应不超过 10%。当车辆排放系统设计导致的车辆排放管长度小于测量深度时，应使用排放延长管。

应使用符合规定的市售燃料，例如车用汽油、车用天然气、车用液化石油气等进行测试。检测时直接使用车辆中的燃料进行排放污染物测试，不需要更换燃料。

3. 排放限值

按照《汽油车污染物排放限值及测量方法(双怠速法及简易工况法)》(GB 18285—2018)规定,采用双怠速法进行检测时其检测结果应小于表3-1中规定的排放限值。如果检测结果中任何一项污染物不满足限值要求,则判定车辆排放检验不合格。

双怠速法检验排放污染物排放限值 表3-1

类别	怠速		高怠速	
	CO(%)	HC($\times 10^{-6}$)	CO(%)	HC($\times 10^{-6}$)
限值 a	0.6	80	0.3	50
限值 b	0.4	40	0.3	30

注:对以天然气为燃料点燃式发动机汽车,HC为推荐性要求。

排放检验的同时,应进行过量空气系数(λ)的测定。发动机在高怠速转速工况时,λ应在0.95~1.05之间,或者在制造厂规定的范围内。如果双怠速法过量空气系数超出要求的控制范围,也判定车辆排放检验结果不合格。

二、稳态工况法

稳态工况法又称ASM法,该方法是指将受检车辆放置在底盘测功机上,根据受检车辆参数和测试工况加载一定比例的载荷,检测人员驾驶受检车辆分别在25km/h、40km/h的车速(即满足ASM5025工况和ASM2540工况条件)下行驶,同时测量其尾气中CO、HC、NO_x3种污染物和CO_2的排放浓度(用于计算稀释系数)。

稳态工况法属于有负荷检测,目前我国在用汽油车检测中有着广泛应用。稳态工况法能够有效检测CO、NO_x和HC等排放污染物,具有测量设备成本较低、操作简单、相比双怠速法检测结果能够较好地反映车辆真实排放状况等优点。其主要缺点是检测工况单一、载荷固定,只有两个较低速度的稳态载荷,不能很好地反映车辆在加速、减速过程中车辆的实际排放状况。另外,稳态工况法的排放测量结果用体积浓度表示,无法得到质量排放量,在计算排放量上存在一定的局限性。

1. 试验设备

稳态工况法排放试验设备主要由底盘测功机、排放取样系统、排放分析仪、发

动机转速计、OBD诊断仪、冷却装置、气象站和自动控制系统组成。检测设备符合国家相关标准和计量检定规程的规定。

底盘测功机主要由滚筒、功率吸收单元、惯性模拟装置等组成,用来模拟车辆行驶的道路阻力。用于轻型汽车测试的底盘测功机,至少应能测试最大轴重为2750kg的车辆,最大测试车速不低于60km/h。用于重型汽车测试的底盘测功机,至少应能测试最大轴重为8000kg的车辆,最大测试车速不低于60km/h。

排放取样系统主要由取样管、取样探头、颗粒物过滤器和水分离器等组成;排放取样系统应可靠耐用,无泄漏并且易于维护;排放取样系统在设计上应保证能够承受在进行ASM工况测试,最长290s时间内被测试车辆排出的高温气体。直接接触排放物的取样管路应采用不存留排放物也不会改变被分析气体特性的材料制造,取样系统在设计上应确保5年之内不会被腐蚀。

排放分析系统应由至少能自动测量HC、CO、CO_2、NO、O_2 5种气体浓度的分析仪器组成。《汽油车污染物排放限值及测量方法(双怠速法及简易工况法)》(GB 18285—2018)推荐排放气体分析仪器采用下列工作原理:CO、HC和CO_2的测量采用NDIR法;NO的测量优先采用红外法(IR)、紫外法(UV)或化学发光法(CLD),采用电化学法的NO分析仪自《汽油车污染物排放限值及测量方法(双怠速法及简易工况法)》(GB 18285—2018)标准发布起12个月内停止使用。对O_2浓度的测量可以采用电化学法或其他方法。若采用其他等效方法测量上述气体浓度,应取得生态环境主管部门的认可。

测量设备系统配备湿度计、温度计、气压计和计时器。湿度计相对湿度测量范围为5%~95%,测量准确度为±3%。湿度计安置在能直接采集检测场内环境湿度的地方,按检测程序要求向控制计算机传输实时数据。温度计温度测量范围至少为255~333K(-18.15~59.85℃)。温度计安置在能直接采集检测场内环境温度的地方,按检测程序要求向控制计算机传输实时数据。气压计的大气压力测量范围满足当地大气压力变化需要,测量准确度应为±3%。对大气压力变化不大的地区,系统应能够允许人工输入检测地季节大气压力。计时器10~1000s测量准确度应为±0.1%。

2. 试验循环

《汽油车污染物排放限值及测量方法(双怠速法及简易工况法)》(GB 18285—2018)附录B对稳态工况法规定了两种测试工况,分别为ASM5025工况和ASM2540工况。ASM5025工况是指发动机负荷率为50%,车辆行驶速度为

25km/h的工况;与之类似,ASM2540 工况是指发动机负荷率为 25%,车辆行驶速度为 40km/h 的工况。ASM2540 工况与 ASM5025 工况的检测流程基本一致,两者的主要区别在于发动机负荷以及车辆行驶速度。在车辆进行试验的过程中,ASM5025 工况和 ASM2540 工况应进行连续检测,在完成 ASM5025 工况之后,检测人员在底盘测功机上将车速直接提升至 40km/h。稳态工况法(ASM)试验运转循环与试验运转循环表分别见图 3-2 与表 3-2。

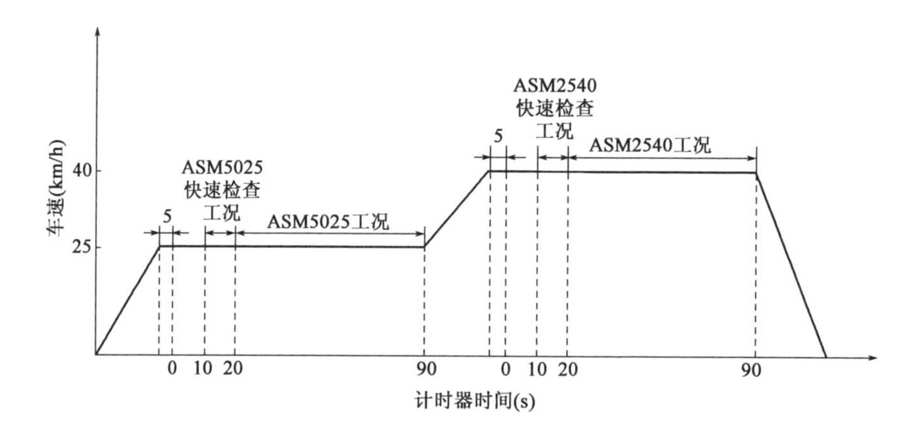

图 3-2 稳态工况法(ASM)试验运转循环

稳态工况法(ASM)试验运转循环表 表 3-2

工　况	运转顺序	速度(km/h)	操作持续时间(s)	测试时间(s)
ASM5025	1	0~25	—	—
	2	25	5	
	3	25	10	90
	4	25	10	
	5	25	70	
ASM2540	6	25~40	—	—
	7	40	5	
	8	40	10	90
	9	40	10	
	10	40	70	

3. 试验准备

1）车辆准备

进行测试前，车辆动力总成系统的热状态应符合汽车技术条件的规定，并保持稳定。测试前如果受检车辆的等候时间超过20min，或在测试前熄火时间超过5min，可以选择下列任何一种方法预热车辆：车辆在无负荷，发动机在2500r/min转速的状态下，连续运转240s；车辆在测功机上，按ASM5025工况连续运行60s。

自动变速器车辆应使用D挡进行测试，手动变速器车辆应使用二挡，如果二挡所能达到的最高车速低于45km/h，可使用三挡。在测试工况计时过程中，不允许对车辆进行制动。如果车辆被制动，工况起始计时应重新置零（$t=0s$）。

2）排放分析仪预热

排放分析仪应在通电后30min内达到稳定，在5min内未经调整，分析仪零点以及HC、CO、NO_x和CO_2的量，读数应稳定在误差范围内。在每次开始测试前2min内，排放分析仪器应自动完成零点校正、环境空气测定、对背景空气浓度取样和对HC残留量的检查。在每天开机开始检测前，应对排放分析仪取样系统进行泄漏检查，如未进行泄漏检查或者没有通过泄漏检查，系统应自动锁定，不能进行检测，直到通过检查为止。每24h应对排放分析仪进行一次低量程标准气体检查，若检查不能通过，则应使用高浓度标准气体进行标定，然后使用低浓度标准气体进行检查，直到满足要求为止。标准气体应符合国家标准中的有关规定，并具有国家市场监督管理总局批准的标准参考物质证书。

3）测功机预热

每天开机或停机后，或车速低于20km/h的时间超过30min；或停机后再次开机，测试前均应自动进行预热。此预热应由系统控制自动进行，如没有按规定进行测功机预热，系统应被锁定，不能进行排放检测。

4）载荷设定

每个工况测试前，应根据输入的车辆参数及测试工况，按照规定自动设定加载载荷，载荷准确度应符合标准的要求。在测试循环开始前应记录环境温度、相对湿度和环境大气压力。稳态工况测试中，在任何时刻，如果实测CO与CO_2浓度之和小于6%，或发动机在任何时间熄火，应终止测试（混合动力车辆测试除外），排放测量结果无效，系统同时应进行相关提示。

4. 试验程序

《汽油车污染物排放限值及测量方法（双怠速法及简易工况法）》（GB 18285—

2018）附录 B.4.3 条中规定了简易稳态工况法试验程序的内容，具体如下：车辆驱动轮置于测功机滚筒上，将排放分析仪取样探头插入排放管中，插入深度至少为400mm，并固定于排放管上，对独立工作的多排放管应同时取样。

1）ASM5025 工况

车辆经预热后，加速至 25km/h，测功机根据车辆基准质量自动加载，车辆驾驶检测员控制车辆保持在（25 ±2）km/h 等速运转，维持 5s 后，系统自动开始计时（t =0s）。如果测功机的速度或转矩，连续 2s 或累计 5s 超出速度或转矩允许波动范围（实际转矩波动范围不允许超过设定值的 ±5%），工况计时器置 0，重新开始计时。ASM5025 工况时间长度不应超过 90s（t =90s），ASM5025 整个测试工况最大时长不能超过 145s。

ASM5025 工况计时开始 10s 后（t =10s），进入快速检查工况，排放分析仪器开始采样，每 10s 测量一次，并根据稀释修正系数和湿度修正系数计算 10s 内的排放平均值，运行 10s（t =20s）后，ASM5025 快速检查工况结束，进行快速检查判定。如果被检车辆没有通过快速检查，则车辆继续运行至计时器 t =90s，ASM5025 工况结束，过程中车速应控制在（25 ±2）km/h。

在 0 ~90s 的测量过程中，如果任意连续 10s 内第 1 ~10s 的车速变化相对于第 1s 小于 1.0km/h，则测试结果有效。快速检查工况 10s 内的排放平均值经修正后如果等于或低于排放限值的 50%，则测试合格，排放检测结束，输出检测结果报告；否则，应继续进行完成整个 ASM5025 工况。如果所有检测污染物连续 10s 的平均值经修正后均不大于标准规定的限值，则该车应被判定为 ASM5025 工况合格，排放检验合格，打印检验合格报告；否则，应继续进行 ASM2540 工况检测。在检测过程中如果任意连续 10s 内的任何一种污染物 10s 排放平均值经修正后均高于限值的 50%，则测试不合格，输出检测结果报告，检测结束。

在上述任何情况下，检验报告单上输出的测试结果数据均为测试结果的最后 10s 内，经修正后的平均值。

2）ASM2540 工况

ASM5025 工况排放检验不合格的车辆，需要继续进行 ASM2540 工况排放检验。被检车辆在 ASM5025 工况结束后应立即加速运行至 40.0km/h，测功机根据车辆基准质量自动加载，车辆保持在（40 ±2）km/h 范围内等速运转，维持 5s 后开始计时（t =0s）。如果测功机的速度或转矩，连续 2s 或累计 5s 超出速度或转矩允许波动范围（实际转矩波动范围不允许超过设定值的 ±5%），工况计时器置 0，重新开始计时，ASM2540 工况时间长度不应超过 90s（t =90s），ASM2540 整个测试工

况最大时长不能超过145s。

ASM2540工况计时10s后($t=10s$),开始进入快速检查工况,计时器为$t=10s$,排放分析仪器开始测量,每10s测量一次,并根据稀释修正系数及湿度修正系数计算10s内的排放平均值,运行10s($t=20s$)后,ASM2540快速检查工况结束,进行快速检查判定。如果没有通过快速检查,则车辆继续运行至90s($t=90s$),ASM2540工况结束,过程中车速应控制在(40±2)km/h。

在0~90s的测量过程中,任意连续10s内第1~10s的车速变化相对于第1s小于1.0km/h,测试结果有效。快速检查工况10s内的排放平均值经修正后如果不大于限值的50%,则测试合格,排放检测结束,输出检测结果报告;否则,应继续进行。如果所有检测污染物连续10s的平均值经修正后均低于或等于标准规定的限值,则该车应判定为排放检验合格,排放检测结束,输出排放检验合格报告;当任何一种污染物连续10s的平均值经修正后超过限值,则车辆排放测试结果不合格,检验结束,输出不合格检验报告。

在上述任何情况下,检验报告单上输出的测试结果数据均为测试结果的最后10s内,经过修正的平均值。

5.排放限值

按照《汽油车污染物排放限值及测量方法(双怠速法及简易工况法)》(GB 18285—2018)规定,采用稳态工况法进行检测,其检测结果应小于表3-3规定的排放限值,同时应进行过量空气系数(λ)的测定。如果检测结果中任何一项污染物不满足限值要求,则判定车辆排放检验不合格。

稳态工况法排放污染物排放限值　　表3-3

类别	ASM5025			ASM2540		
	CO(%)	HC($\times10^{-6}$)	NO($\times10^{-6}$)	CO(%)	HC($\times10^{-6}$)	NO($\times10^{-6}$)
限值*a*	0.50	90	700	0.40	80	650
限值*b*	0.35	47	420	0.30	44	390

注:对于装用以天然气为燃料点燃式发动机汽车,HC为推荐性要求。

三、简易瞬态工况法

瞬态工况法根据使用检测设备的复杂程度可以分为瞬态工况法和简易瞬态工

况法。瞬态工况法与简易瞬态工况法的测试循环相同,两者的主要区别是采用的气体分析仪与取样系统原理不同,瞬态工况法采用的是定容取样(CVS),与新车工况法使用的取样系统相同,而简易瞬态工况法采用的是汽车排放总量分析系统。两者所测量的汽车排放污染物均以克/千米(g/km)为单位,可以测出车辆在规定的循环工况下的排放总质量,相较双怠速和稳态工况法具有较好的科学性和较高的识别率。由于瞬态工况法所使用检测设备复杂、设备费用高等原因,我国在用汽车检测领域应用较少。

简易瞬态工况法是指将受检车辆放置于底盘测功机上,模拟车辆在道路上实际行驶的车速和负荷,按照加速、减速、怠速、等速等工况运转,测量车辆在整个行驶过程中排放的CO、HC、NO_x 等污染物。根据测得的污染物浓度、排放流量等参数,计算车辆的各种污染物排放量。简易瞬态工况法的优点是试验循环包括加速、减速、怠速、等速等多种工况,试验工况比稳态工况更能体现车辆在城市行驶时的排放特征;可以测量污染物的排放质量,有利于进行污染物分担率和总量的测算,对国家和地区制定相关政策规划能够起到数据支撑的作用;检测准确率高,与新车检测结果呈较高的相关性,且误判率很低,通常在5%以内。其缺点是相较于双怠速法和稳态工况法,测量设备系统复杂、成本较高,而且简易瞬态工况法仅适用最大设计总质量不超过3500kg的轻型汽车。

1. 试验设备

简易瞬态工况污染物排放测试设备主要包括模拟加速惯量和等速负荷的底盘测功机、五气分析仪和气体流量分析仪组成的取样分析系统、流量测量系统、发动机转速计、OBD诊断仪、冷却装置、气象站和自动控制系统。检测设备应符合国家相关标准和计量检定规程的规定。简易瞬态工况法使用的基本测试设备与气体分析仪与稳态工况法相同,在稳态工况法的基础上增加了气体流量分析仪,用于稀释污染物排放流量的计量。采用简易瞬态工况法进行在用汽车排放污染物测试时,检测人员按工况曲线在底盘测功机上驾驶车辆,底盘测功机按试验工况确定道路负载。简易瞬态工况法测量系统构成如图3-3所示。

2. 试验循环

简易瞬态工况法试验循环包括怠速、加速、匀速和减速多种测试工况,其瞬态工况运转循环分别如表3-4、图3-4所示。

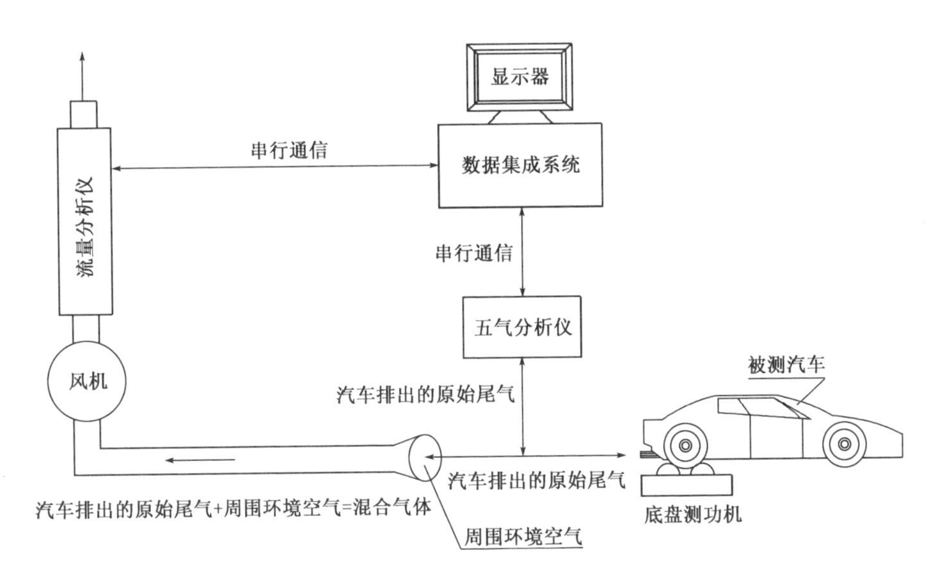

图 3-3　简易瞬态工况法测量系统构成

瞬态工况运转循环　　表 3-4

操作序号	操　作	工序	加速度(m/s^2)	速度(km/h)	每次时间		累计时间(s)	手动换挡时使用的挡位
					操作(s)	工况(s)		
1	怠速	1	—	—	11	11	11	6sPM + 5sK_1
2	加速	2	1.04	0 ~ 15	4	4	15	1
3	等速	3	—	15	8	8	23	1
4	减速	4	-0.69	15 ~ 10	2	5	25	1
5	减速,离合器脱开		-0.92	10 ~ 0	3		28	K_1
6	怠速	5	—	—	21	21	49	16sPM + 5sK_1
7	加速	6	0.83	0 ~ 15	5	12	54	1
8	换挡				2		56	—
9	加速		0.94	15 ~ 32	5		61	2
10	等速	7	—	32	24	24	85	2
11	减速	8	-0.75	32 ~ 10	8	11	93	2
12	减速,离合器脱开		-0.92	10 ~ 0	3		96	K_2
13	怠速	9	—	—	21	24	117	6sPM + 5sK_1

续上表

操作序号	操　　作	工序	加速度 (m/s^2)	速度 (km/h)	每次时间		累计时间 (s)	手动换挡时使用的挡位
					操作(s)	工况(s)		
14	加速	10	0.83	0～15	5	26	122	1
15	换挡				2		124	—
16	加速		0.62	15～32	9		133	2
17	换挡				2		135	—
18	加速		0.52	15～35	8		143	3
19	等速	11	—	50	12	12	155	3
20	减速	12	-0.52	50～35	8	8	163	3
21	等速	13	—	35	13	13	176	3
22	换挡	14			2	12	178	—
23	减速		0.86	5～10	7		185	2
24	减速，离合器脱开		-0.92	10～0	3		188	K_2
25	怠速	15	—	—	7	7	195	7sPM

注：PM-空挡；K_1-离合器脱开，变速器在一挡；K_2-离合器脱开，变速器在二挡。

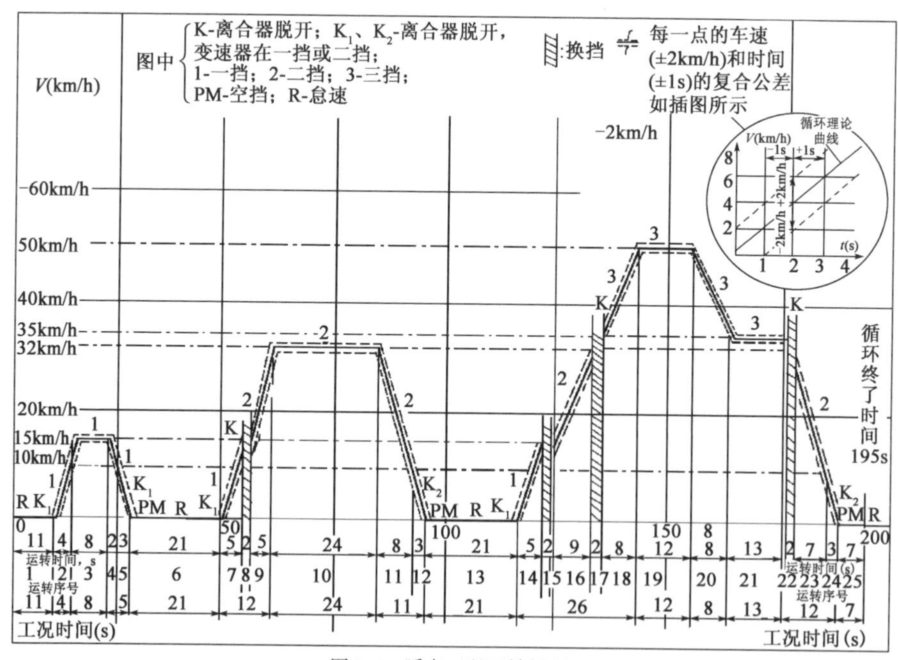

图 3-4　瞬态工况运转循环

3. 试验准备

1）车辆检查

试验前应检查待测车辆的技术状况是否正常，不符合要求的车辆不得进行测试。

2）测试设备准备与设置

分析仪应进行预热，在通电后30min后达到稳定，分析仪稳定后在5min内未经调整，零点和HC、CO、NO_x、CO_2的量其读数应稳定在仪器准确度要求的范围内。关机前，应对取样系统至少连续吹洗15min，如果使用反吹清洗，吹洗时间应不少于5min。

排放取样探头插入汽车排放管中至少400mm处，如不能保证此插入深度，应使用延长管。对独立工作的多排放管应同时取样。在每次开始测试前2min的时间内，应自动完成对分析仪的零点调整、测量环境参数，并进行HC残留量检查。用环境空气对HC、CO、CO_2、NO_x和O_2分析单元进行零点调整。环境空气经取样探头、软管、过滤器和水汽分离器过滤后，由采样泵送入分析仪，直接记录上述5种被测组分的浓度，不需要进行修正。分析仪应测定环境背景污染水平和HC残留量，只有当环境背景空气中的污染物浓度满足下列条件时，才可以进行后续的污染物排放测试：①$HC < 7 \times 10^{-6}$、$CO < 0.02\%$，$NO_x < 25 \times 10^{-6}$；②取样管路中HC残留浓度相比环境背景空气不超过7×10^{-6}。

测功机开机后应进行预热，如果测功机长时间停机，或者不满足预热温度要求时，应自动进行预热。测功机预热完毕后，使用底盘测功机设定的程序进行滑行测试，滑行测试合格后方可进行后续的简易瞬态工况污染物排放检测。简易瞬态工况测试前，系统应根据车辆基准质量等参数自动设定测功机载荷，或根据基准质量设定测试工况吸收功率值，吸收功率应采用表3-5的推荐值。

在50km/h时驱动轮的吸收功率　　表3-5

基准质量RM(kg)	测功机吸收功率P(kW)	基准质量RM(kg)	测功机吸收功率P(kW)
RM≤750	1.3	1700<RM≤1930	2.1
750<RM≤850	1.4	1930<RM≤2150	2.3
850<RM≤1020	1.5	2150<RM≤2380	2.4
1020<RM≤1250	1.7	2380<RM≤2610	2.6
1250<RM≤1470	1.8	2610≤RM	2.7
1470<RM≤1700	2.0		

注：对于车辆基准质量大于1700kg的乘用车，表中功率应乘以系数1.3。

4. 试验程序

按照制造厂使用说明书的规定,起动汽车发动机。使发动机保持怠速运转40s,在40s结束时开始排放测试循环,并同时开始排放取样。在测试期间,车辆驾驶检测员应该根据引导装置上显示的速度-时间曲线轨迹规定的速度和换挡时间驾驶车辆,试验期间严格禁止转动转向盘。

1)怠速工况运行

对于手动或手自一体变速器的车辆,在怠速期间,应将离合器接合,将变速器操纵杆置于空挡位置。为能够按循环正常加速,在循环的每个怠速后期,加速开始前5s,车辆驾驶检测员应松开离合器踏板,将变速器操纵杆置于一挡位置。

对于自动变速车辆。在测试开始时,将变速器操纵杆置于D挡后,在整个测试期间都不得再次操作挡位选择器。但如果在加速工况运行时,不能在规定时间内完成加速过程,可以操作挡位选择器,必要时可以使用超速挡。

2)加速工况运行

在整个加速工况期间,应尽可能使车辆加速度保持恒定。若在规定时间内未能完成加速过程,超出的时间应从工况改变的复合公差允许的时间中扣除,否则,应从下一个等速工况时间内扣除。对于手动变速器的车辆,如果不能在规定时间内完成加速过程,应按手动变速器的要求,操作挡位选择器进行换挡。

3)减速工况运行

在所有减速工况时间内,应将加速踏板完全松开,使离合器保持接合状态,当车速降至10km/h左右时,松开离合器踏板,但不得进行换挡操作。如果减速时间比相应工况规定的时间长,允许使用车辆制动器,以便使循环按照规定的时间进行。如果减速时间比相应工况规定的时间短,则应在下一个等速,或怠速工况时间中恢复至理论循环规定的时间。

4)等速工况运行

从加速过渡到下一等速工况时,应避免猛踩加速踏板或关闭节气门操作。应采用保持加速踏板位置不变的方法实现等速驾驶。

5)测量结束

循环终了时(车辆停止在转鼓上),应将变速器操纵杆置于空挡,使离合器处于接合状态,排放分析系统停止取样。根据车辆驾驶检测员引导装置的提示,将受检车辆开出底盘测功机,或者继续进行后续的测试。

5. 排放限值

按照《汽油车污染物排放限值及测量方法(双怠速法及简易工况法)》(GB 18285—2018)规定,采用简易瞬态工况法进行检测,其检测结果应小于表3-6规定的排放限值,同时应进行过量空气系数(λ)的测定。如果检测结果中任何一项污染物不满足限值要求,判定车辆排放检验不合格。

简易瞬态工况法污染物排放限值　　表3-6

类　别	CO(g/km)	HC(g/km)	NO_x(g/km)
限值 a	8.0	1.6	1.3
限值 b	5.0	1.0	0.7

注:对于装用以天然气为燃料点燃式发动机汽车,HC含量为推荐性要求。

第三节　柴油车定期排放检验测量方法和限值要求

一、自由加速法

自由加速法是指在自由加速工况时检测尾气排放的试验方法。自由加速工况即离合器处于接合位置、变速器处于空挡位置,在柴油机处于怠速工况时,迅速但不猛烈、连续地将加速踏板完全踩到底,使供油系统在最短时间内供给最大油量。在柴油机达到调速器允许的最大转速前,保持此位置,一旦达到最大转速,立即松开加速踏板,使发动机恢复至怠速。

世界各国普遍采用自由加速法检测在用柴油车的尾气排放,并且采用的试验工况相同,但使用的检测仪器的工作原理则差异较大:美国使用的是全流不透光式烟度计,烟度的限值单位是不透光度的百分比(%);日本使用的是滤纸式烟度计,烟度的限值单位是染黑度(%);欧洲使用的是分流不透光式烟度计,烟度的限值单位是光吸收系数 $K(m^{-1})$;我国最初使用滤纸式烟度计,烟度的限值是波许单位染黑度(Rb),2005年改用分流不透光式烟度计,烟度的限值单位是光吸收系数$K(m^{-1})$。由于使用的检测仪器不同,各国标准中的限值基本上无可比性。

自由加速法属于柴油车无负载检测方法,具有检测操作简便易行、仪器便于携

带等优点，广泛应用于我国的柴油车年检和监督性抽检。同时，自由加速法也存在一些局限性，其中最为突出的是检测时车辆无负载，检测结果往往无法真实表现车辆行驶时的实际排放状况。此外，检测过程中检测人员对于操作流程把握的偏差，对车辆排放也有较大影响，使检测结果的不确定性较大、重复性较差，也给检测人员留下作弊的机会，很多高污染物排放柴油车采用自由加速法检测仍然可以达到污染物排放标准要求的排放限值。为有效解决此类情形，更加严格控制柴油车污染物排放，自 2019 年 5 月 1 日起，我国实施新版在用汽车标准《柴油车污染物排放限值及测量方法（自由加速法及加载减速法）》（GB 3847—2018）。该标准要求在全国范围内进行的汽车环保定期检验采用加载减速法检测，仅对于无法按照加载减速法测试的车辆，才采用自由加速法检测。

我国现行国家标准《柴油车污染物排放限值及测量方法（自由加速法及加载减速法）》（GB 3847—2018）的附录 A 中规定了自由加速法试验条件、车辆准备要求、试验方法和检测软件等技术要求。下面主要对自由加速法的试验条件、车辆准备要求、试验方法的操作流程和技术要求进行介绍。

1. 试验条件

试验应针对整车进行，在进行试验前受检车辆的发动机不应停机，或长时间怠速运转。试验所使用的不透光烟度计及其安装应符合标准规定。试验采用的车用燃油应符合国家标准，可以直接使用车辆油箱中的燃油进行测试。

2. 车辆准备要求

车辆在不进行预处理的情况下也可以进行自由加速烟度试验。但出于安全考虑，试验前应确保发动机处于热状态，并且机械状态良好。发动机应充分预热，例如：在发动机机油标尺孔位置测得的机油温度至少为 80℃。当由于车辆结构限制无法进行发动机机油温度测量时，可以通过其他方法判断发动机温度是否处于正常运转温度范围内。在正式进行污染物排放测量前，应采用三次自由加速过程或其他等效方法吹拂排放系统，以清扫发动机排放系统中的残留污染物。

3. 试验方法

通过目测进行车辆排放系统相关部件泄漏检查。在每个自由加速循环的开始点，发动机（包括废气涡轮增压发动机）均应处于怠速状态，对重型汽车用发动机，将加速踏板放开后至少等待 10s。在进行自由加速测量时，必须在 1s 内将加速踏

板连续完全踩到底,使供油系统在最短时间内达到最大供油量。对每个自由加速测量,在松开加速踏板前,发动机转速应达到断油转速。对安装自动变速器的车辆,应达到发动机额定转速(如果无法达到,不应小于额定转速的2/3)。在测量过程中应监测发动机转速检查是否符合试验要求(特殊无法测得发动机转速的车辆除外),并将发动机转速数据实时记录并上报。检测结果取最后三次自由加速烟度测量结果的算术平均值。

4. 排放限值

表3-7所列为自由加速法检测污染物的排放限值。

自由加速法检测污染物排放限值　　表3-7

类　　别	光吸收系数 $K(m^{-1})$ 或不透光度(%)
限值 a	1.2(40)
限值 b	0.7(26)

二、加载减速法

加载减速法又称Lug Down法,该方法是根据柴油车行驶与排放特性设计的一种排放检测方法。加载减速法试验是指将受检车辆放置在底盘测功机上,通过底盘测功机加载模拟车辆在道路上的高负荷运行工况,按照标准规定的试验程序测量车辆的最大轮边功率和相对应的发动机转速以及转鼓线速度(VelMaxHP),并检测VelMaxHP和80% VelMaxHP工况点的排放光吸收系数和 ND_x 排放值。将不同工况点的测量结果与排放限值进行比较,如果经修正的轮边功率低于制造厂规定的发动机额定功率的40%,或者测得的排放光吸收系数 K 或 NO_x 超过了标准规定的限值,则判定车辆检验结果为不合格。

加载减速法具有方法科学严谨、测量工况典型、测量结果能较好表现车辆实际排放水平等优点,有效克服了自由加速法的弊端。但由于加载减速法的测量工况,特别是功率扫描阶段要求车辆处于满负荷的极端运行状态,测量过程中也对检测车辆的整车性能,尤其是机械和安全性能带来很大考验。

2000年6月,香港环保署颁布了柴油车加载减速烟度排放法规,在法规CAP. 374的77F(1)(a)部分规定了加载减速法的排放限值与测量要求。以该法规作为参考,我国于2005年6月发布了《车用压燃式发动机和压燃式发动机汽车排放烟度排放限值及测量方法》(GB 3847—2005),将加载减速法作为选择性在用汽车排放污染物检测方法,供具备条件的地区参考使用。2019 年 5 月 1 日起,我国实施国家标准《柴油车污染物排放限值及测量方法(自由加速法及加载减速法)》(GB 3847—2018),要求在全国范围内进行的汽车环保定期检验采用加载减速法,仅对于无法按照加载减速法测试的车辆,才采用自由加速法。

我国现行国家标准《柴油车污染物排放限值及测量方法(自由加速法及加载减速法)》(GB 3847—2018)附录 B 中规定了加载减速法检测流程、测试设备、检测软件、设备检查等技术要求。下面主要对加载减速法试验方法中车辆准备要求、试验程序、排放试验和卸载程序的操作流程和技术要求进行介绍。

1. 车辆准备要求

1)对车辆及发动机的要求

试验前应该对车辆的技术状况进行检查,以确定受检车辆是否能够进行后续的排放检测。受检车辆放在底盘测功机上,按照规定的加载减速检测程序,检测最大轮边功率和相对应的发动机转速和 VelMaxHP,并检测 VelMaxHP 点和 80% VelMaxHP 点的排放光吸收系数 K 及 80% VelMaxHP 点的 NO_x 排放。排放光吸收系数应采用分流式不透光烟度计检测。

加载减速过程中经修正的轮边功率测量结果不得低于制造厂规定的发动机额定功率的 40%,否则,判定为检验结果不合格。

2)试验用燃油

被测试车辆应采用符合国家标准的市售车用柴油,实际测试时,不应更换油箱中的燃油。

3)车辆预检要求

进行检查时,如果发现受检车辆的车况太差,不适合进行加载减速法检测,应在对车辆维修后才能进行检测。对紧密型多驱动轴车辆或全时四轮驱动车辆等不能按加载减速法进行试验的车辆,可按自由加速法进行检测,其他装用压燃式发动机的在用汽车应按本标准进行排放检测。检测过程中如果发动机出现故障使检测工作中止,必须待排除故障后重新进行排放检测。

2. 试验程序

排放检测程序由三部分组成:第一部分是对车辆进行预先检查,检查受检车辆身份与车辆行驶证是否一致,以及进行排放检测的安全性检查;第二部分是检查检测系统和车辆状况是否适合污染物排放检测;第三部分则是进行排放检测,由主控计算机系统控制自动进行排放检测,以保证检测过程的一致性和检测结果的可靠性。

每条检测线至少应设置3个岗位，一是计算机操作岗位，二是受检车辆驾驶检测员岗位，三是辅助检查岗位，各岗位人员均应随时注意受检车辆在检测过程中是否出现异常情况。

1）预先检查

受检车辆完成检测登记后，驾驶检测员应将车辆驾驶到底盘测功机前等待检测，并进行车辆的预先检查。预先检查的目的是核实受检车辆和车辆行驶证是否相符，并评价车辆的状况是否能够进行加载减速检测。

在将车辆驾驶上底盘测功机前，驾驶检测员还应对受检车辆进行以下调整：

（1）中断车上所有主动型制动功能和转矩控制功能（自动缓速器除外）。对无法中断车上主动型制动功能和转矩控制功能的车辆，可采用自由加速法进行排放检测。

（2）关闭车上所有以发动机为动力的附加设备，如空调系统，并切断其动力传递机构（如果适用）。

（3）除车辆驾驶检测员外，受检车辆不能载客，也不能装载货物，不得有附加的动力装置。必要时，可以用测试驱动桥质量的方法来判断底盘测功机是否能够承受待检车辆驱动桥的质量。

（4）在检测准备工作中，应特别注意以下事项：

①对非全时四轮驱动车辆应根据车辆的驱动类型选择驱动方式；

②对紧密型多驱动轴的车辆，或全时四轮驱动车辆等，不能进行加载减速检测，应进行自由加速排放检测。

（5）预检不合格或者存在故障的车辆，经维修合格后才能进行检测。

2）检测系统检查

（1）检测系统检查的目的是判断底盘测功机是否能够满足受检车辆的功率要求，同时检查检测系统的工作状态是否正常。

（2）受检车辆通过预先检查规定的预检程序后，应按以下步骤将受检车辆驾驶到底盘测功机上。

①举起测功机升降板，并检查是否已将转鼓牢固锁好；

②小心地将车辆驾驶到底盘测功机上，并将驱动轮置于转鼓中央位置；

③放下测功机升降板，松开转鼓制动器，待完全放下升降板后，缓慢驾驶使受检车辆的车轮与试验转鼓完全吻合；

④轻踩制动踏板使车轮停止转动，发动机熄火；

⑤按照测功机设备制造商的建议将受检车辆的非驱动轮楔住，固定车辆安全限位装置；对前轮驱动的车辆，应有防侧滑措施；

⑥应为受检车辆配备辅助冷却风扇，掀开受检车辆的发动机舱盖，保证冷却空气流通顺畅，以防止发动机过热。

3）试验准备

安装好发动机转速传感器，测量发动机曲轴转速。选择合适的挡位，使加速踏板在最大位置时，受检车辆的最高车速最接近 70km/h。由主控计算机判断测功机是否能够吸收受检车辆的最大功率，如果车辆的最大功率超过了测功机的功率吸收范围，不能在该测功机上进行加载减速检测。

3. 排放试验

1）试验要求

如果受检车辆顺利通过了上述的测量系统检查，则可以继续进行加载减速排放烟度检测。检测前的最后检查和准备包括：

（1）在开始排放烟度检测以前，检测员应检查实验通信系统工作是否正常。

（2）在车辆散热器前方 1m 左右处放置强制冷却风机，以保证车辆在检测过程中发动机冷却系统能有效地工作。

（3）除检测员外，在检测过程中，其他人员不得在测试现场逗留。车辆安置到位将测功机举升机放下后应对车辆进行低速运行检测，确保车辆运行处于稳定状态。

（4）发动机应充分预热。例如，在发动机机油标尺孔位置测得的机油温度应至少为 80℃。因车辆结构无法进行温度测量时，可以通过其他方法使发动机处于正常运转温度。若传动系统处于冷车状态，应在测功机无加载状态下低中速运行车辆，使车辆的传动部件达到正常工作温度。

（5）发动机熄火，将变速器操纵杆置于空挡，将不透光烟度计的采样探头置于大气中，检查不透光烟度计的零刻度和满刻度。检查完毕后，将采样探头插入受检车辆的排放管中，注意连接好不透光烟度计，采样探头的插入深度不得低于 400mm。不应使用尺寸太大的采样探头，以免对受检车辆的排放背压影响过大，影响输出功率。在检测过程中，应将采样气体的温度和压力控制在规定的范围内，必要时可对采样管进行适当冷却，但要注意不能使测量室内出现冷凝现象。

2）试验步骤

（1）正式检测开始前，检测员应按以下步骤操作，以使控制系统能够获得自动

检测所需的初始数据：

①起动发动机，将变速器操纵杆置于空挡，逐渐加大加速踏板踩踏为度直到达到最大，并保持在最大开度状态，记录这时发动机的最大转速，然后松开加速踏板，使发动机回到怠速状态。

②使用变速器前进挡驱动被检车辆，选择合适的挡位，将加速踏板踩到底，测功机指示的车速最接近 70km/h，但不能超过 100km/h。对装有自动变速器的车辆，应注意不要在超速挡下进行测量。

(2)计算机对按上述步骤获得的数据自动进行分析，判断是否可以继续进行后续的检测，被判定为不适合检测的车辆不允许进行加载减速法检测排放烟度。

(3)在确认车辆可以进行排放烟度检测后，将底盘测功机切换到自动检测状态。

①加载减速法测试的过程必须完全自动化。在整个检测循环中，均由计算机控制系统自动完成对测功机加载减速过程的控制。

②自动控制系统采集两组检测状态下的检测数据，以判定受检车辆的排放光吸收系数 K 和 NO_x 含量是否达标，两组数据分别在 VelMaxHP 点和 80% VelMaxHP 点获得。

③上述两组检测数据包括轮边功率、发动机转速、排放光吸收系数 K 和 NO_x 含量，必须将不同工况点的测量结果都与排放限值进行比较。若测得的排放光吸收系数 K 或 NO_x 含量超过了标准规定的限值，均判断该车的烟度排放不合格。

(4)检测开始后，检测员应始终将发动机节气门保持在最大开度状态，直到检测系统通知松开加速踏板为止。在试验过程中检测员应实时监控发动机冷却液温度和机油压力。一旦冷却液温度超出了规定的温度范围，或者机油压力偏低，都必须立即暂时停止检测。冷却液温度过高时，检测员应松开加速踏板，将变速器操纵杆置于空挡，使车辆停止运转。然后使发动机在怠速工况下运转，直到冷却液温度重新恢复到正常范围为止。

(5)检测过程中，检测员应时刻注意受检车辆或检测系统的工作情况。

(6)检测结束后，打印检测报告并存档。

4. 卸载程序

将受检车辆驾离底盘测功机以前，检测员应检查相关检测工作是否已经全部完成，是否完成相关检测数据的记录和保存，并按照下列步骤将受检车辆驾离底盘测功机：

(1)从受检车辆上拆下所有测试和保护装置。

(2)将发动机舱盖复位。

(3)举起测功机升降板,锁住底盘测功机转鼓。

(4)去掉车轮挡块,确认受检车辆及其行驶路线周围没有障碍物或无关人员。

(5)车辆驾驶检测员在得到明确的驶离指令后,方可将受检车辆驶离底盘测功机,并停放到指定地点。

5. 排放限值

表 3-8 所列为加载减速法检测污染物的排放限值。

加载减速法检测污染物排放限值　　表 3-8

类　别	光吸收系数 $K(m^{-1})$ 或不透光度(%)	NO_x ($\times 10^{-6}$)
限值 a	1.2(40)	1500
限值 b	0.7(26)	900

注:1. 海拔高度高于 1500m 的地区,加载减速法光吸收系数可以按照每增加 1000m 增加 $0.25m^{-1}$ 幅度调整,总调整不得超过 $0.75m^{-1}$。

2. 2020 年 7 月 1 日前,限值 b 的 NO_x 含量过渡限值为 1200×10^{-6}。

三、林格曼烟度法

林格曼烟度法即是用林格曼烟度图测量机动车排放烟度,将机动车排放污染物颜色与林格曼浓度标准图对比得到的一种烟尘浓度表示方式。其主要方法是:将标准的林格曼烟气黑度图放在合适的位置上,将柴油车排放的烟度与图上的黑度相比较,确定柴油车排放烟气的黑度。林格曼烟气黑度最初用于工业烟囱的烟气黑度测量,后被引入柴油车尾气测量中。与其他机动车尾气指标相比,林格曼烟气黑度具有直观性和快捷性,还能便捷地用于机动车监管尾气的测量。如图 3-5 所示,标准的林格曼烟气黑度图是由 14cm×21cm 的不同黑度的图片组成,每个小格长10mm,宽 10mm,每张图片上的网格由 294 个小格组成。除全白与全黑分别代表林格曼烟气黑度 0 级和 5 级外,其余 4 个级别是根据黑色条格占整块面积的百分数来确定的,黑色条格的面积占 20% 为 1 级,占 40% 为 2 级,占 60% 为 3 级,占 80% 为 4 级。按照《柴油车污染物排放限值及测量方法(自由加速法及加载减速法)》(GB 3847—2018)规定,车辆尾气排放有明显可见烟度或烟度值超过林格曼 1 级,则判定排放检验不合格。

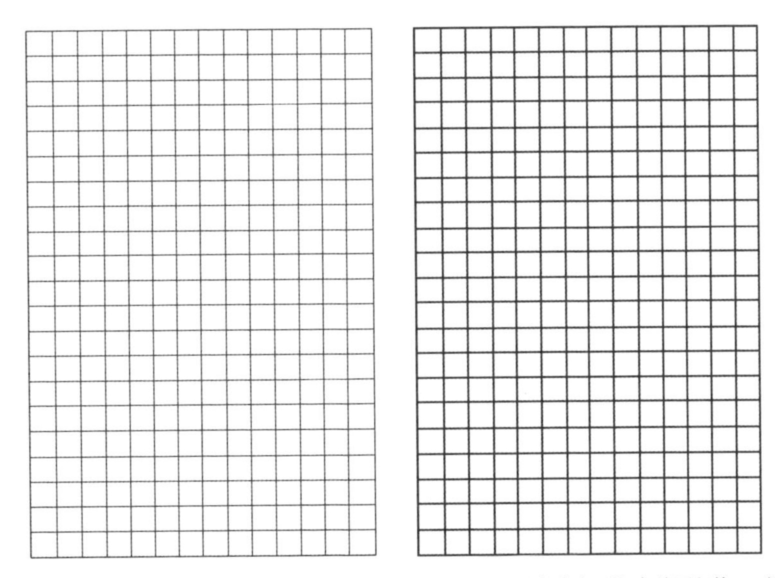

a)林格曼1级(黑色线条面积占总面积的20%) b)林格曼2级(黑色线条面积占总面积的40%)

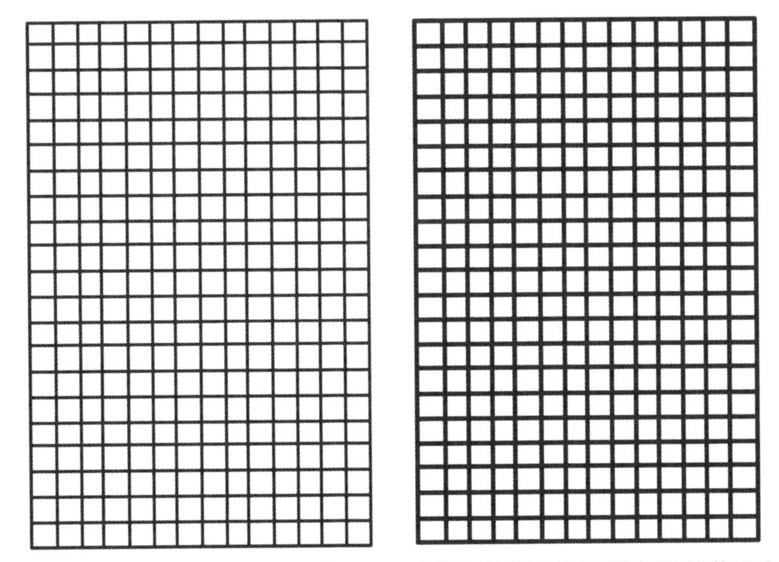

c)林格曼3级(黑色线条面积占总面积的60%) d)林格曼4级(黑色线条面积占总面积的80%)

图 3-5 林格曼烟气黑度图

1. 观察位置和条件

(1)应在白天进行观测,观测人员与柴油车排放口的距离应足以保证对排放情况清晰地观察。林格曼烟气黑度图安置在固定支架上,图片面向观测人员,尽可能使图片位于观测人员至发动机排放口端部的连线上,并使图片与排放烟气有相似的天空背景。图片距观测人员应有足够的距离,以使图片上的线条看起来融合在一起,从而使每个方块有均匀的黑度。

(2)观测人员的视线应尽量与排放烟气飘动的方向垂直。观察排放烟气的仰视角不应太大,一般情况下不宜大于45°,尽量避免在过于陡峭的角度下观察。

(3)观察排放烟气黑度力求在比较均匀的光照下进行。如果在太阳光照射下观察,应尽量使照射光线与视线成直角,光线不应来自观测人员的前方或后方。雨雪天、雾天及风速大于4.5m/s时不应进行观察。

(4)应使用符合规范要求的林格曼烟气黑度图,并注意保持图面的整洁。在使用过程中,林格曼烟气黑度图如果被污损或褪色,应及时换用新的图片。

(5)观测前先平整地将林格曼烟气黑度图固定在支架或平板上,支架的材料要求坚固轻便,支架或平板的颜色应柔和自然,不应对观察造成干扰。使用时图面上不要加任何覆盖层,以免影响图面的清晰度。

(6)凭视觉所鉴定的排放黑度是反射光的作用。在现场观测时,应充分注意天空的均匀性和亮度、风速、排放管的大小结构(出口断面的直径和形状)及观测时照射光线和角度等因素。

2. 观察方法

(1)观察排放烟气的部位应选择在排放烟气黑度最大的地方。观察时,观测人员连续观测排放黑度,将排放的烟气黑度与林格曼烟气黑度图进行比较,记下排放烟气的林格曼级数最大值作为林格曼烟度值。如排放烟气黑度处于两个林格曼级之间,可估计一个0.5或0.25林格曼级数。

(2)观察排放烟气黑度宜在比较均匀的天空照明下进行。如在阴天的情况下观察,由于天空背景较暗,在读数时应根据经验取稍偏低的级数(减去0.25级或0.5级)。

(3)在观测过程中,要认真做好观测记录,按要求填写记录表,计算观测结果。

第四节　车载诊断系统(OBD)

随着汽车工业的发展,汽车上应用了各项控制技术对污染物排放进行限制,其中电子控制技术的应用是必不可缺的。而电子控制技术的特点对于诊断来说,可以对系统传感器参数进行"自诊断",对异常的传感器信号进行报警,这就是车载诊断系统的发展起源。

一、OBD 概述

车载诊断是车辆基于自身搭载的机械或电子传感器对某一系统(或零部件)的工作状态或工作性能进行直接或间接测量后,根据预先设定的判定逻辑确定该系统是否处于正常状态,并按照一定的规则存储并向驾驶员或维修人员提示已检测到故障的一种能力。常用英文缩写 OBD 表示的车载诊断系统,是车辆上为了实现车载诊断功能而设计制造的一整套硬件和软件系统的统称。

即便是对于一辆紧凑级车,当今车辆上所配备的 OBD 的诊断能力已足以覆盖全部的机电系统,包括发动机、变速器和车身电气系统,这个层面上所讨论的车载诊断功能可称为广义的 OBD。而本书所讨论的 OBD,是狭义的 OBD,特指与尾气排放诊断相关的 OBD。尾气排放相关 OBD 是广义 OBD 中的一个特殊分支,它是出于环境保护的目的而被法律和排放法规所强制要求的系统和功能。尽管尾气排放相关 OBD 的损坏或者功能不完整并不会直接导致车辆排放的增加,但鉴于存在缺陷的排放相关 OBD 无法识别导致发动机排放增加的故障并及时告知驾驶员进行有效维修,因此,主观故意制造、销售存在缺陷的排放相关 OBD 也是严重的违法行为,面临严重的法律制裁。

早期的排放相关 OBD,如 1969 年和 1975 年分别应用于大众 Type 3 和日产达特桑 280Z 的装置,主要是针对燃油喷射系统设计的,仅具备故障指示的能力。进入 20 世纪 80 年代,随着机动车排放污染问题的凸显和发动机电控系统的逐步推广,现代 OBD 的雏形初现。通过不同的故障指示灯(MIL)闪烁频率,OBD 已经具备输出故障代码(DTC)的能力,但此时的 OBD 尚未被用于污染物排放控制和环保目的,仅作为新车生产线质量检查的现代化手段。直到 1988 年,环境和经济发展矛盾最突出的加州制定了一项地方法案,要求在加州销售的新车需配备基础功能的 OBD,但并未要求车辆制造商采用标准化的数据接口和通信协议,这些问题直到1996年具有里程碑意义的OBD-Ⅱ成为在全美销售新车的强制性要求才被解决，并在此后逐步发展完善。

鉴于OBD能够有效预防因车辆“带病上路”而产生的额外排放，因此，在全球范围内得到了普及。欧盟分别于2001年和2004年要求在成员国销售的汽油和柴油新车必须安装OBD系统。我国的轻型汽车和重型汽车新车OBD强制性要求分别起源于2008年和2014年开始实施的轻型汽车国三和重型汽车国四排放标准。虽然起步较晚，但在近几年大气环境治理大力投入的推动下，我国目前执行的国六排放标准中的OBD要求已经实现与欧美标准同步。

经过多年的发展，当前全球范围内已经形成了以美国环境保护署（EPA）和加州执行的OBD-Ⅱ和欧盟国家执行的EOBD两大技术体系。从诊断项目、诊断频率和诊断要求等方面来看，OBD-Ⅱ较EOBD（电子车载诊断系统）更为严格。在国五排放标准以前，我国的排放标准执行的是与欧盟一致的EOBD体系，但在国六排放标准的修订过程中，吸纳了大量OBD-Ⅱ体系的先进经验，从而大幅强化了对机动车在用环节排放的控制力度。

无论是OBD-Ⅱ还是EOBD，在历经多年发展后，都已形成严密的技术和监管法规体系，并具备以下共性特征：

（1）OBD已成为新车型式核准、生产一致性和在用复合性检查中的关键环节；

（2）具有明确的诊断要求，包括对象范围、监测频率、激活/消除故障标准；

（3）故障指示灯（MIL）、数据接口等OBD核心部件均有严格标准约束；

（4）故障代码（DTC）为标准化定义，并可通过规范化的通信协议向外部诊断设备传输。

近年来，为了进一步强化对车辆实际行驶过程中排放的控制，出现了一种在OBD-Ⅱ系统的基础上增加了对外发送数据功能的OBD，即带有远程监控功能的OBD系统，有时也被通俗地称为“OBD-Ⅲ”。这一远程监控理念起源于美国，已被我国的重型汽车国六排放标准所要求，即将在全国范围内实施。

我国自国三阶段起将OBD纳入排放法规，从国四阶段开始，标准要求重型汽车加装OBD，其目的是监控排放关键零部件是否正常运行或出现故障，保证车辆在整个使用寿命期内满足排放法规要求，督促发动机及汽车生产企业采取有力措施确保采用的排放控制装置正常工作。当重型汽车排放严重超标时，OBD不但能提醒车主，还能降低发动机转矩输出，限制车辆行驶，强制车主维修。

在重型汽车国四、国五排放标准中，OBD的监管是基于发动机型式检验试验的，缺乏针对重型整车OBD监管的手段，这就造成了我国重型汽车OBD装置

设置不合格的情况比较多，而且一些维修单位还提供解除 OBD 监控的服务，重型汽车的 OBD 监控失效的情况比较严重。因此，为了更好地使用车辆诊断系统监控在用柴油车在有效寿命期内的排放水平，在重型汽车国六排放标准中对 OBD 及 NO_x 控制系统提出了更高的控制要求，并增加了远程排放管理车载终端的要求。

重型汽车国六排放标准中还对 OBD 提出了永久故障代码要求。一些较为严重的故障，比如超过 OBD 限值或可能超过限值但长时间未得到修复的故障，作为“永久故障码”存储，而且不能通过外部诊断工具清除。永久故障代码对于在用机动车的排放监管具有重要作用，通过检查，若发现车辆存在永久故障代码，便可督促车主及时地维修排放方面的故障，确保车辆在实际使用中排放达标。

为了更充分地发挥 OBD 的作用，重型汽车国六排放标准首次要求车辆必须装有远程排放管理车载终端（OBD 远程终端），方便对运行在道路上的车辆排放状况进行实时监测。OBD 远程终端具备发送监测信息的功能，监管部门可以随时通过远程终端读取车辆 OBD 的实时信息，包括车速、发动机参数、后处理系统的状态以及 OBD 故障码等，及时掌握车辆的实际排放状况，各项排放控制措施及 OBD 是否有效发挥作用以及排放相关故障是否及时维修等，大大提升了在用汽车监管的效率，有助于减少车辆的实际道路污染物排放。

随着传感器技术、微处理机技术、数据通信技术在汽车上的大量运用，OBD 加速向着信息化和网络化的方向发展（OBD-Ⅲ）。未来，OBD 将在满足现有要求的基础上将功能扩展到全车的电控系统，利用小型车载通信设备与环境主管部门连接。主管部门可以随时通过远程终端读取车辆 OBD 信息，包括车速、发动机参数、后处理系统的状态以及故障码等，及时判断车辆的实际排放状况和维修情况，第一时间对出现问题的车辆发出通知，甚至还可以向车主提供相关维修站信息以及此车型相关故障的维修方法，要求车主在限期内对汽车进行维修，或在必要时对违法者作出处罚。OBD-Ⅲ的应用将大大提升新车及在用汽车监管的效率，有助于在减少车辆实际道路污染物排放的同时减少定期 I/M 检测所花费的费用和时间，使车辆的排放检测、设备维护和统筹管理融为一体。

二、OBD 的组成及原理

（一）OBD 的组成

OBD 由软件和硬件组成。OBD 软件的核心是故障诊断策略，其中主要包括了进行诊断(监测)的触发机制、故障判定逻辑、确认故障后的控制策略调整(除报警外,还可能涉及进入跛行模式以减少排放等)以及故障清除准则等内容。除诊断策略外,软件中的另一块重要内容是 OBD 的通信。OBD 软件内置于发动机 ECU 中而非独立存在。

OBD 硬件主要由 ECU、传感器、执行器、MIL、OBD 连接器插口、线路等与发动机排放控制相关的子系统组成。图 3-6 给出了一个典型 OBD 硬件构成的示意图。

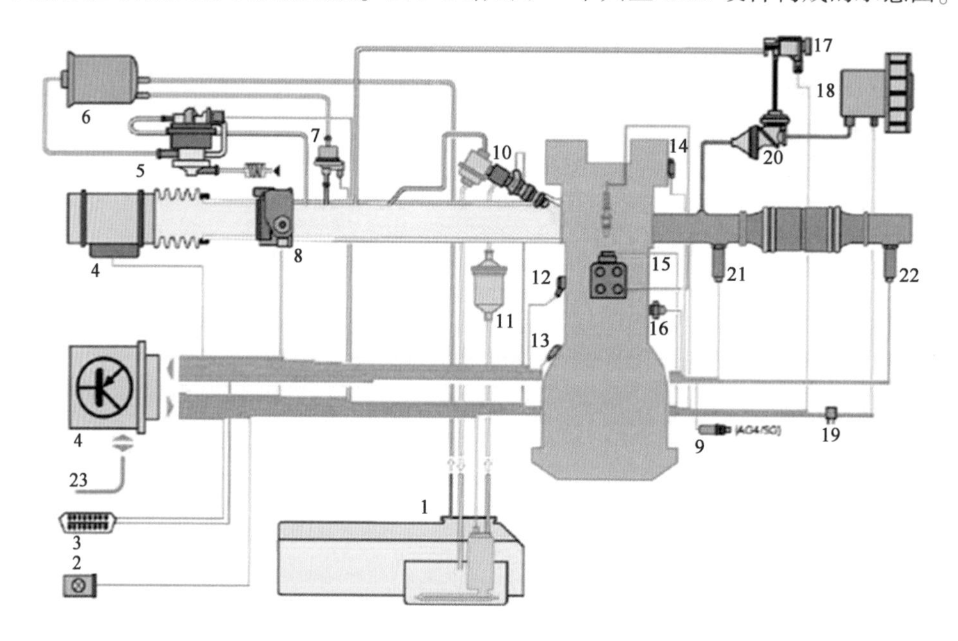

图 3-6　OBD-Ⅱ硬件构成

1-发动机控制单元;2-MIL;3-诊断接口;4-空气流量传感器;5-燃油系统诊断泵;6-活性炭罐;7-活性炭罐电磁阀;8-节流阀体;9-车速传感器;10-喷油器 1 ~4 缸;11-燃油滤清器;12-爆震传感器;13-发动机转速传感器;14-相位传感器;15-点火模块;16-冷却液温度传感器;17-二次空气电磁阀;18-二次空气泵;19-二次空气泵继电器;20-二次空气组合阀;21-前氧传感器;22-后氧传感器;23-CAN总线

需要说明的是,OBD 中的绝大多数硬件并非为了实现 OBD 功能而专门设置的。出于成本和可靠性的考虑,车辆制造商更倾向于采用车辆已有的硬件来实现诊断功能,譬如发动机的失火监测就是借助曲轴或凸轮轴传感器提供的转速信号来实现的。但是,当现有硬件不足以支持 OBD 的诊断需求时,制造商也会新增传感器以满足排放法规不断提升的诊断要求,用于监测三元催化转换器和颗粒捕集器性能的后氧传感器和压差传感器就是非常典型的例子。

（二）OBD 的原理

当车辆处于正常工作状态下时，电控系统中各传感器的输出信号通常呈现规律性或周期性变化。而当一个系统或零部件故障出现时，这种规律性或周期性将会被打破，这一特征构成了 OBD 诊断的基本逻辑。仍以失火监测为例，当发动机不存在失火时，曲轴或凸轮轴传感器所检测到的稳态转速信号是与转速成正比的周期性高低电平方波，而一旦出现失火，这种周期性将被破坏。另外一些监测中，虽然周期性不一定被破坏，但是传感器的输出可能会与正常值存在显著差异，如对三元催化转换器储氧能力的诊断。

应当说明的是，在实际车辆上进行诊断时，由于各系统部件工作时都不可避免地受到振动、热和电磁场的影响，加之多变的车辆工况，OBD 的诊断策略比上述原理性介绍要复杂得多。为了剥离存在的各种影响，常常还会采用多传感器输出配合的故障判定逻辑，具体方法因车辆配置和设计思路的不同而存在很大差异。

当一个故障首次出现时，根据轻型汽车国六排放标准的要求（同美国 OBD-Ⅱ标准），OBD 应在 10s 内存储一个未决故障代码，并同时指示出可能存在的故障。如果这一故障没有在下一次诊断时复现，则可以清除未决故障代码。如果存储为未决故障代码的故障在进行下一次诊断时再次出现，则 OBD 将存储一个确认故障代码并且点亮 MIL。

在 MIL 被点亮后的至少 3 个连续驾驶循环（从车辆起动到熄火的过程被定义为一个驾驶循环）中，如果该故障未被再次检测到，并且也未出现其他符合 MIL 点亮规则的故障时，则可以熄灭 MIL。需要注意的是，清除确认故障代码的要求较熄灭 MIL 要严格得多，只有在确认故障代码被存储后的 40 个连续暖机驾驶循环中都未检测此前的故障或达成点亮 MIL 条件时，才可以清除确认故障代码。

三、排放相关 OBD 监测

（一）故障监测项目

自我国排放标准中增加 OBD 要求以来，对于装用点燃式和装用压燃式发动机汽车，主要分别要求对以下几类故障进行诊断监测，见表 3-9。

OBD 故障监测项目　　表 3-9

序号	装用点燃式发动机汽车	装用压燃式发动机汽车
1	催化转换器/加热型催化转换器监测	NMHC 催化转换器系统监测
2	失火监测	NO_x 催化转换器系统监测
3	蒸发系统监测	失火监测
4	二次空气系统监测	燃油系统监测
5	燃油系统监测	排气传感器监测
6	排气传感器监测	EGR 系统监测
7	EGR 系统监测	增压压力控制系统监测
8	PCV 系统监测	NO_x 吸附器监测
9	发动机冷却系统监测	颗粒物捕集器系统监测
10	冷起动减排策略监测	曲轴箱通风系统监测
11	汽油车颗粒捕集器(GPF)系统监测	发动机冷却系统监测
12	综合部件监测	冷起动减排策略监测
13	—	可变气门正时(VVT)系统监测
14	—	综合部件监测

(二)OBD 主要监测项目原理

1. OBD 对催化转换效率的监测

为监测催化转换器效率,即催化转换器将 HC 转化为 CO_2和 H_2O 的能力,OBD 功能的控制系统在三元催化转换器下游增加下游氧传感器,通过监测下游氧传感器的输入变化来确定催化转换器的储氧能力。催化转换器上游的氧传感器检测进入排气管的废气中氧的浓度,当发动机稀燃时,进入排气管的废气中氧浓度较高,上游氧传感器发出较高频的电压信号,废气经过催化转换器时,催化转换器储存废气中的氧,催化转换器下游氧传感器发出的电压信号频率将低于上游氧传感器发出电压信号频率。如果催化转换器性能下降或损坏,催化转换器下游氧传感器发出的电压信号频率将接近或等于上游氧传感器电压信号频率,当两者电压信号频

率之差小于某个限值时，电控系统将视为故障，如果在 3 个行驶循环中都发生，故障指示灯将点亮，如图 3-7 所示。

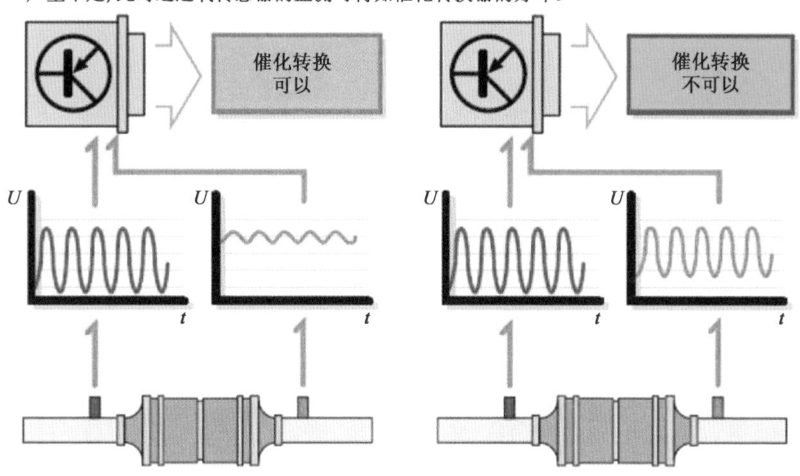

图 3-7　OBD-Ⅱ对催化转换效率的监测图示

2. 发动机失火监测

发动机一旦失火（某个汽缸混合气未能点燃燃烧），未燃烧的含有大量碳氢化合物的混合气将排入排气管，再进入催化转换器，当催化转换器将大量的碳氢化合物转化为 CO_2 和 H_2O 时，催化转换器将过热，甚至多孔状载体可能被烧融成为实心状，而使转换效率降低甚至丧失，因此，必须对发动机失火进行监测。

对发动机失火的监测方法主要是通过曲轴转角传感器检测曲轴做功行程的转速加速度，即监测每个汽缸对发动机功率的贡献。发动机正常工作情况下，每个汽缸做功行程曲轴都有一个稳定的加速度，如果某个汽缸失火，该汽缸做功行程曲轴加速度将异常，从而被判定失火。

发动机失火会导致发动机曲轴转速不稳。根据这一特性，发动机计算机根据发动机的曲轴转速传感器来监控发动机曲轴旋转平稳情况。发动机失火会改变曲轴的圆周旋转速度。通常发动机转动不是匀速的，每缸在做功时都有一个加速行程，不做功就没有加速行程。四缸机每转动 720°应有 4 个加速行程。

正常情况下，发动机压缩、做功，先是减速后是加速，属于正常现象。当发动机失火时，除了发动机压缩期间转速瞬时有所减缓外，由于发动机失火，缺乏做功时的加速，因此，发动机失火时的转速波动极大。发动机计算机可以通过安装在曲轴上的转速/位置传感器来感知瞬时的角速度变化情况，从而确定哪一缸出现失火，如图 3-8 所示。

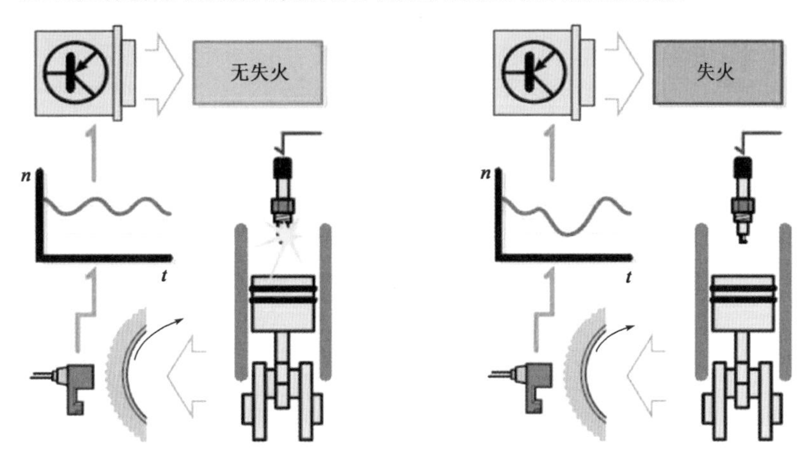

图 3-8　OBD-Ⅱ对失火的监测图示

3. 氧传感器监测

发动机排放最主要的影响因素是发动机燃油供给系统，根据发动机工况适时地调节发动机燃油供给量是排放控制最重要的工作。燃油供给量是通过氧传感器反馈的电压信号进行闭环控制，当稀混合气燃烧时排出废气中的氧含量较多，氧传感器反馈较高频的电压信号，控制单元判定发动机处于稀燃状况，系统将保持现有燃油供给，以利于排放；当浓混合气燃烧时，排出废气中的氧含量较少，氧传感器反馈较低频的电压信号，控制单元判定发动机处于富油燃烧，即调节喷油器喷射脉宽，减少喷油量。因此，对氧传感器的监测至关重要。

对氧传感器的监测方法是当氧传感器反馈信号总保持高频率或低频率，此时系统将多次改变燃油供给量检验传感器响应，如果传感器响应缓慢或无响应即判定传感器有故障，此外氧传感器信号过高或过低超出正常范围也判定为故障，故障码将被储存在控制单元中，当两个行驶循环均出现时，MIL 将点亮，如图 3-9 所示。

4. 废气再循环监测

配装废气再循环装置的发动机，系统将对废气再循环系统工作状况进行监测。监测方法一般有两种，一种是在 EGR 阀下方设计一个量孔，在量孔两侧都用压力

管与压力监测传感器相通，检测量孔两侧的压力，通过压力差即可直观地判定废气再循环的工作情况，并可了解EGR阀的关闭情况。另一种方法是EGR阀设计一个升程传感器，直接检测EGR阀开启和关闭情况，缺点是EGR阀封闭不严或漏气无法监测。

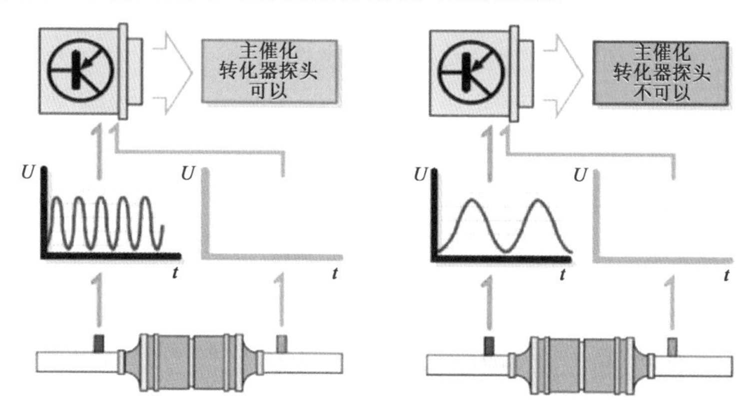

图3-9　OBD-Ⅱ对氧传感器的监测图示

监测系统根据设定的发动机负荷×转速与开启状态（压力差）关系判定工况是否符合规定要求。出现异常系统将判定为故障，故障码将被储存在控制单元中，当两个行驶循环均出现时，MIL将点亮，如图3-10所示。

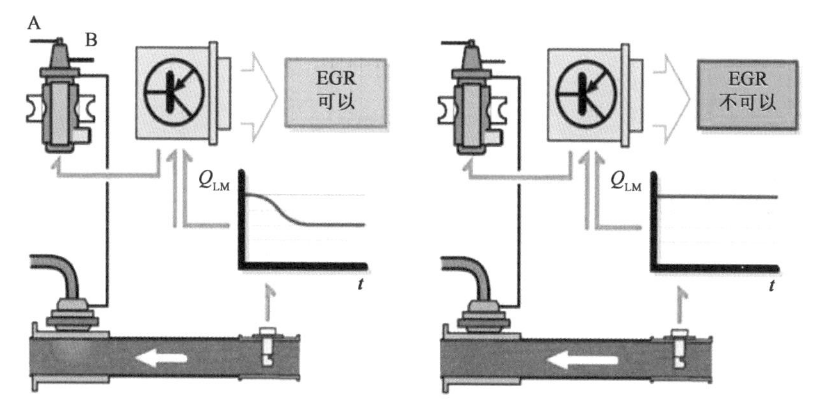

图3-10　OBD-Ⅱ对废气再循环的监测图示

5. 燃油蒸发控制系统监测

为防止燃油箱燃油蒸气直接排放大气，对其排放控制的方法是通过活性炭进行吸附，然后再利用发动机进气管的真空度吸入汽缸参与燃烧。活性炭罐与发动机进气管间设计有常闭的控制阀，控制单元根据发动机工况按预先设定开启控制阀，利用发动机进气管的真空度将燃油蒸气从活性炭罐脱附并吸入发动机燃烧。

系统工作情况的监测，一般是通过对开启控制阀的开闭状况进行监测，在控制阀的两端设计有真空度传感器，不仅检测控制阀的开启，还可监测管路的泄漏以及油箱盖是否丢失，每个行驶循环都要进行监测，出现异常 MIL 将点亮，如图 3-11 所示。

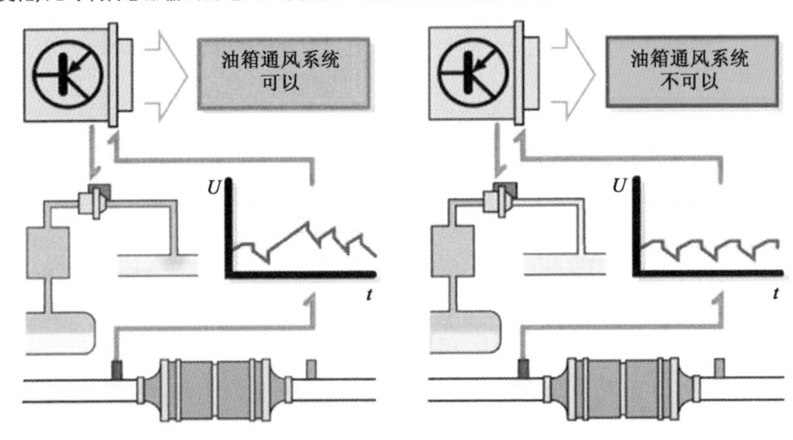

图 3-11　OBD-Ⅱ对燃油蒸发控制系统的监测图示

6. 二次空气喷射系统监测

为更彻底地将排气中的 CO 和 HC 氧化成 CO_2 和 H_2O，较多的汽车都配装有二次空气喷射装置。配装二次空气喷射装置的汽车，其排气催化转换器一般有两个转换床。第一节为还原床将排气中的 NO_x 还原成 N_2，CO 和 N_2 化合成 NH_3；第二节为氧化床，二次空气喷射到氧化床之前，在氧化床中过量的氧气将废气中的 CO 和 HC 烧掉。配装有二次空气喷射装置的汽车允许较浓混合气存在，以满足汽车各种工况混合气下排放要求。二次空气的喷射是通过空气喷射泵、管路、控制阀将空气喷入排气管，控制阀根据发动机工况通断进入排气管的二次空气流，在发动机浓混合气工作时，引入空气流。

对二次空气喷射供给的监测有主动监测和被动监测，其中被动监测是通过空气喷口下游的氧传感器的信号对空气喷射的情况进行监测，当空气泵工作时，此时氧传感器的电压信号应该是低频电压；当空气泵关闭，氧传感器的电压信号应该是高频电压，否则，系统将判定为有故障，系统将进行主动监测。一旦进入主动监测程序，系统控制单元将交替接通和关闭进入排气管的空气流，同时监测氧传感器的电压信号的变化情况以及对燃油喷射量调节值，当空气流接通时，氧传感器应反馈低频电压信号，并短暂调高燃油喷射量。如连续两次测试不通过，MIL将点亮，并在控制单元中储存故障码，如图3-12所示。

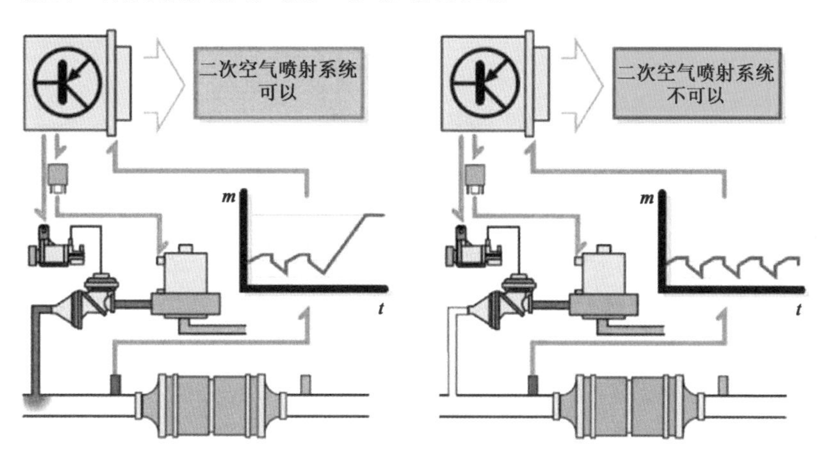

图3-12　OBD-Ⅱ对二次空气喷射系统的监测图示

7. 综合部件监测

为使系统各部件按设定协同工作，保证发动机工作在理想的状态下，系统设计有综合部件监测器，对输入和输出进行监测（监测不一定都是为排放控制的需要，更有汽车的动力性、经济性需要）。

对输入信号监测主要是判断短路、断路或输入信号超出正常范围，并通过其他相关传感器反馈信号进行推理和逻辑判断，确定输入是否正常。系统主要监测以下输入：

（1）氧传感器；

(2)进气空气流量传感器;

(3)冷却液温度传感器;

(4)进气温度传感器;

(5)系统通过下列传感器的基础信号对监测的输入进行推理验证;

(6)点火位置传感器(识别曲轴上止点);

(7)汽缸识别传感器(识别压缩终了状态);

(8)曲轴转速传感器(感知曲轴转速);

(9)点火检测传感器(感知点火电压脉冲);

(10)车速传感器(感知车速)。

如:通过发动机曲轴转速传感器感知的转速来推理验证进气空气流量传感器流量信号和节气门位置传感器信号的变化,节气门位置保持不变时转速升高空气流量应上升,否则,将判定为有故障。

对输出的监测方法是:控制单元监测输出端的电压,如执行线圈、继电器的端电压。如控制单元指令接通则电压应该下降、指令断开时电压应该升高,当回路短路、断路,再根据指令状态即可判定故障。监测的输出主要有以下几种:

(1)空调自动切断继电器(当大负荷时自动切断空调);

(2)自动变速器换挡电磁阀(电磁阀通断组合实现换挡动作);

(3)变矩器锁止电磁阀(接通时变矩器锁止);

(4)自动变速器油压控制电磁阀(调节变速器控制油压);

(5)氧传感器加热器(使氧传感器升温达到工作状态);

(6)冷却风扇控制继电器(根据发动机冷却液温度控制风扇转速)。

四、故障码分析基础知识

一辆正常运转的汽车,其电控系统内部传递的信息通常有正常和请求两种发送模式。正常信息是在无须请求的情况下,由控制系统主动发送的,往往被用于车辆的控制。而绝大多数 OBD 给出的诊断信息则属于请求信息,亦即 OBD 在收到另一个控制器发出对某些特定字段的信息发送请求后,才会输出相应的数据信息。这种工作模式有时也被称为轮询或事件驱动方式。

车辆 OBD 收到的诊断信息发送请求在大多数情况下都是通过外部诊断设备发送的。为了满足不同的 OBD 使用需求,在当今的 OBD 中都预设了十个不同的诊断模式/服务,表 3-10 中给出了每个代码对应的模式功能。

OBD 诊断模式定义　　表 3-10

代码	定　义
$01	请求提供当前动力总成诊断数据
$02	请求提供动力总成的冻结帧数据
$03	请求与排放有关的诊断故障代码(确认 DTC)
$04	清除/重置与排放有关的诊断信息
$05	请求氧传感器监测测试结果
$06	请求获得特定系统部件的诊断监测状态
$07	请求在当前或最后完成的驾驶循环中检测到的与排放有关的诊断故障码(待解决 DTC)
$08	请求控制车载系统、测试或组件
$09	请求提供车辆信息
$0A	请求与排放有关的永久诊断故障代码(永久 DTC)

1. 模式 $01——请求提供当前动力总成诊断数据

模式 $01 是 OBD 中最关键和最常用的诊断模式。该模式下,可以查看当前发动机所支持的全部运行参数的实时值,也就是维修行业中广泛应用的数据流。根据 SAE J1979 标准中的定义,在模式 $01 下,OBD 理论上可以输出超过 100 项运行参数。但由于不同车辆搭载的硬件差异,以及制造商提供的数据权限问题,大多数车辆可以读取的信息为 40 ~ 60 个参数。

2. 模式 $02——请求提供动力总成的冻结帧数据

模式 $02 的目的是在 OBD 存储一个确认故障代码时,将该时刻的全部可读取运行参数截取保留,以便后续进行维修和排放缺陷调查。由于模式 $02 中保存的数据信息仅是 DTC 存储时刻的单一数据,因此,通常被称为冻结帧数据。

3. 模式 $03/4——请求/清除与排放有关的诊断故障代码(确认 DTC)

模式 $03 下显示目前存在的确认 DTC 代码和对应的故障信息,或者也可以理解为导致 MIL 点亮的 DTC 信息,待决 DTC 的信息在模式 $07 中显示。而模式 $04 更像是一个开关,该模式中并不存储任何 OBD 诊断数据,触发该模式后将会被询问是否确认清楚当前 OBD 中的确认 DTC(永久 DTC 无法通过模式 $04 清除)。

4.模式 $05——请求氧传感器监测测试结果

模式 $05 对于 2008 年以前年款的车型可以显示与氧传感器监测相关的数据信息，但是随着基于 CAN 总线技术的 ISO 15765-4 协议在新款车型上的普及，模式 $05 的功能已经被整合进入模式 $06，对于采用 ISO 15765-4 协议的车型，该模式无效。

5.模式 $06——请求获得特定系统部件的诊断监测状态

模式 $06 中汇总了连续监测（如汽油车的失火监测）和非连续监测（如催化剂系统）的系统部件的诊断监测状态。模式 $06 中的信息对于环境主管部门开展的 OBD 功能性检查（如在用汽车年检中的 OBD 查验）至关重要，因为模式 $06 中所显示的各系统部件的诊断监测状态（就绪、未就绪、不适用）是确定在当前状态下车辆 OBD 是否已完成对相关系统部件诊断的根据。简单举例，如果一辆被检车辆显示当前无 MIL 和确认 DTC，但是其模式 $06 中的各系统部件监测状态为“未就绪”，则需怀疑该车的 OBD 是否刚刚执行过模式 $04 操作，各系统部件的监测条件尚未达成，以至于无法给出故障指示。

6.模式 $07——请求在当前或最后完成的驾驶循环中检测到的与排放有关的诊断故障码（待解决 DTC）

模式 $07 获取当前或最后完成的驾驶循环中检测到的与排放有关系统部件的待解决 DTC，也可以理解为在类似工况下只被检测到一次的故障。需要注意的是，模式 $07 中显示的待解决 DTC 可能反映了一个偶发性的故障，也可能是由于外部条件干扰而形成的一个假性故障。按照前面介绍的 OBD 工作原理知识，模式 $07 中存储的待解决 DTC 并不会导致 MIL 点亮。但一旦模式 $07 中存储的故障在接下来的驾驶中复现，则该故障将成为一个确认 DTC 被存储进入模式 $03 中，同时 MIL 将被点亮。模式 $07 与模式 $03 在 DTC 存储格式上是相同的，所不同的是存储的 DTC 状态。

7.模式 $08——请求控制车载系统、测试或组件

这项服务的目的是使外部诊断设备能够控制车载系统、测试或部件的运行。数据字节是根据 SAE J1979-DA 中每个测试 ID 的需要而指定的，并且对每个测试 ID 来说都是唯一的。这些数据字节通常有以下用途：

（1）打开车载系统/测试装置/组件的电源；

(2)关闭车载系统/测试设备/组件;

(3)循环车载系统/测试设备/组件。

响应信息中这些数据字节的主要用途是反馈系统状态或测试结果。模式 $08 在维修中的应用广泛,这个模式对于 OBD 数据收集而言并无用处。

8. 模式 $09——请求提供车辆信息

模式 $09 提供车辆的识别信息,在较早标准的 OBD 中,车辆识别信息可能只包括 VIN 码。而随着排放法规的进步,为了防止可能的发动机系统和标定数据篡改行为,当前的 OBD 中还需提供软件标定识别码和标定验证码,以便鉴别车辆的标定信息是否与制造商申报的版本一致。

9. 模式 $0A——请求与排放有关的永久诊断故障代码(永久 DTC)

模式 $0A 显示车辆当前存在的永久 DTC 信息。在一个点火循环结束前,如果已有一个确认 DTC 正在导致 MIL 点亮,则该 DTC 应被存储为永久 DTC 并写入非易失存储器中。永久 DTC 在故障确认消失前,无法通过切断 ECU 电源或使用外部诊断设备清除,也就是模式 $04 对于永久 DTC 无效。只有在车辆经过正确维修并行驶充足里程,OBD 达到足够次数的监测且被记录得永久 DTC 故障未复现时,永久 DTC 才能自行消除。

五、故障代码

无论对于环境主管部门还是维修人员,故障代码都是 OBD 中最关键和有价值的信息。前面已经介绍过,在 OBD 的十个诊断模式中,包括模式 $03(确认 DTC)、模式 $07(待解决 DTC)和模式 $0A(永久 DTC)在内的三个模式都与 DTC 直接相关。在轻型汽车执行的 SAE J1979 标准中,故障代码由第一位字母和后四位数字共同组成。SAE J1979 为故障代码定义了四个前缀字母 P、B、C、U 来分别指示分属于动力总成、车身、底盘和网络系统的故障。

图 3-13 给出了 SAE J1979 标准中以 2 字节形式给出的五位故障代码释义。第一字节的前两位以二进制形式表达一个 16 进制数,用于表示故障代码所属的系统(即 P、B、C、U),前两位为 00 时代表 P,为 01 时代表 C,为 10 时代表 B,为 11 时代表 U。第三位和第四位也以二进制表达一个 16 进制数(对应 0 ~ 3 的数值),当第三位和第四位为 00 或 10 时(对应 16 进制数字 0 或 2),则表示该故障代码是由 SAE 标准定义的,为 01 或 11 时(对应 16 进制数字 1 或 3)表示该故障代码为制造

商自定义。第一字节的后四位、第二字节的前四位和后四位分别共同表示一个16进制数,对应故障代码的后三位数字。其中,故障代码的第二位数字代表了动力总成中不同的分系统,0和9目前为预留、1和2均为燃油和进气计量(2特指与喷油器有关)、3为点火系统或失火、4为辅助排放控制系统、5为车速和怠速控制系统、6为控制单元输出电路、7和8为变速器和传动系统。

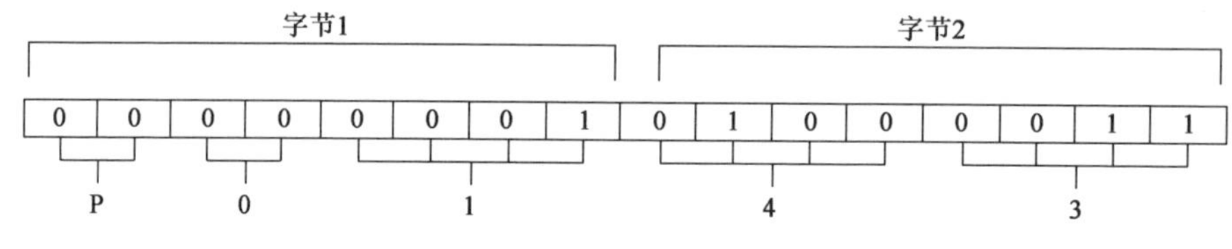

图3-13　SAE J1979故障代码释义

图3-13中给出的示例对应的故障代码为P0143,解读前三位可知,这是动力系统的故障,由SAE标准定义,与燃油和进气相关。因为该故障为SAE标准定义,通过查询SAE J1979标准的电子附件(DA)或SAE J2012可知,故障代码的后两位43代表第1排传感器3位置的氧传感器电路输出电压低。

六、OBD检查

2018年生态环境部发布的《汽油车污染物排放限值及测量方法(双怠速法及简易工况法)》(GB 18285—2018)和《柴油车污染物排放限值及测量方法(自由加速法及加载减速法)》(GB 3847—2018)两项新修订国家标准,对于在用汽车检测新增加了OBD检查要求,并在以上两项标准的附录E与附录F中分别对汽油车和柴油车的OBD检查程序进行了详细规定。自2019年5月1日起仅进行OBD检查并报告,自2019年11月1日起开始实施。

(一)OBD现场检查

1. OBD检查车辆范围

OBD的检查结果应按照《汽油车污染物排放限值及测量方法(双怠速法及简易工况法)》(GB 18285—2018)、《柴油车污染物排放限值及测量方法(自由加速法及加载减速法)》(GB 3847—2018)规定的车辆生产日期进行OBD结果判定。各种类型车辆的范围具体为:2011年7月1日以后生产的轻型汽油车(含轻型燃气车)、2013年7月1日以后生产的重型汽油车、2018年1月1日以后生产的柴油车、2018 年 1 月 1 日以后生产的重型燃气车。生产日期早于标准规定的时间要求的车辆可进行 OBD 检查，但不进行结果判定。新注册登记汽车和搭载 OBD 的在用汽车（符合上述生产时间要求的在用汽车）在完成外观检验后，应在排放污染物检测前进行 OBD 检查。免于安全上线检验（含注册登记免检）的车辆，不再进行 OBD 检查。

2. OBD 检查流程

OBD 检查流程主要包括车型确认、MIL 检查、OBD 数据读取、OBD 数据记录四个步骤。我国标准对于在用汽油车、柴油车的 OBD 检查流程要求基本相同，具体流程如图 3-14 所示。

3. 车型确认

在对车辆进行 OBD 检查前，首先应确认该车型是否为配置有 OBD 的车型。车型确认之后，如发现 OBD 的 MIL 被点亮，则要求车主维修后再进行排放检验。如果故障指示器未被点亮，则应将 OBD 诊断仪连接到受检车辆上，检验 OBD 是否故障。

4. 故障指示器检查

目测检查仪表板上的故障指示器的状态，初步判断车辆 OBD 的故障指示系统的工作是否正常。

(1) 将受检车辆点火开关置于“ON”后（车辆仪表板指示灯被点亮），对仪表板上的指示灯进行自检，同时 OBD 故障指示器应被激活，暂时点亮；若故障指示器没有被激活，说明故障指示器本身存在故障，可以判定 OBD 检查结果不合格。

(2) 起动发动机，若故障指示器熄灭，则表明车辆故障指示器工作状态正常，车辆可能不存在确认的排放相关故障；若故障指示器继续被点亮，表明车辆存在排放相关故障，受检车辆需要进行维修，消除故障后重新进行排放检验。

5. OBD 数据读取

检验人员在完成对故障指示器的检查后，启动 OBD 诊断仪，使用 OBD 诊断仪的快速检查功能，检查是否存在排放相关故障代码。整个过程无须进一步进行人工操作，OBD 诊断仪将自动读出检测结果，并将检测结果传输到计算机数据管理系统上。根据输出的检查结果，判断车辆是否存在排放相关故障，判定流程如下。

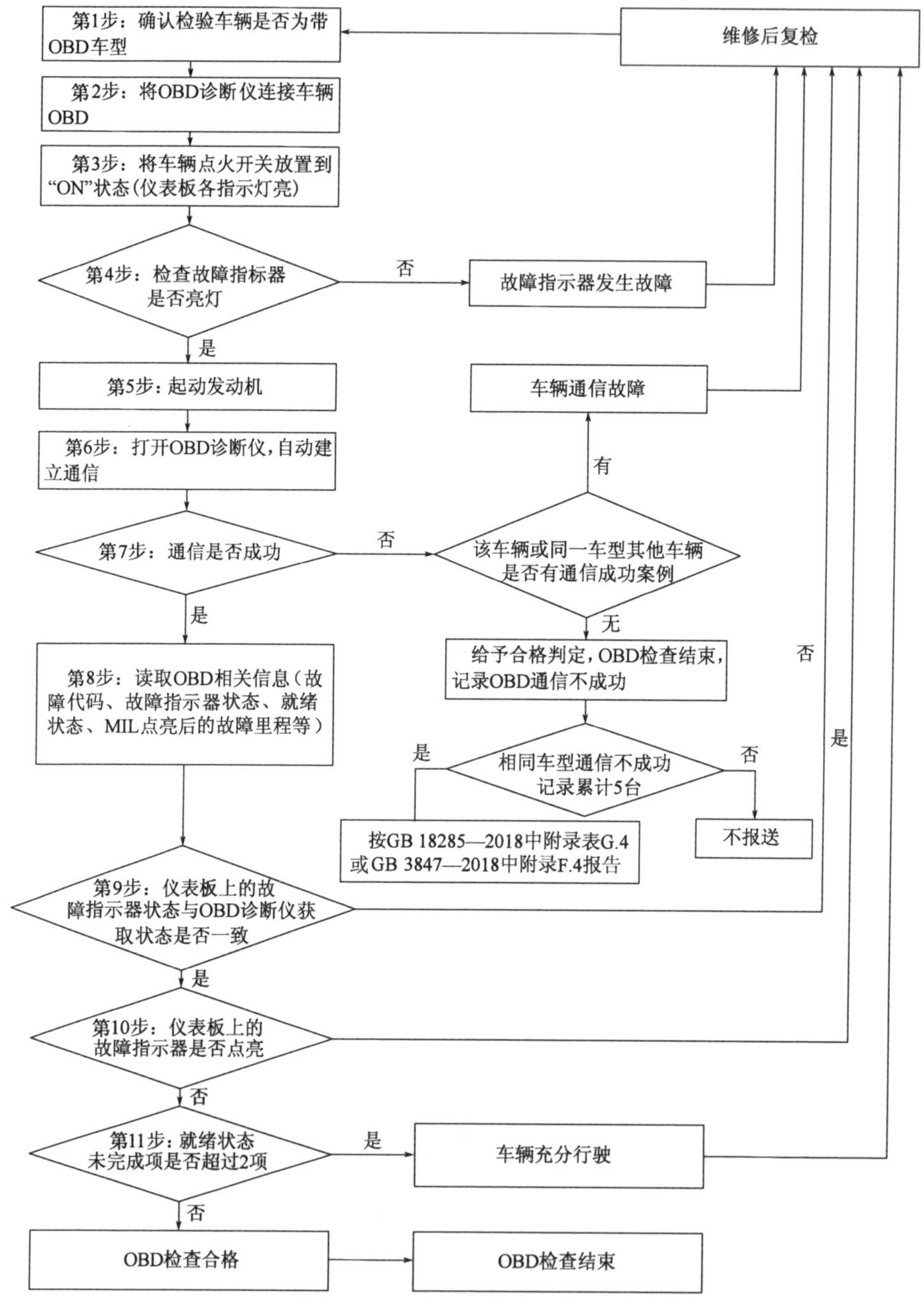

图 3-14　OBD 检验流程示意图

(1)在进行检测前,受检车辆的发动机应充分预热,例如:在发动机机油标尺孔位置测得的机油温度应至少为80℃;因车辆结构无法进行温度测量时,可以通过其他方法使发动机处于正常运转温度。保持发动机处于怠速状态,将OBD诊断仪与OBD接口连接。

(2)将OBD诊断仪与车辆诊断接口正确连接后,如果连续两次尝试通信失败,检测人员应确认该OBD诊断仪与其他车辆的OBD是否能够正常进行通信[通信检查应满足标准规定的ISO 15765-4/SAE J1850/ISO 9141-2/ISO 14230-4通信协议作为与扫描工具的通信协议的车型,车辆的关键诊断或排放电子动力控制单元(DEC-ECU)按照各自通信协议规定的时间里,正确响应扫描工具发送的mode $01的PID $00请求],如与其他车辆能够正常通信,则应进一步查询该车辆的OBD检查记录,以及与该车同型号车辆的OBD检查记录,如有该车辆OBD通信合格记录或同型号车辆OBD通信合格记录,则判定该车OBD检查不合格。如未发现通信合格记录,受检车辆的OBD检查结束,判定OBD检查通过,在通信检查结果记录不合格。若同型号车型OBD通信检查记录(至少5台)均不合格,应作为问题车型集中上报。

(3)进一步查看仪表板上故障指示器显示的状态与从OBD诊断仪获取的状态信息是否一致。如果两者的状态一致,并且故障指示器被熄灭,则该项检查合格;若两者状态一致,但是故障指示器被点亮,则该车辆存在与排放相关的故障,车辆排放检验不合格,需要进行维修后复检;若两者状态不一致,判定车辆OBD不合格,需要维修后进行复检,同时作为问题车型上报。

(4)对已通过第(3)条检查的车辆,应对其诊断就绪状态进行检查,就绪状态未完成项应不超过2项。如果发现受检车辆的就绪状态未完成项超过2项,应暂停排放检验,要求将该车辆充分行驶后再进行检测。

6.数据记录

在用汽油车、柴油车的OBD检查数据应分别按照表3-11和表3-12规定内容进行记录。

(二)OBD检查常见问题说明

(1)故障码检查仅限于当前激活故障指示器(MIL点亮)的确认故障码和永久故障码(永久故障码仅限国六排放标准车辆),对于OBD诊断仪读取到的其他故障码,如非排放相关故障码(电气系统、安全系统等)、未决故障码、修复后遗留的确认故障码均不进行判定。

在用汽油车 OBD 检查记录表　　表 3-11

<table>
<tr><td colspan="3">(1)车辆信息</td></tr>
<tr><td colspan="3">车辆 VIN 码</td></tr>
<tr><td colspan="2">发动机控制单元 CAL ID(软件标定识别码)(如适用)</td><td>发动机控制单元 CVN(标定验证码)(如适用)</td></tr>
<tr><td colspan="2">后处理控制单元 CAL ID(如适用)</td><td>后处理控制单元 CVN(如适用)</td></tr>
<tr><td colspan="2">其他控制单元 CAL ID(如适用)</td><td>其他控制单元 CVN(如适用)</td></tr>
<tr><td colspan="3">(2)OBD 检查信息</td></tr>
<tr><td rowspan="5">OBD 故障指示器状态</td><td>OBD 故障指示器</td><td>□合格　□不合格</td></tr>
<tr><td rowspan="2">与 OBD 诊断仪通信情况</td><td>□通信成功</td></tr>
<tr><td>□通信不成功,填写以下原因:
□找不到接口　□接口损坏
□连接后不能通信</td></tr>
<tr><td>OBD 故障指示器被点亮</td><td>□是　□否</td></tr>
<tr><td>故障代码及故障信息
(如果故障指示器被点亮)</td><td>故障信息保存上报</td></tr>
<tr><td>诊断就绪状态</td><td>诊断就绪状态未完成项目</td><td>□无　□有
如有填写以下项目:
□催化转换器 □氧传感器 □氧传感器加热器
□废气再循环(EGR)/可变气门正时(VVT)</td></tr>
<tr><td>其他信息</td><td colspan="2">MIL 点亮后行驶里程(km)</td></tr>
<tr><td rowspan="4">检测结果</td><td colspan="2">□合格　□不合格　□按 GB 18285—2018 中附录表 G.4 报告,判定车辆通过</td></tr>
<tr><td rowspan="2">是否需要复检</td><td>□否</td></tr>
<tr><td>□是　复检内容:</td></tr>
<tr><td>复检结果</td><td>□合格　□不合格</td></tr>
</table>

在用柴油车 OBD 检查记录表　　表 3-12

(1)车辆信息		
车辆 VIN 码		
车辆 OBD 信息:发动机控制单元中 CAL ID,CVN(如适用);后处理控制单元(如适用)CAL ID,CVN;其他控制单元的 CAL ID,CVN;		
(2)检测信息		
OBD 故障指示器	OBD 故障指示器	□合格　□不合格
	与 OBD 诊断仪通信情况	□通信成功
		□通信不成功,填写以下原因: □接口损坏　□找不到接口 □连接后不能通信
	OBD 故障指示器点亮	□是　□否
	故障代码及故障信息(若故障指示器报警)	故障信息保存上报
就绪状态	就绪状态未完成项目	□无　□有 如有填写以下项目: □SCR □POC □DOC □DPF □废气再循环(EGR)
其他信息	MIL 点亮后行驶里程(km):	
检测结果	□合格　□不合格　□按 GB 3847—2018 中附录表 F.4 报告,判定车辆通过	
	是否需要复检	□否
		□是　复检内容:
	复检结果	□合格　□不合格

故障码的检查应通过故障指示器是否激活(MIL 点亮)进行判定,若故障指示器激活(MIL 点亮),报告中记录对应当前的确认故障码,若故障指示器未激活(MIL 未点亮),报告中无须记录和判定。对于国六排放标准阶段车辆若存在永久故障码,判定 OBD 检查不合格(标准附录检测报告中"OBD 故障指示器报警及故障码"选项填写"有")。

(2)OBD 诊断仪读取的 OBD 检查数据项和排放检测过程中读取的实时数据流只需按照标准规定要求上报即可,对其数据完整性和内容不进行判定(例如 OBD 诊断仪无法读取 VIN 码信息等)。

(3)在用汽车 OBD 检查中,诊断就绪检查项目仅对标准中规定项目进行,标准中未规定的项目不参与判定。诊断就绪状态未完成超过两项时，要求车主充分行驶后复检。

（三）OBD 检查数据项

OBD 检查数据项主要包括车辆信息、OBD 相关信息、故障与故障代码、就绪状态描述、在用监测频率（IUPR）相关数据和实时数据流六部分内容。除 IUPR 相关数据与实时数据流外，在用汽油车、柴油车的 OBD 检查数据项内容要求基本相同。

根据《汽油车污染物排放限值及测量方法（双怠速法及简易工况法）》（GB 18285—2018）附件 FB 与《柴油车污染物排放限值及测量方法（自由加速法及加载减速法）》（GB 3847—2018）附件 EB 对 OBD 检查数据项的规定，每次检查，无论通过与否，系统必须自动记录、采集以下数据项，并按规定进行报送。

1. 车辆信息

如适用，应该包括以下车辆信息：

（1）VIN 码；

（2）型式检验时的 OBD 要求（如：EOBD，OBD-Ⅱ，CN-OBD-6）；

（3）车辆累计行驶里程（ODO）（如适用）。

2. OBD 相关信息

以下信息如适用，应记录 SAE J1979 中模式 9 下读出的所有排放相关控制单元信息：

（1）控制单元名称；

（2）控制单元的软件标定识别码（CAL ID）；

（3）控制单元的标定验证码（CVN）。

3. 故障和故障代码

应包括所有故障的以下信息，故障代码按照 ISO 15031-6、ISO 2745 与 SAE J2012 规定确定：

（1）故障代码；

（2）MIL 点亮后的行驶里程。

4. 就绪状态描述

应包括所有未就绪项目描述：

(1)故障诊断器描述;

(2)就绪状态。

5. IUPR 相关数据

每一项 IUPR 率应记录监测项目名称、监测完成次数、符合监测条件次数以及 IUPR 率(表 3-13)。

IUPR 相关数据要求　　表 3-13

车辆类型	在用柴油车	在用汽油车
IUPR 相关数据要求	(1)NMHC 催化转换器监测; (2)NO_x 催化转换器监测; (3)NO_x 吸附器监测; (4)PM 捕集器监测; (5)废气传感器监测; (6)EGR 和 VVT 监测; (7)增压压力监测	(1)催化转换器组 1; (2)催化转换器组 2; (3)前氧传感器组 1; (4)前氧传感器组 2; (5)后氧传感器组 1; (6)后氧传感器组 2; (7)EVAP; (8)EGR 和 VVT; (9)GPF 组 1; (10)GPF 组 2; (11)二次空气喷射系统

6. 实时数据流

OBD 诊断仪应将检验过程的逐秒数据流信息上传生态环境主管部门,至少应包括表 3-14 中所列项目。

实时数据流要求　　表 3-14

车辆类型	在用柴油车	在用汽油车
实时数据流要求	(1)节气门开度(%); (2)车速(km/h); (3)发动机输出功率(kW); (4)发动机转速(r/min); (5)进气量(g/s); (6)增压压力(kPa); (7)耗油量(L/100km); (8)氮氧传感器浓度(ppm); (9)尿素喷射量(L/h); (10)排放温度(℃); (11)颗粒捕集器压差(kPa); (12)EGR 开度(%); (13)燃油喷射压力(MPa)	(1)节气门绝对开度(%); (2)计算负荷值(%); (3)前氧传感器信号(mV/mA) (4)或过量空气系数(λ); (5)车速(km/h); (6)发动机转速(r/min); (7)进气量(g/s)或进气压力(kPa)

（四）OBD 诊断仪技术要求

目前，我国在用汽车污染物排放标准中对于汽油车和柴油车 OBD 诊断仪的技术要求基本一致，分别在《汽油车污染物排放限值及测量方法（双怠速法及简易工况法）》（GB 18285—2018）标准的附件 FA 与《柴油车污染物排放限值及测量方法（自由加速法及加载减速法）》（GB 3847—2018）标准的附件 EA 中对 OBD 诊断仪的技术要求作了详细规定。为指导各地规范开展 OBD 检查，进一步明确 OBD 检查相关问题，2019 年 11 月，标准起草单位——中国环境科学研究院发布了《关于 GB 3847—2018 和 GB 18285—2018 标准 OBD 检查相关问题说明（一）》，在两项标准的基础上对 OBD 诊断仪的技术要求进一步解释说明。

OBD 诊断仪作为与车辆 OBD 系统进行通信、获取并显示数据和信息所必要的工具，应能够适用于各种车型，不易被损坏，并确保使用者得到正确有效的 OBD 信息。OBD 诊断仪的技术参数必须符合《道路车辆　车辆与排放诊断用外部设备间的通信　第 4 部分：外部测试设备》（ISO 15031-4）和《OBD-Ⅱ Scan Tool-Equivalent to ISO/DIS 15031-4：December 14，2001》（SAE J1978）标准中规定的相关功能性技术要求。OBD 诊断仪制造企业应及时跟踪产品的使用情况，及时解决用户在使用中遇到的问题，及时对 OBD 诊断仪的硬件或软件进行升级。

根据《汽油车污染物排放限值及测量方法（双怠速法及简易工况法）》（GB 18285—2018）标准的附件 FA 与《柴油车污染物排放限值及测量方法（自由加速法及加载减速法）》（GB 3847—2018）标准的附件 EA 要求，OBD 诊断仪应具备以下功能。

1. 基本功能

（1）至少应支持 ISO 9141-2、SAE J1850、ISO 14230-4、ISO 15765-4 四种通信协议，并支持读取以下通信协议的车辆发动机 OBD 信息：

乘用车：ISO 14230-2、ISO 14229、ISO 13400（DoIP）等；

商用车：SAE J1939 等。

对于乘用车，OBD 诊断仪应该具备基于 ISO 9141-2 通信协议支持五波特率初始化要求、基于 ISO 14230-4 通信协议需同时支持五波特率初始化和快速初始化的要求。

对于商用车，OBD 诊断仪应该具备基于 CAN（ISO 15765 或 SAE J1939 协议或 ISO 27145）通信的波特率（250kb/s 或 500kb/s）进行自动检测和匹配的能力。

(2)能够与车辆 OBD 建立通信,提供 OBD 诊断服务用的通信连接接口,与车辆通信的接口应满足 ISO 15031-3 和 SAE J1962 的规定。

(3)OBD 诊断仪的信息结构应符合 ISO 15031-5 中的信息结构和 ISO 15031-6 诊断故障码要求。

(4)能连续获得、转换和显示与车辆排放相关的 OBD 故障代码,应按照 ISO 15031-6 中的描述显示故障代码及故障信息。

(5)能够获取并显示 SAE J1979 规定的各部件/系统的准备就绪状态信息,对诊断项目完成情况按如下方式描述:支持的诊断项目完成情况应描述为完成或未完成,不支持的诊断项目完成情况应描述为不适用。

(6)能获取并显示当前数据流信息。

(7)能获取故障指示器状态。

(8)能获取并显示产生故障存储的冻结帧数据。

(9)能够获取车辆基本信息,包括车辆 VIN 码、CALID、CVN(如果适用)等。

(10)根据 ISO 15031-5 的要求,获取并显示 OBD 与排放有关的测试参数和结果。

(11)提供用户手册和(或)帮助工具。

2. 其他功能

(1)快速检查功能。

将 OBD 诊断仪接口与车辆访问接口连接,开启 OBD 诊断仪后,OBD 诊断仪将自动尝试进行通信,自动读取故障代码信息、故障指示器状态、诊断就绪状态、MIL 点亮后行驶里程,并输出上述结果,上述过程应在 60 s 内完成。

(2)自动数据传输功能。

具有自动传输数据的功能,所传输的数据包括但不限于:受检车辆信息(包括车牌号码、车辆 VIN 码、CALID、CVN 等)、与排放相关的故障代码、各零部件诊断就绪状态、各零部件或系统的 IUPR 分子和分母数据、MIL 点亮后行驶里程、故障指示器状态、故障发生时存储的冻结帧数据、排放检测过程中的相关数据流等,应在 60s 内完成数据传输。数据应自动传输给本地排放检测主控计算机和生态环境主管部门。

OBD 诊断仪应在排放试验结束后自动传输故障诊断结果,包括故障代码、冻结帧数据,故障后的行驶里程等。数据传输过程和结束后,都应进行提示。

(3)不得具有清除代码功能。

用于环保检查的诊断仪不可具有清除 OBD 相关故障代码、冻结帧数据,以及发生 MIL 点亮后的行驶里程等相关数据。

(4)自动打印功能。

根据需要,OBD 诊断仪可配置便携式打印机,直接打印出 OBD 检查结果。

除以上两类功能外,OBD 诊断仪可以具备更多功能,但 OBD 诊断仪的设计者应确保这些增加的功能不会影响该仪器的其他功能及与此仪器连接的车辆功能。

第五节 定期排放检验

《大气污染防治法》第五十三条明确规定:“在用机动车应当按照国家或者地方的有关规定,由机动车排放检验机构定期对其进行排放检验。经检验合格的,方可上道路行驶。未经检验合格的,公安机关交通管理部门不得核发安全技术检验合格标志”。

一、整体流程

为便民和方便管理,我国大多地区的机动车排放定期检验机构均依托机动车安全性能检验机构建设,排放检验报告(排放检验结论)由生态环境主管部门(生态环境主管部门授权检验机构)上传至公安车辆管理部门,由公安车辆管理部门与安全检验结果一同进行审核,排放检验与安全检验均合格的机动车,由公安车辆管理部门给被测车辆核发安全技术检验合格标志。机动车排放定期检验工作流程与排放检验机构检验流程示意图分别如图 3-15、图 3-16 所示。

排放检验不合格车辆相关信息,由定期排放检验机构通过书面告知、手机短信等方式通知超标车辆所有人或使用人到已取得资质的汽车排放性能维护(维修)站进行维护修理,经维护维修站维修合格并上传相关维护修理信息后,再到同一家排放检验机构予以复检,检测合格取得检验合格标志可上路行驶,汽车未经检验合格或未取得检验合格标志上路行驶的,应当依法进行处罚。定期排放检验的信息由生态环境部门定期向社会公示,公安机关交通管理部门将通过短信方式告知机动车所有人或驾驶人,交通运输、市场监管部门分别按照各自职责,加强对机动车排放检验机构、机动车维修单位监督管理。机动车所有人或驾驶员应做好车辆维护,添加合格燃油,柴油车应添加柴油机尾气处理液,确保车辆排气持续稳定达到排放标准,共同营造良好的生态环境。

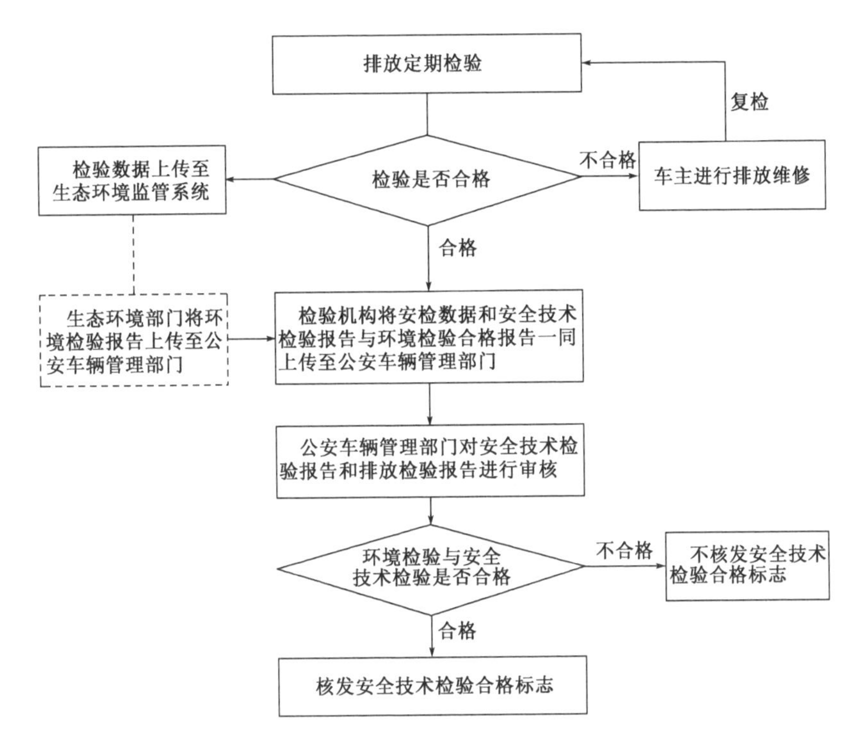

图 3-15　机动车排放定期检验工作流程

二、车辆外观检验流程

（一）新车外观检验

1. 新车外观检验项目

(1)车辆环保信息公开情况；

(2)污染物控制装置与环保信息公开内容一致性检查；

(3)车辆状态检查；

(4)工况法适用性检查。

2. 新车外观检验流程

(1)查验车辆环保信息公开情况，核对车辆污染物控制装置与环保信息随车清单是否一致。

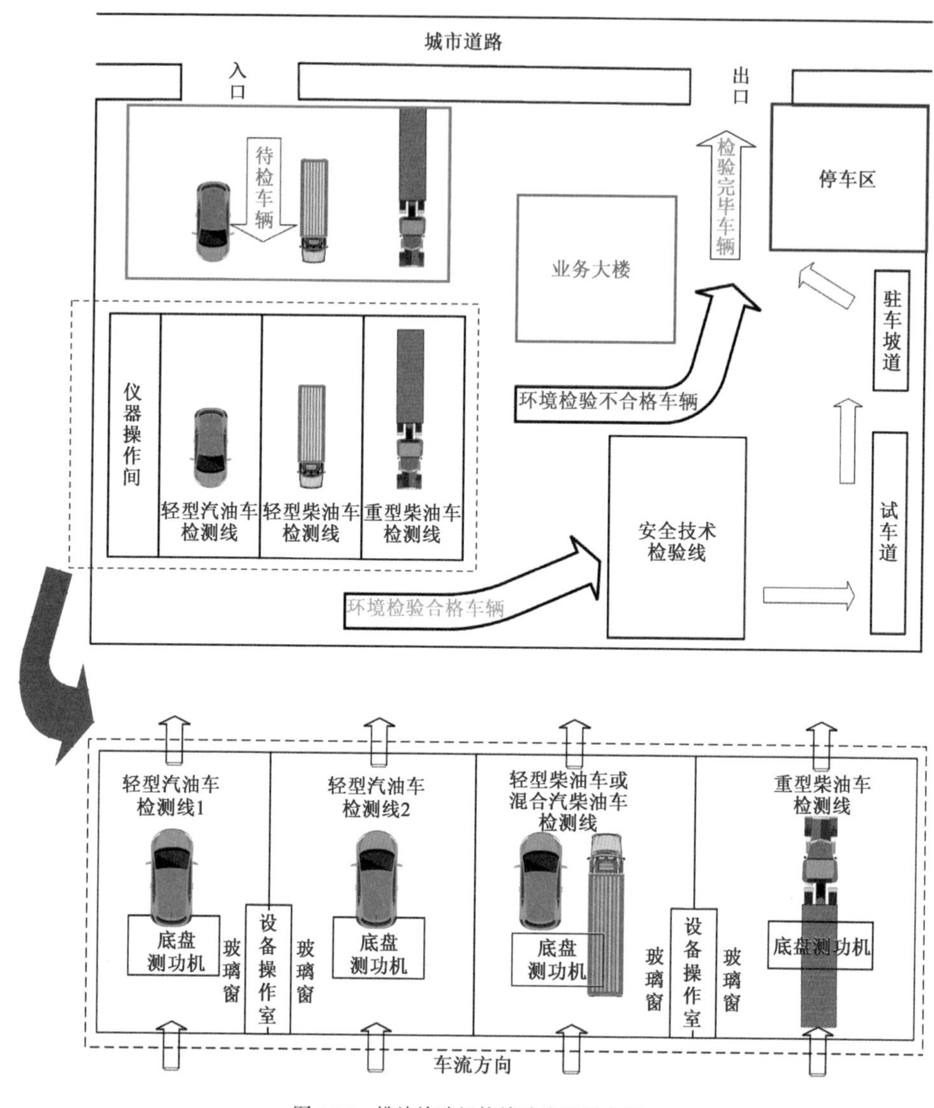

图 3-16　排放检验机构检验流程示意图

(2)根据环保信息公开内容或环保信息随车清单,查验车辆可见范围内的污染物控制装置,并核对信息。应对污染物控制装置应拍照或录制视频记录,照片或视频记录中装置信息应清晰可见。如果装置型号不可见,应记录“信息不可见”。

(3)车辆状态检查与工况法适用性检查流程按照以下流程进行:

①检查车辆机械状况是否良好,车辆仪表工作是否正常,车辆进排气系统有无

泄漏、油箱和尿素罐有无异常，并关闭车辆空调等其他附属系统。

②对点燃式发动机汽车还应检查燃油蒸发控制装置、曲轴箱通风系统有无异常。

③检查车辆是否适用工况法进行排气污染物检测，对不适用工况法检测的车辆，检测人员应详细记录原因，并由机构技术负责人审核批准。审批记录应随检验报告一同存档，生态环境主管部门可对审批记录进行监督抽查。

④对适用工况法检测的车辆，应检查车辆轮胎气压是否正常、胎面间有无夹杂异物，并关闭影响车辆检测的相关牵引力控制及制动辅助系统。

⑤在外观检验过程中，如果发现存在非否决项目不合格，车主可现场自行调整，经调整满足检验要求后，可继续检验。

（二）在用汽车外观检验

1. 在用汽车外观检验项目

（1）污染物控制装置状态检查；

（2）车辆状态检查；

（3）工况法适用性检查。

2. 在用汽车外观检验流程

（1）目视检查车辆 OBD 接口和 MIL 判断车辆是否配备 OBD。

（2）检查车辆污染物控制装置是否齐全、是否存在污染物控制装置失效或作弊装置。

（3）车辆状态检查与工况法适用性检查流程按照新车检查流程进行。

（三）车辆外观检验记录表

检验机构可参考表 3-15 记录外观检验情况。

三、OBD 检查流程

检验机构可参考以下内容进行 OBD 检查。

（一）新车 OBD 检查

1. 新车 OBD 检查内容

（1）OBD 接口检查；

车辆外观检验记录表

表 3-15

(1)车主信息			
车主姓名/单位		联系电话	
(2)车辆基本信息			
车辆生产企业		品牌	
车辆型号		VIN 码	
最大设计总质量(kg)		基准质量(kg)	
驱动方式	□前驱 □后驱 □四驱	变速器类型	
车辆出厂日期		累计行驶里程(km)	
车辆使用性质		OBD	□有 □无
车牌号(如适用)		排放阶段	
初次登记日期		独立工作排气管数量	
(3)发动机信息			
发动机型号		发动机号	
发动机额定功率(kW)		发动机排量(L)	
发动机额定转速(r/min)		汽缸数(个)	
燃料供给系统类型		燃料种类	
进气方式			
(4)混合动力装置信息(仅限混合动力电动汽车)			
电机型号		能量储存装置型号	
电池(或电容)容量			
(5)污染物控制装置查验(仅限新车外观检验)			
车辆是否按照要求完成环保信息公开,环保随车清单与信息公开内容是否一致			□是 □否
汽油车(燃气车)	控制装置名称	环保公开信息	查验结果
	ECU 型号		
	催化转换器型号		
	颗粒捕集器型号		
	炭罐型号		
	氧传感器型号		
	EGR 型号(如适用)		
	增压器型号(如适用)		

续上表

(5)污染物控制装置查验(仅限新车外观检验)			
	控制装置名称	环保公开信息	查验结果
柴油车	ECU 型号		
	喷油泵型号		
	喷油器型号		
	增压器型号		
	EGR 型号(如适用)		
	DOC 型号(如适用)		
	POC 型号(如适用)		
	SCR 型号(如适用)		
	ASC 型号(如适用)		
	DPF 型号(如适用)		
检查结果:污染物控制装置与信息公开内容一致			□是　□否

(6)车况检查			
检查内容	√/×	检查内容	√/×
发动机燃油系统采用电控泵(注册登记柴油车否决项)		车辆无明显烧机油或者严重冒黑烟现象(否决项)	
污染物控制装置齐全、正常(否决项)		车上仪表工作正常	
车辆机械状况良好		车辆进排气系统有无任何泄漏	
无可能影响安全或引起测试偏差的机械故障		已关闭车上空调、暖风等附属设备	
轮胎气压正常、胎面干燥、清洁		已中断车辆上可能影响测试正常的功能(如 ARS、ESP、EPC 牵引力控制或自动制动系统等)	
车辆油箱和燃油正常			
曲轴箱通风系统工作正常(汽油车否决项)		燃油蒸发控制装置正常(汽油车否决项)	
检测方法:□ 简易瞬态工况法　□ 稳态工况法　□ 加载减速法　□ 双怠速法　□ 自由加速法 如不适合,请描述详细原因,需机构技术负责人批准			
不能采用工况法的原因: 机构技术负责人签字:			
外观检验结果判定:□ 合格　□ 不合格	外检员签字:		检验日期:

注:1. 污染物控制装置检查时,如没有该项装置填写“无”;如有该装置,但不在可视范围内,结果应填写“信息不可见”,信息不可见也视为污染物控制装置检查合格。

2. 表中汽油车也适用于其他装用点燃式发动机汽车,柴油车也适用于其他压燃式发动机汽车。

3. 对不适用的检查项目栏中填写“/”。

4. 应根据车辆合格证、铭牌、环保信息随车清单等如实准确填写车辆信息,并确认车辆身份。

(2)OBD 故障指示器目视检查;

(3)连接 OBD 诊断仪进行通信状态检查;

(4)OBD 诊断仪中的故障指示器激活状态与仪表盘上显示的 MIL 状态一致性检查。

2. 新车 OBD 检查流程

(1)通过 OBD 诊断仪接口连接 OBD 诊断仪,OBD 诊断仪应直接连接车辆 OBD 原接口,不得通过其他装置间接连接。

(2)车辆上电,不起动发动机,进行车辆仪表电路自诊断,检查仪表盘 MIL 工作是否正常;

(3)起动发动机,检查 MIL 是否持续点亮或闪烁;

(4)开启 OBD 诊断仪检查 OBD 通信是否正常;

(5)检查 OBD 诊断仪中的故障指示器激活状态,如果故障指示器状态被激活,应记录上报对应的确认故障码;

(6)国六排放标准车辆应检查是否存在排放相关永久故障码;

(7)将 OBD 诊断仪读取到的车辆信息和控制单元信息自动发送到主控计算机,并进行数据传输,输出 OBD 检查结束。

(二)在用汽车 OBD 检查

应对 2011 年 7 月 1 日以后生产的轻型汽油车(含轻型燃气车)、2013 年 7 月 1 日以后生产的重型汽油车、2018 年 1 月 1 日以后生产的柴油车、2018 年 1 月 1 日以后生产的重型燃气车进行 OBD 检查并进行结果判定。生产日期早于上述规定时间的且配备 OBD 的车辆应进行 OBD 检查,但不进行结果判定。

1. 在用汽车 OBD 检查内容

(1)OBD 接口检查;

(2)OBD 故障指示器目视检查;

(3)OBD 诊断仪进行通信检查;

(4)OBD 诊断仪中的故障指示器激活状态与仪表盘上显示的 MIL 状态一致性检查;

(5)OBD 诊断未就绪状态检查。

2. 在用汽车 OBD 检查流程

(1)通过 OBD 诊断仪接口连接 OBD 诊断仪,OBD 诊断仪应直接连接车辆

OBD 原接口，不得通过其他装置间接连接；

(2)车辆通电，不起动发动机，进行车辆仪表电路自诊断，检查仪表盘 MIL 工作是否正常；

(3)起动发动机，检查 MIL 是否持续点亮或闪烁；

(4)打开 OBD 诊断仪开关，进行 OBD 通信检查，如不能正常通信，应按照在用汽车 OBD 通信检查程序进行；

(5)检查 OBD 诊断仪中的故障指示器激活状态与仪表板上的 MIL 状态是否一致，故障指示器是否被激活；

(6)检查 OBD 诊断仪中的故障指示器激活状态，如果故障指示器状态被激活，应记录上报对应的确认故障码；

(7)国六排放阶段车型，应检查车辆是否存在排放相关永久故障码；

(8)将 OBD 诊断仪读取到的 OBD 检查数据项自动发送到主控计算机，进行数据上传，OBD 检查结束。

3. 在用汽车 OBD 通信检查程序

(1)经两次尝试 OBD 通信均未成功，应检查所使用的 OBD 诊断仪是否存在故障；

(2)确认 OBD 诊断仪无故障后，通过查询 OBD 检查记录，检查该车辆或者同车型其他车辆，有无 OBD 通信合格记录；

(3)如果检查记录中，该车辆或同型号其他车辆均未有通信检查合格记录，则判定该车 OBD 检查合格，记录该车 OBD 通信检查不合格；

(4)如果检查记录中，该车辆或同型号其他车辆有通信检查合格记录，则判定该车 OBD 检查不合格，并记录为 OBD 通信检查不合格，要求车主维修后复检；

(5)如果同一车型 OBD 通信检查记录(至少 5 台)均为不合格，应作为集中超标车型上报；

(6)在用汽车 OBD 检查过程中，如果发现以下异常情况，应记录相关检查情况，按集中超标车型上报主管部门，OBD 检查结果按合格处理。

①必须使用工具拆卸后，才能连接 OBD 接口的；

②连接 OBD 诊断仪后，通信不稳定或死机的；

③OBD 信息读取不成功，或存在读取 OBD 保护功能的；

④其他特殊情况。

四、排气污染物检测相关说明

1. 车辆预热

对不适合通过机油温度传感器测量机油温度的车辆，可通过 OBD 读取发动机机油温度或发动机冷却液温度作为参考。无法通过 OBD 读取所需信息，且不适合插入发动机机油温度传感器的车辆，应在起动发动机至少 5min 后，再进行后续的排气污染物检测，并进行详细记录。

2. 排气污染物检测工况法适用判定

如因车辆适用技术或存在安全隐患，导致无法采用工况法检测的车辆，检验机构应制定内部审批程序，由检测人员详细记录无法采用工况法检测的原因，经机构技术负责人批准后，可采用双怠速法（汽油车和燃气车）或自由加速法（柴油车）检测，审批记录应随检验报告一同存档，生态环境主管部门应当对审批记录进行抽查。

典型无法采用简易工况法检测的汽油车包括但不限于：

（1）无法切换为两驱模式的全时四驱或自适应四驱；

（2）无法关闭防侧滑功能的车辆。

典型无法采用加载减速法检测的柴油车包括但不限于：

（1）无法切换为两驱模式的全时四驱或自适应四驱车辆，以及配备有牵引力控制或自动制动系统并且无法手动关闭该功能的车辆；

（2）部分受行驶速度限制（最高设计速度小于或等于 50km/h），无法满足加载减速测试的要求的车辆；

（3）轴重超出三轴六滚筒测功机检测极限的车辆；

（4）无法手动中断电机力矩输出的柴电混合动力电动汽车。

3. 混合动力电动汽车排气污染物检测要求

对于所有混合动力电动汽车，在采用工况法进行排气污染物检测期间，如果发动机自动熄火进入纯电模式，导致无法获取发动机转速的，纯电工作模式期间数据应记录为零（包括排放数据和转速），过量空气系数和转速数据不作为检测是否合格的判定依据。

对于插电式混合动力电动汽车，在排气污染物检测前，应确认车辆电量状态并切换至电量保持模式并尝试起动发动机工作。如果因车辆电量高，发动机无法起

动时,应要求车主采用电量消耗模式在实际道路充分行驶或检验机构在底盘测功机上充分行驶放电至发动机起动后,进行排气污染物检测。

不能通过加速踏板调节车辆发动机转速的混合动力电动汽车,采用双怠速法进行排气污染物检测时,在发动机起动运行后仅进行怠速工况排气污染物检测,无须进行高怠速工况检测。

对放电后仍无法正常起动发动机的混合动力电动汽车,必要时可采用发动机维修模式强制起动发动机后进行排气污染物检测。

4. 燃气车辆排气污染物检测要求

对以天然气为燃料的点燃式发动机汽车(包括气电混合动力电动汽车),排气污染物检测中的HC限值为推荐性限值,检测报告只记录排放结果,不作为检测是否合格的判定依据。

5. 其他适用特殊技术车辆

因车辆自身使用特殊技术原因无法达到标准规定检测条件的,应尽可能在接近标准要求的测试条件下进行检测,并详细记录车辆无法达到标准要求检测条件的原因,并上报生态环境主管部门。典型适用特殊技术要求的情况包括但不限于:

(1)因使用高怠速保护等特殊技术,车辆在空挡下发动机无法达到标准规定的转速要求时,应最大限度接近标准规定转速,并按照制造厂说明书的规定进行。

(2)对装配两个及以上排气管的车辆,因使用排气降噪等特殊设计无法达到标准规定的检测条件的,可使用多探头采样管测量,也可使用Y形或多路延长管将排气收集到同一尾管,并采用单取样探头进行检测。延长管应与车辆排气管连接良好,不得出现漏气现象,尾管长度应至少大于400mm,对车辆排气背压无明显影响。

(3)因使用发动机过热保护等特殊技术,车辆预热冷却液温度或机油温度无法达到标准规定温度的,应最大限度接近标准规定的预热温度,并保证排气污染物检测前发动机起动至少5min,或按照制造厂说明书的规定进行检测。

(4)因使用变速器挡位切换等特殊技术,在工况法检测过程中出现异常的(如变速器不停换挡导致车速无法稳定等),可按照制造厂说明书规定开启测功机模式进行检测。

(5)装有怠速启停功能的车辆应在排气污染物检测前手动关闭后进行检测。无法手动关闭怠速起停功能的,排气污染物检测期间怠速工况发动机自动熄火,无

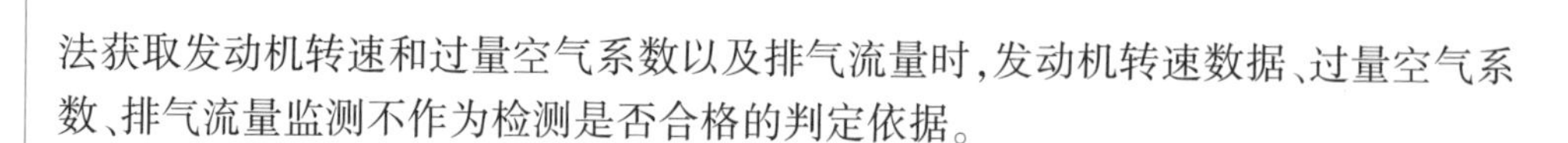

法获取发动机转速和过量空气系数以及排气流量时，发动机转速数据、过量空气系数、排气流量监测不作为检测是否合格的判定依据。

五、其他说明

（一）检验技术要求

（1）外观检验、OBD 检查、排气污染物检测方法和项目应按照《汽油车污染物排放限值及测量方法（双怠速法及简易工况法）》（GB 18285—2018）和《柴油车污染物排放限值及测量方法（自由加速法及加载减速法）》（GB 3847—2018）进行，不得擅自减少检测项目或降低检测标准。

（2）不得随意中断检测过程，设备故障和安全事故的情况除外。检测过程中排气采样管不得泄露、弯折、堵塞，严禁人为干扰排气分析仪。

（3）检测过程中车辆排放出现目视可见黑烟或蓝烟，按《汽油车污染物排放限值及测量方法（双怠速法及简易工况法）》（GB 18285—2018）和《柴油车污染物排放限值及测量方法（自由加速法及加载减速法）》（GB 3847—2018）判定外观检验不合格。

（二）数据记录及修约要求

（1）应保存排放检验实施过程中的所有原始记录，包括车辆信息、检测条件、检测设备、检测方法、检测人员以及检测过程数据的原始记录、设备自检及周期性检查、照片或视频等相关佐证材料，确保能够追溯车辆的检测过程。

（2）应参考《数值修改规则与极限数值的表示和制定》（GB/T 8170—2008）对排气污染物检测数据进行修约，应保留到与对应限值相同有效位数，加载减速轮边功率实测值应保留至小数点后一位。中间计算过程数据不得进行修约处理。

（三）标准物质要求

（1）应配备符合规定的标准物质，标准物质信息应按照相关要求上报生态环境主管部门。标准物质储存条件应能保证其溯源性不受影响。

（2）标准气体应具备标准物质证书，并在标注的有效期内使用。

（3）应配备至少一套标准滤光片和测功机标定校准用标准砝码。标准滤光片和标准砝码应按要求进行计量检定或校准，并在有效期内使用。

（4）排气分析仪的零点校正可使用零点标准气体发生器。

(5)零点标准气体发生器产生的气体成分应满足《汽油车污染物排放限值及测量方法(双怠速法及简易工况法)》(GB 18285—2018)和《柴油车污染物排放限值及测量方法(自由加速法及加载减速法)》(GB 3847—2018)标准规定零点标准气体要求。

(6)零点标准气体发生器应通过计量检定或校准且在有效期内。

(7)排气分析仪的单点检查和五点检查应使用符合《汽油车污染物排放限值及测量方法(双怠速法及简易工况法)》(GB 18285—2018)和《柴油车污染物排放限值及测量方法(自由加速法及加载减速法)》(GB 3847—2018)标准的标准气体,不得使用零点标准气发生器代替。

(四)质量保证要求

(1)应建立并实施有效的质量管理体系及检验工作运行程序,确保检验过程规范,检验结果真实和准确。

(2)检验机构应定期组织开展检验能力验证和比对试验,每月应采用同一车辆在每条检测线进行检测,对每条线检测值进行对比。每次进行比对试验结果和数据应记录保存归档。

(3)应利用视频等手段开展内部监督工作,保证各岗位按标准规定进行。

(4)视频应保证连续,不得随意中断,应覆盖每天设备启动、设备自检、设备自动校正、检测和待检测、关机等全部过程。禁止以任何形式遮挡、污染或关闭视频监控装置,监控系统应具备视频录制功能。

(5)视频记录应按日期至少保存1年,支持生态环境主管部门远程调阅。

(6)检验报告批准人应为检验机构的法人代表,或者由法人代表授权人员担任。

(7)应建立完善投诉及信息反馈和处理的程序。

第四章

在用汽车排放监督检查方法与监控技术

《大气污染防治法》第五十三条第一款规定：在用机动车应当按照国家或者地方的有关规定，由机动车排放检验机构定期对其进行排放检验；经检验合格的，方可上道路行驶；未经检验合格的，公安机关交通管理部门不得核发安全技术检验合格标志。在此基础上，第二款规定：县级以上地方人民政府生态环境主管部门可以在机动车集中停放地、维修地对在用机动车的大气污染物排放状况进行监督抽测；在不影响正常通行的情况下，可以通过遥感监测等技术手段对在道路上行驶的机动车的大气污染物排放状况进行监督抽测，公安机关交通管理部门予以配合。

2019 年，生态环境部等 11 部委发布的《关于印发〈柴油货车污染治理攻坚战行动计划〉的通知》（环大气〔2018〕179 号）也要求，在强化在用汽车排放检验的同时，要加大在用汽车监督执法力度。各级部门应建立完善的监管执法模式，推行生态环境部门检测取证、公安机关交通管理部门实施处罚、交通运输部门监督维修的联合监管执法常态化工作机制，加大路检路查力度，强化入户监督抽测，加大对高排放车辆监督抽测频次，严厉打击超标排放等违法行为。

为打赢蓝天保卫战、柴油货车污染治理攻坚战，提升绿色交通发展水平，本章在强化对定期排放检验监管的基础上，介绍了通过路检路查、入户抽测等方式增加对高排放车辆监督抽测频次，严厉打击超标排放等违法行为，同时，采用遥感监测、抓拍装置、跟车测试、远程监控以及多技术融合等技术手段，严控超标排放的车辆，加强对在用汽车达标排放的监管。

第一节 在用汽车排放监督检查方法

除了定期排放检验，常规的监管方法还有路检路查和入户检查，地方可将日常检查与专项检查结合起来，精细研判，合理设置路检路查点位，重点企业、施工工地、机动车排放检验机构检查有侧重，要加大力度按照明确的检查内容执法检查，在执法检查过程中要建立完善的检查台账。

一、路检路查

路检路查应加强各相关部门的联合执法，生态环境、公安、交通、城管等部门建立联合执法常态化工作机制，结合交通违章、营运资质、运渣许可、尾气路检等执法检查行动，定期开展机动车联合执法，严厉打击尾气超标排放等违法行为。各部门根据实际情况设置路检路查执法检查点，根据车辆运行规律，在固定开展路检路查的基础上，合理设置流动路检点位，针对重点车辆开展流动抽查。同时，加强重污染天气期间执法检查，重点查处不按方案实施错峰运行以及超标排放等违法行为。路检路查重点检查柴油货车污染控制装置、OBD 及尾气排放情况，其中，尾气排放依据《柴油车污染物排放限值及测量方法（自由加速法及加载减速法）》（GB 3847—2018），使用自由加速法或林格曼烟度法对道路行驶柴油车进行排放检测。排放不合格的依据《大气污染防治法》第一百一十三条、《中华人民共和国道路交通安全法》第九十条，由公安机关交通管理部门依法处罚，同时由生态环境主管部门下达机动车排放超标限期改正告知单，维修复检合格后方可上路行驶。同时，对路检中发现超标严重的车辆，相关部门将联合倒查排放检验机构，及时查处可能存在的机动车检验违法行为，追溯排放检验机构责任。

二、入户监督抽测

对于物流园、工业园、货物集散地、公交场站等车辆停放集中的重点场所，以及物流货运、工矿企业、长途客运、环卫、邮政、旅游、维修等重点单位，按“双随机”模式开展定期和不定期监督抽测。日常监督抽测或定期排放检验初检超标、在异地进行定期排放检验的柴油车辆，应作为重点抽查对象。检查方法与路检路查方法一致，但需要强调的是，应督促指导柴油车超过 20 辆的重点企业，建立完善车辆维护、燃油和柴油机尾气处理液添加使用台账，并鼓励通过网络系统及时向当地设区市生态环境部门传送。

在现场检查的基础上,充分利用科学技术手段,强化监督技能。通过设置机动车道路遥感监测点位和黑烟车电子抓拍固定点位,对道路车辆进行排放监测,按照《在用柴油车汽车排气污染物排放限值及测量方法及技术要求(遥感检测法)》(HJ 845—2017)规定的排放限值,判定车辆排放是否合格,依法抓拍取证并审核。同时,加强排放大数据分析应用。利用"天地车人"一体化排放监控系统以及机动车监管执法工作形成的数据,构建全国互联互通、共建共享的机动车环境监管平台。各地通过信息平台每日报送定期排放检验数据和监督抽测发现的超标排放车辆信息,实现登记地与使用地对超标排放车辆的联合监管。通过大数据追溯超标排放车辆生产或进口企业、污染控制装置生产企业、登记地、排放检验机构、维修单位、加油站点、供油企业、运输企业等,实现全链条环境监管。加强对排放检验机构检测数据的监督抽查,对比分析过程数据、视频图像和检测报告,重点核查定期排放检验初检或日常监督抽测发现的超标车、外省(区、市)登记的车辆、运营5年以上的老旧柴油车等。

第二节 机动车尾气遥感检测系统

遥感检测技术起源于美国。1988年,美国丹佛大学应用NDIR开发了能同时检测CO_2、CO、HC的设备,之后于20世纪90年代应用非扩散紫外线检测技术(NDUV)开发了能检测NO_x的设备。2001年美国丹佛大学和沙漠研究所分别应用透射光不透明度技术和紫外线反射光探测技术(LIDAR)开发了能检测排放烟度的设备。

区别于在用机动车的定期排放污染检测,遥感检测是一种非接触式的光学测量手段,既能快速监测高排放车辆,又不影响车辆正常行驶。遥感检测可在车辆行驶过程中直接测量尾气中的各项污染物,自动化程度较高,每小时可测试上百辆机动车,并且可以同时记录被测车辆的车速、加速度和车辆牌照等信息。通过道路遥感测试可以获得单车排放状况、了解车队排放分布情况、不同类型车辆随车龄的排放情况变化信息等,也可用于筛选高排放车辆以及对排放管控措施的实施效果进行评估等。

目前,遥感检测在国内外主要有以下几个方面的成功应用。第一,汽车遥感检测技术可以检验当前汽车污染物的管控措施和政策的可行性。第二,汽车遥感检测技术可以用于筛选高排放车辆。在汽车工况已经明确的情况下,遥感检测可以用于识别高排放车。利用遥感技术识别这些高排放车辆,并将其逐渐淘汰,可以极大地减低汽车污染物排放总量,更有效地改善空气质量。第三,将遥感监测设备安装在城市道路入口处,对通过路口的车辆进行入境检查,禁止检测不合格的高排放车辆进入。第四,利用遥感检测装置检查被检车辆是否安装并使用环保装置。第五,免除清洁车辆例行年检,清洁车辆在通过有遥感检测的路段,经检测并合格后可以免除例行年检,这样做可以鼓励消费者在购买车辆时选用清洁车辆,在用汽车过程中主动维护检修车辆,使车辆在良好的状态下工作。美国、欧洲等国家和地区均已采用遥感检测技术对道路行驶车辆的排放状况开展了大量研究。为加强道路交通实际运行中的排放监管,有效筛查高排放车辆,各地方参考欧美遥感相关技术法规陆续制定出台机动车遥感检测法地方标准。自2005年以来,北京、广东等先后制定了汽车遥感检测地方标准。2017年,环境保护部发布实施了国家环境保护排放标准《在用柴油车排放污染物测量方法及技术要求(遥感检测法)》(HJ 845—2017),正式将遥感检测法作为汽车排放检测方法,用于筛查高排放柴油车,进一步加强了道路行驶柴油车辆 NO_x 和颗粒物排放的监管。截至2019年底,全国共建成遥感监测点位1883套,包括固定式遥感1492套,移动式遥感391套,联网数量1057套,联网使用率为56.1%。

一、遥感检测基本原理

汽车尾气的遥感检测可以看作是实验室光谱分析技术的延伸,可称之为长光程吸收光谱法。这种技术适合在道路上用于检测正常行驶的汽车排放的污染物浓度,采用红外光和紫外光,由光源直接发射到道路对面的光学反光镜,再反射到检测器中。当在道路上行驶的汽车通过光束时,排放的尾气对光线有一定的吸收作用,从而改变了透射光的强度,然后检测器对光强的变化进行监测,而光强的变化又能够指示出被测气体如CO、HC和 NO_x 的浓度。

汽车尾气由排放管排出后,立即扩散至周边的环境空气中,排出的气体快速被稀释,浓度也随之发生变化,气体扰动、风向、风速等环境因素也都将直接影响气体浓度,因此,很难通过汽车尾气烟羽直接测量污染物的排放浓度。根据美国环保局(EPA)2002年发布的遥感检测指南,使用经校准的遥感测量设备,以100Hz的频率在汽车尾气烟羽不同位置采集50个试验数据,其结果显示,CO、HC、NO与 CO_2 的相对体积浓度比近似为定值。因此,对于给定的烟羽,CO、HC、NO与 CO_2 的相对浓度是基本恒定的，不受尾气稀释、气流扰动、风向和风速的影响。以CO_2作为参考气体，可以在不需要确定烟羽位置和稀释程度的情况下，测量CO、HC、NO等污染物的相对浓度。然后，依据发动机的化学计量空燃比所推导的理论关系式，通过燃料燃烧过程中碳、氮和氧的平衡，推导出尾气烟羽中CO、HC、NO的绝对浓度。

汽车尾气遥感检测系统主要由以下几部分组成：机动车牌照照相系统、速度和加速度测量系统、尾气分析系统、数据管理及数据通信系统。其中，牌照照相系统采集超标机动车的牌照图像，同时存储车牌照图像和相关数据，并可发送至公安机关交通管理或生态环境等相关管理部门的数据库中。速度和加速度测量系统用于确认车辆发动机的工作状态，以减少因车辆没有行驶在正常状态下而产生的误差。尾气分析系统通过光学遥感（如NDIR、TDL）传感器采集被测车辆所排放的污染物（CO、HC、NO_x等）浓度，并通过相应的软件系统实时分析被测车辆的尾气排放情况。数据管理及数据通信系统对采集的图像和其他数据进行处理和分析整理，传输到相关生态环境系统的机动车数据库信息管理系统，用于对超标用户的监控管理。采用遥感检测系统检测机动车尾气的工作过程如图4-1所示，车辆通过检测点，检测设备自动进行车牌号码拍照与牌照识别、车辆速度与加速度检测、排放污染物浓度检测，并对采集到的上述数据进行计算处理，存入数据库。

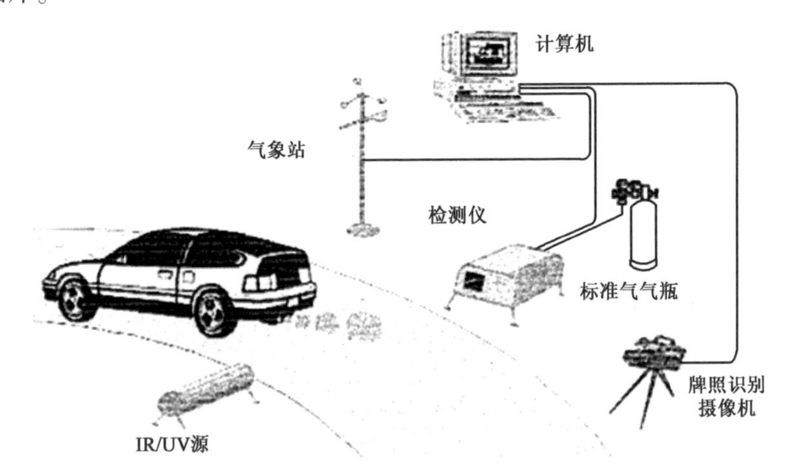

图4-1　遥感检测系统的工作示意图

光源发射器射出与车辆行驶方向垂直的光线，经反射器反射后经由接收器接收。当有车辆经过时，经挡光触发，激光测速装置测量车辆通过时的速度和加速

度,分析仪记录下检测烟羽的污染物浓度,经过程序反演后可得到该机动车的排放数据。同时照相机记录和储存该车辆的车牌信息。机动车遥感检测设备示意图如图4-2所示。

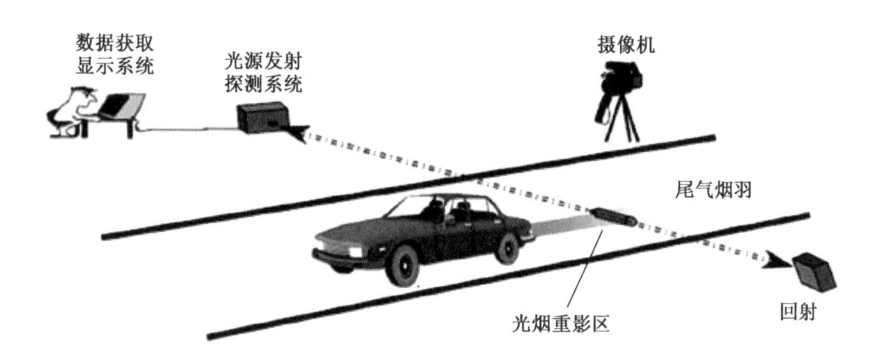

图4-2　机动车遥感测试示意图

二、遥感检测设备类型

汽车遥感检测设备主要包括固定式和移动式两种类型。固定式遥感检测设备是指固定安装,可无人值守连续运行,检测结果数据直接发送至生态环境部门主管部门或其委托机构的遥感检测设备。固定式遥感检测设备按照安装方式可以分为垂直式遥感检测设备与水平式遥感检测设备。垂直式遥感检测设备一般固定在道路上方的龙门架上,龙门架高度不应低于5m,在测量车道正上方安装遥感检测发射端,在正下方的车道位置铺设反射装置。水平式遥感检测设备通常将排放分析仪水平放置在检测道路的两侧,尾气排放检测光路距地面高度范围一般为20～40cm。固定垂直式与水平式遥感检测设备现场布置分别如图4-3与图4-4所示。其中,水平式遥感检测设备仅适用于单车道,而垂直式遥感监测设备适用于多车道,即每个车道对应一套检测设备。

移动式遥感主要使用专用车辆装载,可以根据检测需求随机选择测量地点,使用时将设备按照使用规定安放调试,工作结束后将设备收回,检测结果数据直接发送至生态环境主管部门或其委托机构。移动式遥感检测设备的安装方式与固定水平式遥感检测设备相同,检测时将排放分析系统放置在检测车道的两侧。此外,为获取遥感测试地点的地理位置信息,移动式遥感检测设备还应配备卫星定位系统(图4-5)。

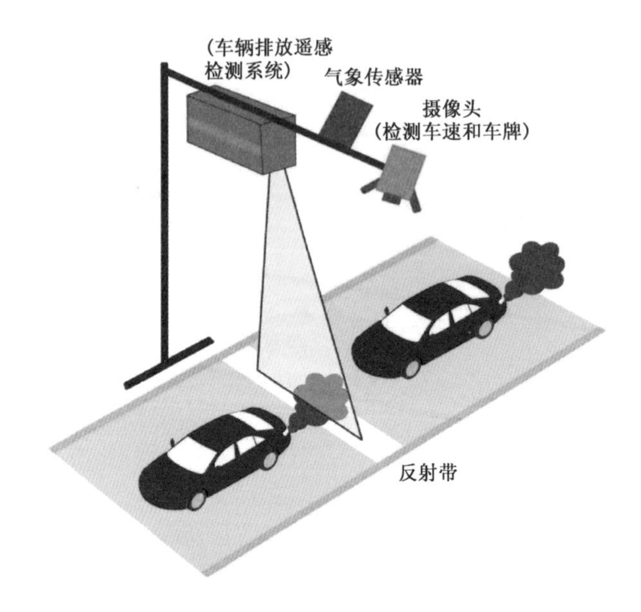

图 4-3　固定垂直式遥感检测设备现场布置

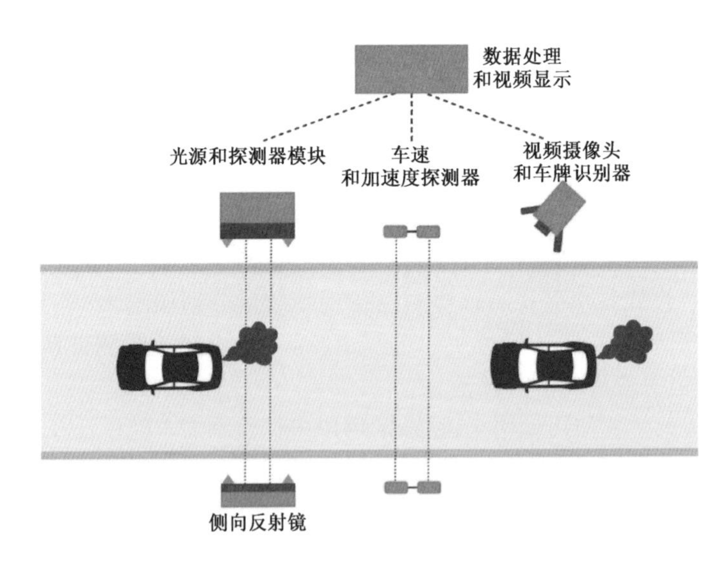

图 4-4　固定水平式遥感检测设备现场布置

注:图片来源于国际清洁交通委员会(The International Council on Clear Transportation)。

图 4-5　移动式遥感检测设备

三、遥感检测设备的技术要求

根据《在用柴油车排气污染物测量方法及技术要求（遥感检测法）》（HJ 845—2017）规定的技术要求，使用遥感检测设备进行压燃式发动机汽车排放烟度测量，其不透光烟度应采用 550 ~ 570nm 波长的绿色发光二极管光源或者其他等效光源；林格曼烟度可使用视频摄像机进行拍摄后分析获得。

排放污染物测量分析系统的响应时间应小于 1s，其主要污染物的测量范围与示值允许误差应同时满足表 4-1 和表 4-2 规定的技术要求。测量分析系统的稳定性应满足对 CO_2、NO、烟度等污染物连续测量 1h 的要求，误差不超过遥感检测设备允许示值；其重复性应为示值允许误差的 1/2。摄像及车牌识别与环境参数检测系统应满足表 4-3 中的技术要求。

主要污染物/不透光度测量范围 表4-1

污染物种类/不透光度	测量范围
CO_2	$(0\sim16)\times10^{-2}$
NO	$(0\sim5000)\times10^{-6}$
不透光度	(0～100)%

示值允许误差 表4-2

污染物种类/不透光度	误差对应的测量范围	绝对误差	相对误差(%)
CO_2	$(0\sim16)\times10^{-2}$	±0.25%	±10
NO	$(0\sim5000)\times10^{-6}$	$\pm20\times10^{-6}$	±10
不透光度	(0～100)%	±2%	±5

注：表中所列绝对误差和相对误差，满足其中一项即可。

摄像拍照系统与环境检测技术要求 表4-3

检测类型	技术要求
摄像及车牌识别	车辆图像抓获率：≥98.0%。 车辆拍照识别率：≥95.0%
环境参数检测	温度(℃)：-40～50(允许误差±0.5)。 相对湿度(%)：5.0～95.0(允许误差满量程±3%)。 坡度角度(°)：-15.0～15.0(允许误差±0.1)。 风速(m/s)：0～20(允许误差±10%)。 压力(kPa)：70.0～102.4(允许误差±5%)

四、遥感检测方法与排放限值

遥感检测的测量地点应为视野良好且路面平整的长上坡道路，测量路段可以是单车道或多车道路段，每辆受检车辆通过的间隔时间不得小于1s，前后车辆通过间隔小于1s则测量结果无效。遥感检测需要在无雨、雾、雪及明显扬尘的条件下进行，测量地点的风速、环境温度与湿度、大气压力也应满足规定要求。

车辆通过检测点位时，遥感检测设备自动拍摄并识别车辆牌照号码，自动测量车辆污染物浓度，拍摄林格曼烟气黑度，并将采集的数据和计算结果存入数据库。每经过一辆车，无论是否获得有效排放数据，测量系统均需要生成一条记录，每条记录都需要赋予特定的序列号作为检测记录编号。每条记录均应至少包括检测地点、人员、日期、检测设备参数、环境参数、测试车辆排放结果、车辆信息、自动校准

等相关信息。

连续两次及以上同种污染物检测结果超过表4-4中的排放限值，且测量时间间隔在6个月内，则判定受检车辆排放不合格。

装用压燃式发动机汽车污染物排放限值　　表4-4

项目	不透光度(%)	林格曼烟气黑度	NO(体积浓度)
限值	30	1级	1500×10^{-6}

注：NO限值仅用于筛查高排放车。

五、遥感检测技术的应用

多年来，光学遥感检测技术一直被用于测量大范围气体类的环境浓度，大量用于区域性气体泄漏检测，近年又用于一般的环境检测。美国、欧洲等一些发达国家或地区已经将遥测技术应用在汽车排放检测方面。目前，遥感检测在国内外的成功应用主要有以下几个方面：

(1)汽车遥感检测技术可以检验当前汽车污染物的管控措施和政策的可行性。

(2)汽车遥感检测技术可以用于筛选高排放车辆。在汽车工况已经明确的情况下，遥感检测可以用于识别高排放车。据统计，占车辆总数10%的高排放车辆，排放的污染物却占到所有车辆污染物排放总量的80%。利用遥感技术识别这些高排放车辆，并将其逐渐淘汰，可以极大地降低汽车污染物排放总量，有效地改善空气质量。

(3)将遥感监测设备安装在城市道路入口处，对通过路口的车辆进行入境检查，禁止检测不合格的高排放车辆进入。

(4)利用遥感检测装置检查被检汽车是否安装并使用环保装置。

(5)免除清洁车辆例行年检。清洁车辆通过有遥感检测的路段，检测合格后可以免除例行年检。这样做可以鼓励人们在购买车辆时选用清洁车辆，在用车过程中主动维护检修车辆，使车辆处于良好的状态下工作。

自2005年以来，国内一些省、区、市政府生态环境部门也相继开始将遥测技术作为机动车尾气路检的手段之一，例如：北京市于2005年发布并执行《装用点燃式发动机汽车排放污染物限值及检测方法(遥测法)》(DB 11/318—2005)的地方标准，规定了CO排放限值；广东省于2007年制定《在用汽车排放污染物限值及检测方法(遥测法)》(DB 44/T594—2009)地方标准，对汽油车规定了CO、HC排放限值，对柴油车规定了不透光烟度排放限值；安徽省于2012年发布了《在用汽车排放污染物限值及检测方法（遥测法）》（DB 34/T 1743—2012）地方标准；山东省于2012年发布了《在用汽车排放污染物限值及检测方法（遥测法）》（DB 37/T 2208—2012）地方标准；辽宁省于2013年发布了《在用汽车排放污染物限值及检测方法（遥测法）》（DB 21/T 2181—2013）地方标准；江苏省于2013年发布了《在用汽车排放污染物限值及检测方法（遥测法）》（DB 32/T 2288—2013）地方标准；天津市发布了《在用汽车排放污染物限值及检测方法（遥测法）》（DB 12/T 590—2015）地方标准；陕西省于2016年发布了《在用汽车排放污染物限值及检测方法（遥测法）》（DB 61/T 1046—2016）地方标准；河北省发布了《在用汽车排放污染物限值及检测方法（遥测法）》（DB 13/2323—2016）地方标准。2017年，环境保护部发布实施了国家环境保护排放标准《在用柴油车排放污染物测量方法及技术要求（遥感检测法）》（HJ 845—2017），正式将遥感检测法作为汽车排放检测方法，用于筛查高排放柴油车。

相较于传统的路检路查监督检测，使用遥测技术对车辆尾气进行检测具有以下优点。一是检测速度快、自动化程度高。遥感检测能够省时省力、快速高效地筛选出高排放车辆，检测效率和速度远高于传统检测方式，可以在短时间内检测大量车辆。二是检测结果更具代表性。遥感检测是在车辆正常行驶过程中完成的，其检测结果可以更好地反映车辆实际行驶工况的排放水平。而传统的路检路查受场地条件约束，普遍采用无负载检测法，检测结果往往与车辆实际行驶排放差异较大。三是可以有效避免检验作弊行为。遥感检测过程中驾驶人与检测人员无任何接触，降低了相互串通作弊的可能性；检测数据信息由系统自动加密记录，仅授权者可以访问，检测数据不易被篡改；此外，遥感检测过程中驾驶人往往并不知情，可以有效避免驾驶人使用不正当手段影响检测结果。四是对年检制度进行有效补充。目前我国环保定期检验的周期视车型不同一般为6个月或者1年，检验周期过长，无法保证车辆全年排放达标。采用遥感检测可以对现有年检制度进行有效补充，通过对车辆进行不定期检测，避免高排放车使用虚假维修手段通过环保定期检验，长期在路上超标排放的情况。五是对道路正常行驶没有影响。遥感检测设备一般安装在龙门架或是道路两侧，不会对车辆正常行驶产生影响。

同时，汽车遥感检测技术也存在一定的局限性。一是遥感检测结果的重复性较差。由于车辆行驶工况、检测环境等因素的差异，同一车辆的多次检测结果往往差异明显。二是对于检测环境有一定要求。遥感检测是基于光谱分析技术完成尾气排放的检测，其测量地点的天气情况，如风速、大气压力、温度和湿度等环

境参数均对检测结果产生影响,检测结果尤其容易受到光线强度的影响,需要不断进行设备校正。三是对受检车辆的行驶工况有要求。车辆进行遥感检测时的行驶工况是影响检测结果的重要因素,在遥感检测标准中通常会要求测试点设置在长上坡路段,或使用 VSP(车辆比功率)限定实际工况范围。四是存在无效数据。受检车辆的牌照无法识别或识别不准确、测量地点的环境条件超出标准要求等因素会造成检测结果无效。

第三节　黑烟车电子抓拍系统

一、黑烟车电子抓拍技术发展背景

黑烟车一般指在道路行驶过程中持续排放可见污染物的车辆。黑烟车是高排放车的典型代表,大部分黑烟车为柴油货车。根据生态环境部发布的《中国移动源环境管理年报(2019)》,柴油车排放的 NO_x 总量接近汽车的70%,排放的 PM 则超过汽车的90%。2019 年初,生态环境部等 11 个部委联合制定《柴油货车污染治理攻坚战行动计划》,要求到 2020 年全国在用柴油车监督抽测排放合格率达到90%,重点区域达到95%以上,排放管口冒黑烟现象基本消除。黑烟车深度治理势在必行。现阶段黑烟车的监管主要采用路检路查等人工筛查的方式,费时、费力且效率不高。2017 年,环境保护部发布了《在用柴油车排气污染物测量方法及技术要求(遥感检测法)》(HJ 845—2017)标准,规定了遥感检测法可用于高排放柴油车的快速筛查。但由于遥感检测设备成本较高,目前仅在重点区域和部分经济发达地区应用。随着人工智能技术的不断发展,视频图像识别技术日益成熟,采用视频电子抓拍的方式来监管黑烟车成为可能。

作为代表的黑烟车电子抓拍技术已在全国多个省、区、市先后落地,该技术既是林格曼烟气黑度测量的新方法,也是目前在柴油车林格曼烟气黑度测量中使用较为广泛的方法。黑烟车电子抓拍技术是动态图像识别技术在环保监测领域的延伸,通过分析抓拍场景中一定时间段的过车视频,运用光流矢量、色彩纹理及动态建模等算法分离烟气本体,并将烟气本体灰度与预设的林格曼标准图谱比对,从而测量出烟气的林格曼烟气黑度值。当前,研究人员在不断完善该方法的测量和溯源体系,为该方法的进一步发展提供有力支持。

二、黑烟车电子抓拍技术原理和运用

黑烟车电子抓拍系统利用高清摄像机及视频图像处理技术，对道路行驶的黑烟车进行实时自动识别，获取车辆牌照信息并判定尾气的林格曼烟气黑度等级，实现在用汽车监督检测由人工操作到智能操作的转变，为高排放车辆筛查提供了一种相对简单、高效的替代方案。

黑烟车电子抓拍系统的安装方式与固定垂直式遥感类似，如图4-6所示，一般将高清摄像头安装在道路上方的龙门架上，对过往车辆进行拍照识别。由于黑烟车电子抓拍系统没有遥感检测模块，所以不需要在下方道路中铺设反射装置。黑烟车电子抓拍系统通常部署在城市主要路段、重点企业密集区域、黑烟车高流量道路等地点，用于快速筛查高排放及超标车辆，为高排放车辆管理、控制和分析决策提供依据，也对排放检测机构进行闭环控制，实现排放控制和减少机动车污染。黑烟车电子抓拍系统一般由高清摄像机、黑烟车分析仪和中心管理平台三部分组成。

图4-6　黑烟车电子抓拍系统实物图

图4-7展示了黑烟车电子抓拍系统的工作流程。黑烟车电子抓拍系统通过高清摄像头获取行驶车辆的视频和图片信息，常采用电荷耦合器件图像传感器（CCD）以及图像处理技术识别车辆排放烟度状况，通过烟羽与背景深色和浅色目标之间对比度的差异，以林格曼烟气黑度为基础来衡量尾气烟羽的黑度，并对车辆排放状况进行判定。黑烟车电子抓拍系统可以将高排放车辆的视频与图片信息上传至中心管理平台进行二次人工确认，确保最终数据的准确性。为满足不同的监

管需求，部分黑烟车电子抓拍系统增加了黑烟车管理统计分析功能，如建立黑烟车的"黑名单"、统计黑烟车行驶的高峰时段、出现黑烟车频率高的车型等，为有效地监管黑烟车提供了有力的支持。

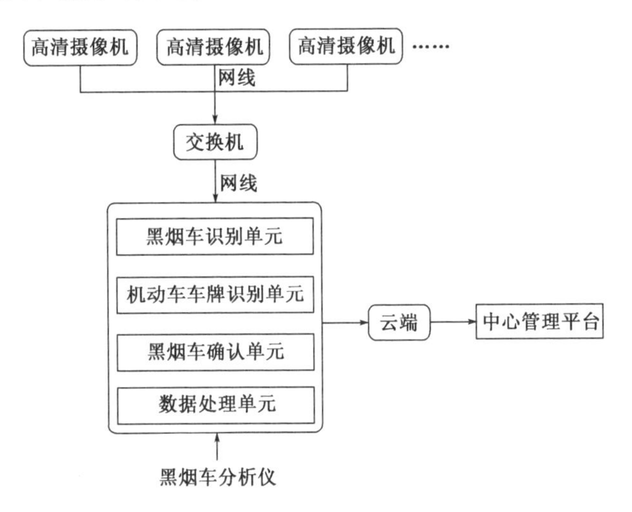

图 4-7　黑烟车电子抓拍系统的工作流程

第四节　机动车尾气跟车测试系统

跟车测试起源于 21 世纪初，部分欧美研究机构（如康奈尔大学）对跟车原型技术进行探索，搭建了跟车测试原型。2006—2011 年间，康奈尔大学与清华大学合作，初步应用跟车方法开展测试工作，分析了奥运期间重型汽车污染物（如 NO_x 化物、CO 和黑炭）排放特征，评估了这些污染物对奥运期间空气质量的影响。此时，排放因子计算工作依靠离线计算完成，数据预处理需要的时间较长。2013 年以来，欧洲国家、美国和我国研究机构开展对跟车技术的可靠性的测试和验证。清华大学开展的道路测试显示，跟车测试单车精度在 80% 以上，车队平均精度在 95% 以上，表明跟车测试数据和车载测试数据的两者一致性较好；此外，清华大学还开发了跟车测试的数据质控和在线计算方法，大大提升了对跟车测试的实时监管能力。与传统的台架测试和实际道路的车载方法相比，跟车测试方法采用不接触目标车的测量方法，测试成本较低，且可以获得更大的样本量，可以实现每月对城市千余辆重型汽车的排放因子的准确测试。

图 4-8　跟车测试现场图

2019 年以来,跟车测试方法被用于大规模排放测试(测试现场图如图 4-8 所示),其排放因子数据被用于排放模型开发和高排放车排放监管。目前,清华大学在国内多个区域开展了万余辆次跟车测试,排放因子数据已用于排放因子模型和排放清单的开发。上海进博会期间的跟车测试工作为重型柴油车总体污染物排放水平刻画和高排放车辆识别提供了重要技术支撑。利用实际道路跟车测试的研究表明,天然气重型货车的 NO_x 排放显著高于柴油重型货车,这一发现推动了我国重点区域国六天然气标准的提前实施。

2021 年,丹麦交通局利用跟车技术识别丹麦高排放欧六重型柴油车,并在丹麦成功用于对高污染物排放车辆的监管。丹麦交通局对 460 辆重型柴油车开展跟车测试,发现 30 辆次的氮氧化物高排放车,并对这些被跟车测试判定为污染物高排放车的车辆进行拦截路查,发现装有后处理装置的这些车辆,其后处理装置均存在作弊、篡改或 SCR 低温等问题,跟车测试中污染物高排放车误判率为 0%,表明跟车测试用于识别高排放车的可靠性极佳。

一、跟车测试基本原理

跟车测试作为实际道路排放测试方法之一,利用一辆配备高时间分辨率和高精度的污染物测试仪器的平台车(图 4-9),非接触式地追踪目标车(前车),通过车头进气口将目标车尾气排放后经过快速等比例稀释的烟羽吸入仪器内部,分析污染物(NO_x 和 BC 等)和 CO_2 的浓度变化,得到各污染物及 CO_2 与环境背景浓度差,并将 CO_2 作为燃料的示踪剂,再利用碳平衡法(燃油中碳元素与 CO_2 的转化关系)建立目标车基于燃料消耗的单车排放因子(g/kg 燃油)。

图 4-9　跟车测试平台车

跟车测试平台包含污染物测试模块、环境条件测试模块及数据集成模块(图 4-10)。

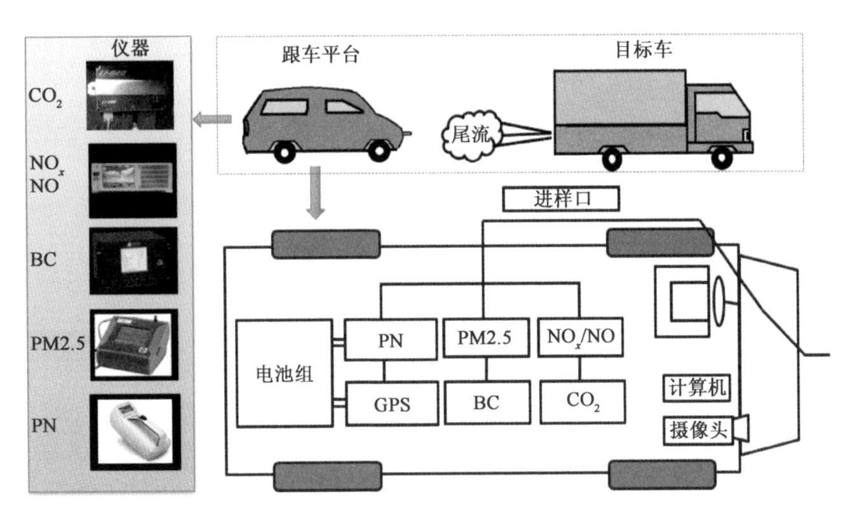

图 4-10　跟车测试内部结构图

(1)污染物测试模块:包含 CO_2、NO_x、BC 等测试仪器,主要仪器的规格参数见表 4-5。CO_2 体积浓度测量采用非色散红外法,NO_x 体积浓度测量采用化学发光法,BC 质量浓度测量采用光学吸收法,PM2.5 质量浓度测量采用光散射法,PN 数浓度测量采用冷凝-光散射法。

跟车测试系统主要设备的规格参数　　表 4-5

设备名称	CO_2 仪	NO_x 仪	BC 仪	PM2.5 仪	PN 仪
测量参数	CO_2 体积浓度	NO_x/NO 体积浓度	BC 质量浓度	PM2.5 质量浓度	PN 数浓度
量程	0 ~ 20000	0 ~ 50000	0.01 ~ 100 μg/m³	0.001 ~ 400 mg/m³	$0 \sim 1 \times 10^5$ 个/m³
测试分辨率	0.01	0.01	0.001 μg/m³	1 μg/m³	个/m³
时间分辨率(s)	1	1	1	1	1

(2)环境条件测试模板:包含地理位置信息,车速,环境温度和环境湿度等参数。其中,地理位置信息和车速由安装在平台车顶部的 GPS 设备测得,环境温度和环境湿度由温湿度仪测得。

(3)数据集成模块:利用工控机上的集成软件实时显示多种污染物瞬态浓度变化及车辆行驶工况,并计算污染物排放因子。这种快速响应便于测试人员及时调整跟车策略,并通过排放因子结果评估目标车排放水平,判断目标车辆是否为高排放车。跟车排放测试软件设计界面如图 4-11 所示。

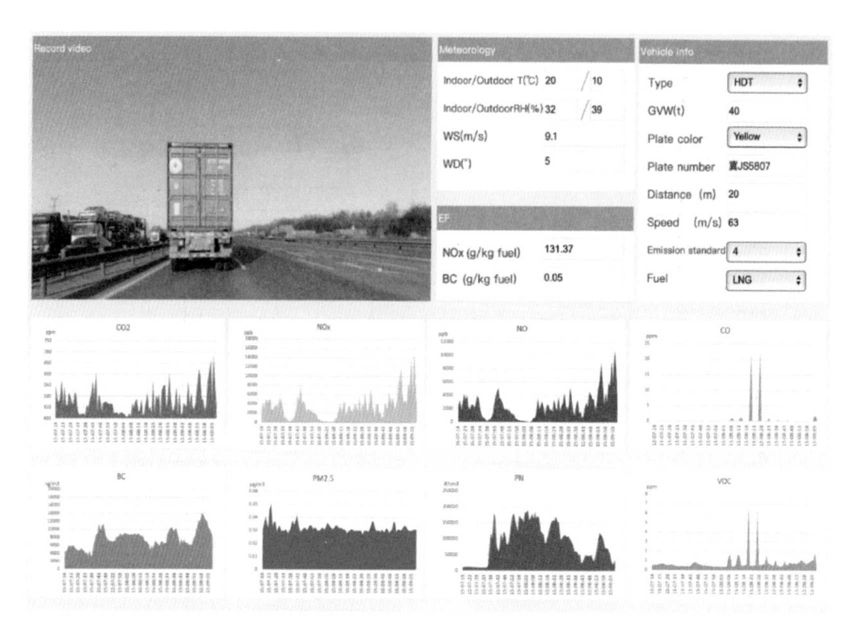

图 4-11　跟车测试数据集成与排放因子实时计算软件界面

二、实际道路跟车测试步骤

实际道路跟车测试的策略及具体测试步骤如下所述：

步骤 1：实验基地完成仪器校准。测试共需要包含跟车平台车辆驾驶检测员和试验助手在内的两名人员。在实验基地所有仪器完成开机、热机流程后，为了确保跟车测试结果的准确性，利用氮气和标准气体分别对 CO_2 仪、NO_x 仪和 NO 仪等气态污染测试仪进行零点和量程点的两点法校准。标定结束后，通过流量传感器对总进样口（采样管）进行检漏操作，以上步骤完成后即可开展实际道路测试。

步骤 2：开展实际道路跟车测试。跟车开始前先采集道路背景浓度，即跟车测试平台尽量保持仪器车前方 50m 内无其他车辆排放影响；选定目标车辆，追及目标车辆，当仪器车与目标车辆的距离接近时，记录“测试开始”，并记录目标车辆的车牌号；满足跟车时长后（通常至少 2min），开始超越目标车辆，并在离开目标车辆的车尾时记录“测试结束”。超车后，在原车道采集道路背景浓度，完成一个测试循环。通常每天可开展 50 ~ 100 个跟车测试循环。根据以上步骤测得目标车排放气体中经大气稀释后的污染物和 CO_2 浓度以及道路背景浓度。

步骤3:实验基地完成仪器校验。结束测试任务,回到实验基地,用标准气体分别对CO_2仪、NO_x仪和NO仪等气态污染测试仪进行量程点的校验,以确认当日仪器是否运行正常,以判断仪器在使用过程中是否有问题,提高数据准确性。检验结束后,保存并导出所有仪器的数据。关闭所有仪器后,关闭电源,完成一天的跟车测试。

按下式求出以g/kg燃料为单位的污染物NO_x和BC排放因子EF_P:

$$EF_P = \left\{ \frac{\Delta[P]dt}{\Delta[CO_2]dt\left(\frac{MW_C}{MW_{CO_2}}\right)} \right\} w_c \tag{4-1}$$

其中,$\Delta[i]=[i]-[i]_0$;$i=CO_2,P(NO_x、BC)$;$\Delta[i]$代表污染物i的增量,$[i]$代表跟车测试仪器得到的污染物i浓度,$[i]_0$表示污染物i道路背景浓度的值;以CO_2为例,$\Delta[CO_2]$为目标车排出的CO_2尾气经过大气稀释后的浓度,$[CO_2]$为CO_2仪器测得的CO_2浓度,$[CO_2]_0$表示CO_2的道路背景浓度,$\Delta[CO_2]=[CO_2]-[CO_2]_0$;$EF_P$表示每kg燃料所排放的污染物$P$的质量,单位为g/kg燃油;$MW_c$是碳的相对分子质量,为12g/mol;$MW_{CO_2}$是$CO_2$的相对分子质量,为44g/mol;$w_c$是目标车所使用燃料中碳元素的质量占比。

第五节　重型柴油车远程排放监控系统

一、重型柴油车远程排放监控系统建设必要性

重型柴油车是机动车污染防治的重点,也是标准实施及监管的难点。重型柴油车行驶状况恶劣、维护不及时、黑假加油站点多、车用柴油和柴油机尾气处理液质量差等问题突出,给主管部门对重型车的监管带来了非常大的困难。任何一个环节监管不到位,都将导致排放量超标。尤其对于SCR和DPF等后处理装置,一旦失效,对环境造成的污染将是不可接受的。此外,还可能存在人为长期不添加尿素、篡改发动机控制参数以及NO_x传感器失效等一系列问题,用户或厂家也可能篡改ECU或后处理控制系统,导致后处理系统不工作、柴油机尾气处理液不消耗、OBD不工作等,严重违反了标准要求。2018年4月,中央财经委员会第一次会议提出了"打好蓝天保卫战、柴油货车污染治理攻坚战"的要求。以开展柴油货车超标排放专项整治为抓手,统筹开展油、路、车治理和机动车船污染防治。严厉打击

生产销售不达标车辆、排放检验机构检测弄虚作假等违法行为。加快淘汰老旧车，鼓励清洁能源车辆的推广使用。建设“天地车人”一体化的机动车排放监控系统，完善机动车遥感监测网络。“天地车人”一体化移动源排放监控体系中的“车”，指的就是车载在线监控。2018年6月27日，国务院办公厅印发的《打赢蓝天保卫战三年行动计划》(国发〔2018〕22号)提出：打好柴油货车污染治理攻坚战；制定柴油货车污染治理攻坚战行动方案，统筹油、路、车治理，实施清洁柴油车(机)、清洁运输和清洁油品行动，确保柴油货车污染排放总量明显下降；加强柴油货车生产销售、注册使用、检验维修等环节的监督管理，建立天地车人一体化的全方位监控体系，实施在用汽车排放检测与强制维护制度；推进工程机械安装实时定位和排放监控装置，建设排放监控平台，重点区域2020年底前基本完成。2018年12月31日，11部委联合发布的《柴油货车污染治理攻坚战行动计划》(环大气〔2018〕179号)提出：推进监管体系建设和应用。加快建设完善“天地车人”一体化的机动车排放监控系统；推进重型柴油车远程在线监控系统建设，2018年重点区域开展试点，2019年底前重点区域50%以上具备条件的重型柴油车安装远程在线监控并与生态环境部门联网，其他区域城市积极推进；2020年1月1日起，重点区域将未安装远程在线监控系统的营运车辆列入重点监管对象。此外，重型柴油车国六标准《车用压燃式发动机排放污染物测量方法》(GB 17691—2018)6.12.4条款规定：从6a阶段开始，车辆应装备符合《重型柴油车污染物排放限值及测量方法(中国第六阶段)》附录Q要求的远程排放管理车载终端，鼓励车辆按本标准附录Q要求进行数据发送。从6b阶段开始，生产企业应保证车辆在全寿命期内，按本标准附录Q要求进行数据发送，由生态环境主管部门和生产企业进行接收。

我国固定污染源的在线监控系统网络已初步建成，可以对固定源的实时排放状态进行监控，移动源尚未实现对每辆车的实时排放状态进行监控。我国生态文明建设对重型柴油车的监管提出了迫切需求，物联网、大数据、移动通信等技术为重型柴油车的监管提供了技术基础。建立重型柴油车车载诊断远程监控系统，是生态环境保护和互联网技术的有机融合，也是实现移动源精细化管理的重要保障。

重型柴油车车载诊断远程监控系统可实现车辆的全域全程的有效监管。采集的数据通过模型计算分析，可以开展超标排放车辆的识别及定位、排放总量评估、NO_x传感器造假识别、车辆后处理系统的运行情况评估、燃料消耗情况评估、不加尿素情况识别监控等业务，实现了企业、地方、国家三级架构监管机制，通过数据分析支撑执法和管理，满足地方政府归属地与运行地双重管理制的需求。

二、远程排放监控系统总体框架

1. 远程监控终端

在线监控终端安装于柴油货车上,通过 OBD 接口采集监测车辆发动机的工作状态数据和污染物排放数据;通过北斗定位系统获取车辆位置、速度、时间信息;对采集到的车辆状态数据和定位信息进行安全处理;通过无线通信将经过安全处理的信息等上传到监控平台(图 4-12)。

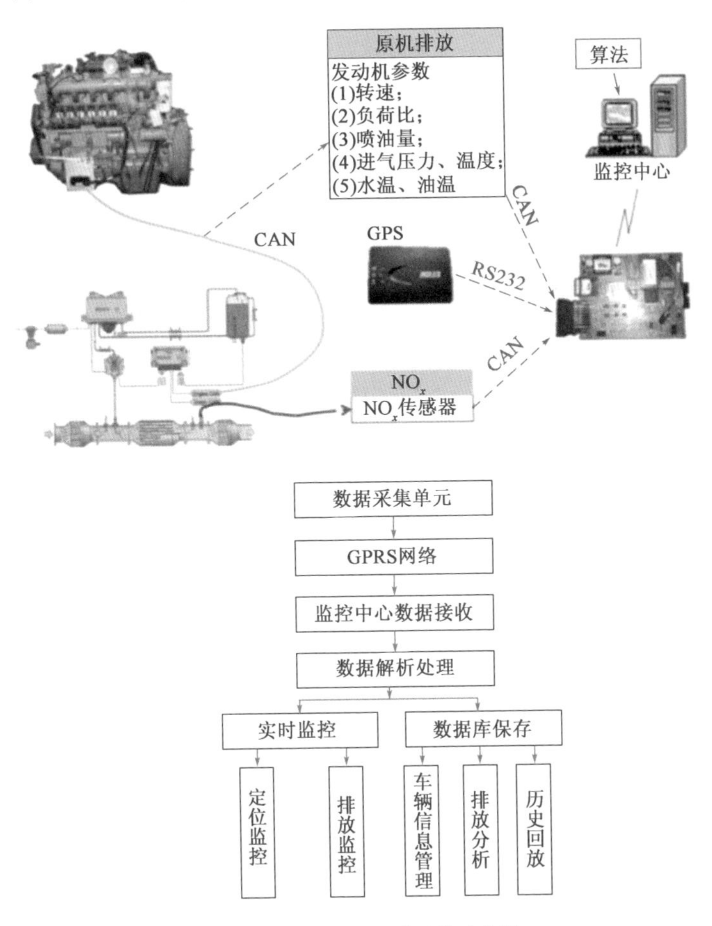

图 4-12　远程监控终端通信示意图

车载终端通过与车辆 CAN 网络通信获得柴油机工况参数和车用 NO_x 传感器

测量数据，通过对 GPS 单元串口通信获得柴油车车速、位置和道路条件等数据，通过排放计算模型计算出柴油车实际排放量，通过 GPRS 网络将关键数据发送到监控中心，同时存储在系统内置的存储卡以及服务器终端中。该方案具有测量精度相对较高的优势。

车载数据采集终端与国Ⅳ柴油车配备的 OBD 插头相连接，通过车辆自身的 CAN 总线采集车辆的运行参数，如转速、油耗、增压压力、进气温度、负荷率等，通过全球定位系统（GPS）获取车辆的实时定位参数，如经度/纬度、运行速度和运行时间等，通过车辆自带的 NO_x 传感器获取车辆实时的 NO_x 浓度，并通过计算模型计算出车辆实时的 NO_x 和 CO_2 排放情况，然后车载数据采集终端将采集到的 CAN 信息和 GPS 信息按照统一的数据协议编排，并按照设定的发送速率通过 GPRS 网络发送到远程服务器。

2. 远程在线监控平台

柴油车尾气在线监控平台是一个多元化的闭环平台。平台的主要构成包括在线数据收集存储系统、实时排放监控分析系统、管理信息支持系统、计算与模拟支持系统和管理信息支持系统等。

在线数据收集存储系统用于对车辆 OBD 数据的管理。该终端融合了北斗先进的车辆定位技术，因而可获得车辆实时的精确工况数据，包括速度、加速度、经纬度和海拔高度等数据。该在线监控平台将收集由远程终端发送的车辆工况信息、发动机尾气排放数据、油箱液位数据等，并根据之前建立的被安装车辆数据将数据进行分类保存。

在实时监控界面选择具体监控车辆，便能在线监控到车辆当前的 NO_x 和 CO_2 浓度、质量流量、比功率排放以及车速、功率与排放等各种关系图，同时还能看到车辆的行驶状况、历史数据以及车辆的各项信息，包括所属车队、发动机型号以及行驶路线等。

整个重型柴油车远程排放监控系统由重型柴油车远程排放服务与管理国家平台（以下简称国家平台）、车企管理平台（以下简称企业平台）、地方管理平台（以下简称地方平台）以及车载终端组成。

国六车辆首先由终端先将数据上传到企业平台，然后由企业平台将数据上传到国家平台。在用国五车辆由终端将数据直接上传到地方平台，再由地方平台上传到国家平台（新注册国五车辆监管模式参照国六车辆）。其层次关系如图 4-13 和图 4-14 所示。

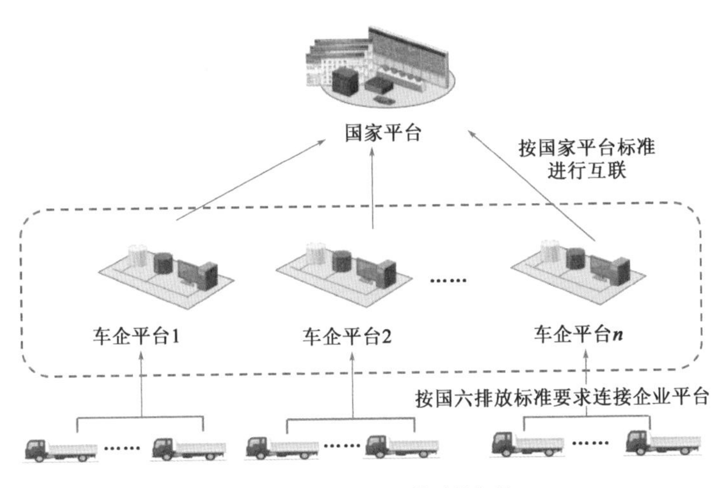

图 4-13　国六车辆远程监管总体架构

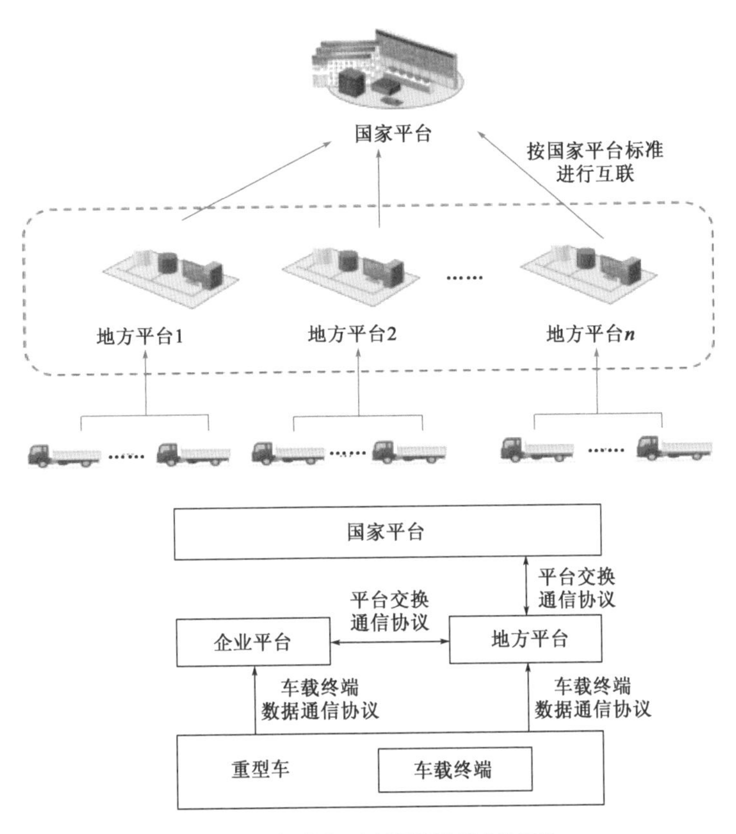

图 4-14　在用国五车辆远程监管总体架构

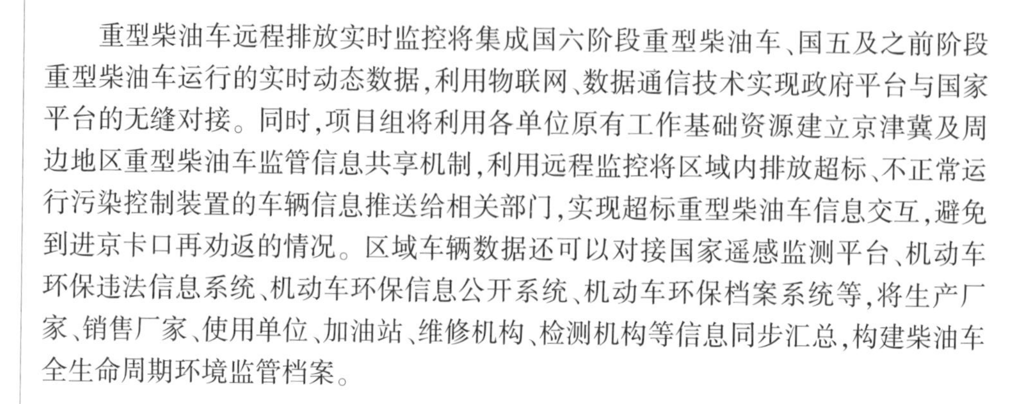
重型柴油车远程排放实时监控将集成国六阶段重型柴油车、国五及之前阶段重型柴油车运行的实时动态数据，利用物联网、数据通信技术实现政府平台与国家平台的无缝对接。同时，项目组将利用各单位原有工作基础资源建立京津冀及周边地区重型柴油车监管信息共享机制，利用远程监控将区域内排放超标、不正常运行污染控制装置的车辆信息推送给相关部门，实现超标重型柴油车信息交互，避免到进京卡口再劝返的情况。区域车辆数据还可以对接国家遥感监测平台、机动车环保违法信息系统、机动车环保信息公开系统、机动车环保档案系统等，将生产厂家、销售厂家、使用单位、加油站、维修机构、检测机构等信息同步汇总，构建柴油车全生命周期环境监管档案。

三、远程排放监控系统技术要求

1.数据传输加密技术

按照 GB 17691—2018 标准的要求，重型柴油车远程排放监管系统采集的参数包含了车辆的发动机及 OBD 数据，另外还需要添加位置信息。为保证数据在传输过程中不泄露，本标准建议车载终端上报数据到企业平台或地方平台时使用加密技术，企业平台或地方平台上传到国家平台必须使用 VPN 加密。

2.数据防篡改功能设计

对于国六车辆，终端通过企业平台转发数据的形式进行数据上传，为避免车企平台对数据进行篡改，要求车载终端从车辆 ECU 中读取数据后，必须为这些数据添加数字签名。数字签名是通过安全芯片中的私钥进行运算得到，是附加在数据单元上的一些数据，或是对数据单元所做的密码变换。这种数据或变换使数据单元的接收者可以确认数据单元的来源和数据单元的完整性并保护数据，防止被人伪造。

数字签名无法进行伪造，只能利用公钥对其进行验证。国家平台可通过数据签名，对车企转发上来的数据进行验证，确保数据从终端传输到国家平台的过程中没有被篡改。图 4-15 为数据及签名发送路径。

3.终端激活备案功能

为了确保数据防篡改功能的实现，在终端初次启动时，应向国家平台发送备案信息。备案信息应包括车辆 VIN、安全芯片 ID、安全芯片中的公钥。在此之前，企业应通过公共服务模块，将车辆 VIN 上传至国家平台。国家平台在接收到备案信

息后，将备案信息中的 VIN 和芯片 ID 数据与车企上传的信息进行匹配验证。如匹配成功，国家平台向终端返回备案成功信息，否则，备案失败。匹配成功后，国家平台将车辆 VIN、安全芯片 ID、公钥建立关联。终端激活备案流程如图 4-16 所示。

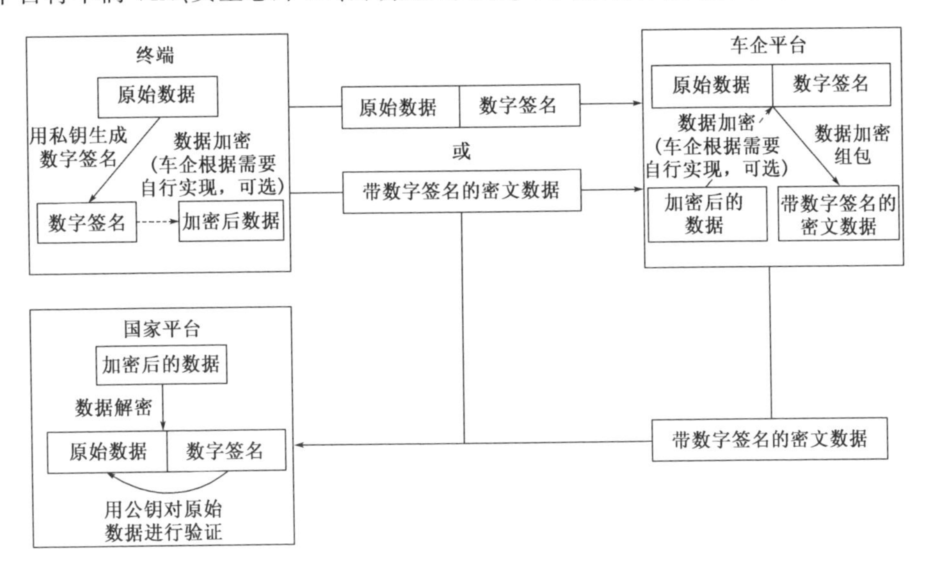

图 4-15　数据及签名发送路径

4. 安全芯片和秘钥

为保证数据不被篡改，标准提出了数据防篡改技术，必须采用硬件加密技术实现数字签名。数字签名使用的公钥和私钥则存储在安全芯片中。为保证加密芯片满足标准对于签名和保密的要求，标准中提出了芯片要求。首先，为保证芯片与车载终端唯一配对性，要求加密芯片具备唯一 ID。其次，安全芯片中需要安全的存储芯片 ID 和秘钥（公钥和私钥），并且存储的芯片 ID 和公钥可以读取，私钥不可读、不可改。为保证芯片的生产合规性，要求芯片厂商通过 ISO 9001 质量管理体系认证，ISO 14001 环境管理体系认证。最后，为保证芯片的安全性能，要求安全芯片安全等级应满足 GM/T 0008 安全等级 2 级要求，且应具备商用密码产品型号证书。最后，芯片的密钥长度应为 256bit，且签名速度不小于 50 次/s。

5. 实时数据发送

车辆备案成功后，向车企平台发送实时数据，并利用安全芯片中的私钥对数据进行签名。企业平台将原始数据和签名转发国家平台。国家平台通过接收数据的

VIN,判断是否接收数据。数据接收后,通过该 VIN 对应的公钥,对数据签名进行验签。数据上传流程如图 4-17 所示。

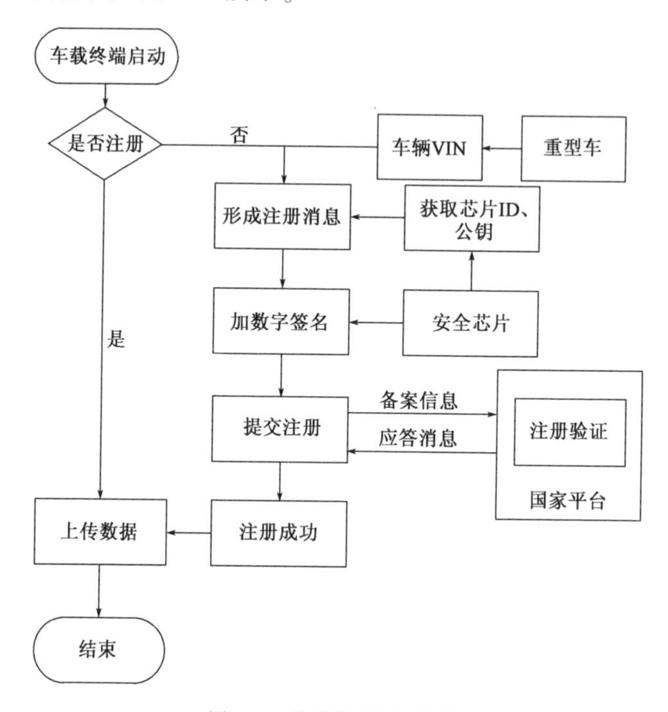

图 4-16 终端激活备案流程

6. 定位技术

按照目前导航定位的精度,要求车辆在行驶过程中应至少保持道路准确性,结合现阶段民用导航卫星的定位精度,规定第一阶段的导航定位精度为 5m,待国 6b 标准正式实施,且民用导航精准定位技术成熟后,提升定位精度至 1m。

7. 终端防拆除功能

为防止终端被私自拆除,终端与车辆 ECU 之间应建立心跳链接,一旦检测到终端与 ECU 断开连接,应激活驾驶人报警系统,并在技术允许的条件下向监管平台发送“断开信号”。

8. 维修更换车载终端的操作程序

已经联网正式传输数据的车辆,一旦使用过程中终端损坏,需要更换,企业应在企业服务模块中,对该车辆进行终端损坏并更换的信息备案,将车辆 VIN 上传。

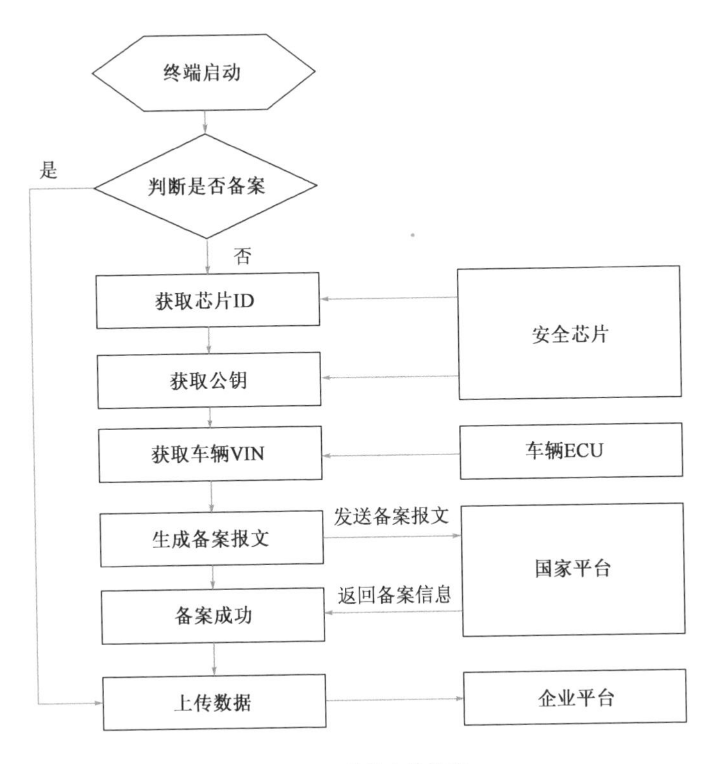

图 4-17　数据上传流程

车辆更换车载终端后，重新发送注册信息，若该 VIN 已经提前备案，则国家平台接收该备案信息，将该 VIN 对应的芯片 ID、终端序列号和公钥进行更新，并返回备案成功信息。若该 VIN 没有提前备案，则不接受该备案信息。

9. 车牌信息采集和登记/年检查询联网状态功能

为便于在车辆年检时对车载终端进行监测，开发面向检验机构的，所有车辆按 VIN 进行联网状态查询的功能，VIN 不联网则不能通过登记/年检。

同时，开发 VIN 对应车牌号码录入功能，对查询到的 VIN，提示是否已有车牌号码信息，没有车牌号码的，提供录入窗口，要求检验机构录入。

10. 数据安全

为避免终端至车厂平台数据传输时产生数据泄露，企业应保障数据传输的安全性。

（1）车载终端存储、传输的数据应是加密的，应采用非对称加密算法，可使用国密 SM2 算法或者 RSA 算法，并且需要采用硬件方式对私钥进行严格保护。

（2）车载终端存储、传输的数据应是完整的。

（3）数据传输过程应当对数据进行扫描，及时发现恶意的数据及攻击行为，如对 ECU 等 CAN 总线设备的读写命令，或其他超出正常数据读取的指令，安全检测应当检出 95% 以上的攻击，误报率小于 1%，应在攻击开始后 10s 内发现并启动防护措施。

（4）车载终端只能读取车辆数据，不能向 ECU 发送除诊断请求外的其他任何指令。

（5）车载终端应只向外发送数据，不应接受除生产企业外的操作指令。

第六节 多元技术融合的在用汽车排放监控体系

为实现对柴油车开展全天候、全方位、全链条的机动车排放监控，2018 年国务院印发的《打赢蓝天保卫战三年行动计划》明确要求建立完善"天地车人"一体化机动车排放监控系统（图 4-18），利用遥感监测数据、环保检验机构三级（国家、省、市）联网、重型柴油车 OBD 远程监控系统以及现场路检路查和停放地监督抽测，构建全国互联互通、共建共享的机动车排放监管网络体系。通过大数据分析筛查超标严重车型，为机动车污染防治工作精准治理目标的制定提供数据支撑，推动大气污染防治的科学决策和精准施策。

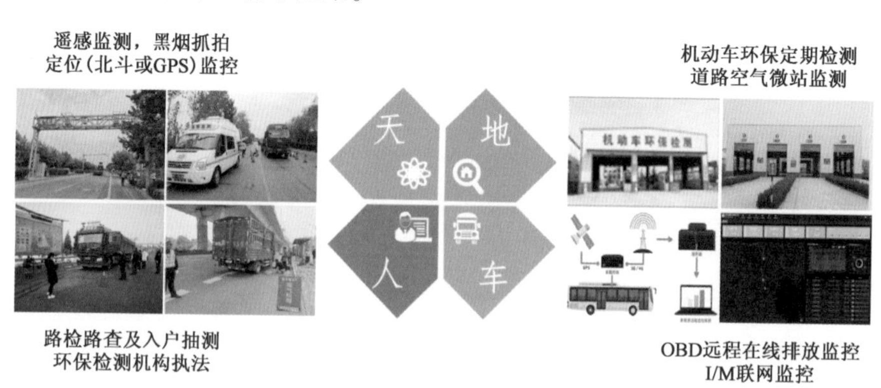

图 4-18 "天地车人"一体化机动车排放监管体系

由于方法手段的不同，测试要求也不尽相同。实验室台架和实际道路 PEMS 测试技术具有数据翔实、准确性高等特点，但两者测试规程复杂、技术难度大、测量时间长、检测成本高，短期内难以实现大样本检测，故主要用于新车排放检验（如型式检验、新生产车达标检查、在用符合性检查等）。相对于新车，在用汽车排放个体差异更大，除了车辆本身采用的发动机和后处理系统劣化程度等核心因素外，实际行驶过程中的不同驾驶习惯、运行模式、车辆负载、气象条件、道路条件等也会加剧机动车污染物排放差异，进而增大车型视同难度，导致在用汽车排放检查需要覆盖更大样本量乃至全车队。针对在用汽车排放检查，单一的监管技术的时效性、准确性或覆盖率往往不佳。融合实际道路智能监管和大数据技术，将是实现在用汽车精准管控的国际发展趋势。加州空气资源管理局（CARB）已明确提出，OBD 排放监控将作为 2020 年之后的重型汽车在用排放监管的核心技术，对于不具备 OBD 排放监控能力的老旧在用汽车，则以遥感、简易车载测试、PEMS 和年检大数据等测量技术作为主要手段。CARB 同时指出，PEMS、简易 PEMS 等技术可以验证评估 OBD 排放监控技术的准确性和可靠性。随着排放标准和控制政策的不断完善，我国也陆续发布实施或修订更新了一系列在用汽车排放快速检测方法，如定期检验、PEMS、遥感监测、OBD 远程在线监控，以及目前正处于研究应用阶段的跟车测试、交通道路微站动态检测（部署在主要交通道路旁）等，逐步构建了基于多种在线监管测试技术的排放检测监管体系，以满足机动车全生命周期、全链条监管。

由于受到检测设备性能、检测人员、设备运行和维护的影响，原始业务数据往往不能满足数据综合处理和分析的需要，数据的完整性、规范性和异常都会影响到最终的数据分析结果。为确保不同技术（尤其是遥感、OBD 远程在线监控、跟车等快速、高效的大样本测量技术）测试结果的可靠性，开展多种测量技术的同步对比测试和一致性校验分析，将是优化多源测试数据融合、准确刻画机动车污染排放特征的关键所在。综合评价多种先进测试技术，基于同步测试发现跟车-PEMS、跟车-OBD 测试数据一致性均较好。其中，同步 PEMS 和跟车的近 250 次对比测试显示，两者之间不存在显著的系统性偏差，单车偏差在 ±20% 以内，车队平均偏差在 ±3% 以内。利用 OBD 数据计算的 8 辆测试车辆的 NO_x 浓度、NO_x 排放因子与 PEMS 计算结果偏差在 ±25% 以内。基于大样本车队测试也表明，跟车与 OBD 和年检测试数据结果高度一致（图 4-19）。

如图 4-20 所示，在应用多源排放大数据开展在用汽车排放监管前，首先要将不同来源的数据提取和标准化（如数据单位、格式等），然后对数据进行诊断与置信分析，再以包括车牌号、车辆型号、VIN 码和信息公开编号在内的车辆参数为依据，将各数据源的原始数据进行融合处理，得到车型综合检验数据和车辆综合检验数据，存入数据库。最后，按照评价分析的方向对数据进行离线预算，来映射不同主题的数据集，为机动车道路排放综合评价、发现高排放车辆、超标原因溯源分析、关键污染控制装置和检验设备评价提供数据支持（图 4-21）。利用足够样本的标准机动车检验数据库，可以综合识别车辆排放显著高于同车型相近年限的排放水平的车辆，加大对高排放车辆定期检验、路检入户检测的监管力度，督促车主进行车辆维修，使车辆达到正常的排放水平。

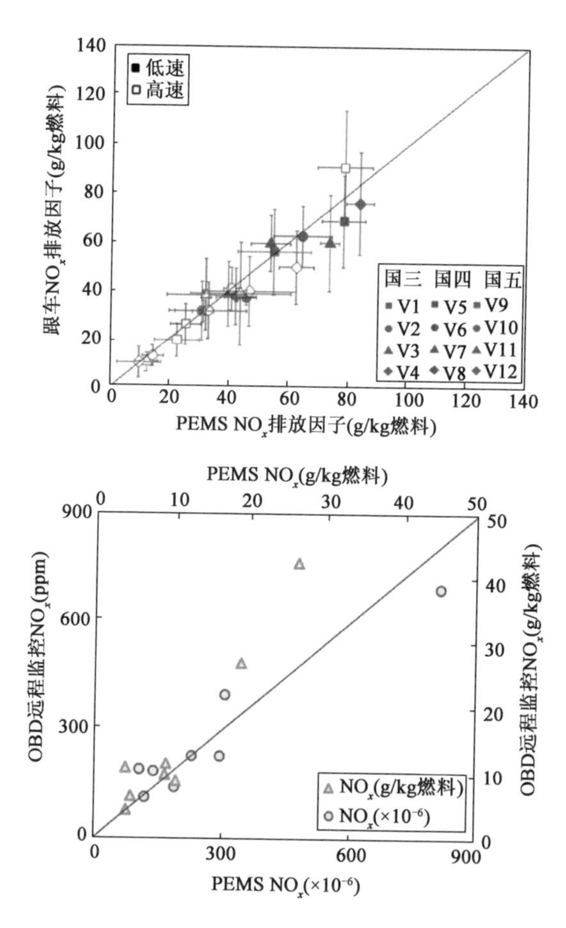

图 4-19 跟车、OBD 远程在线监控与 PEMS 的 NO_x 排放对比

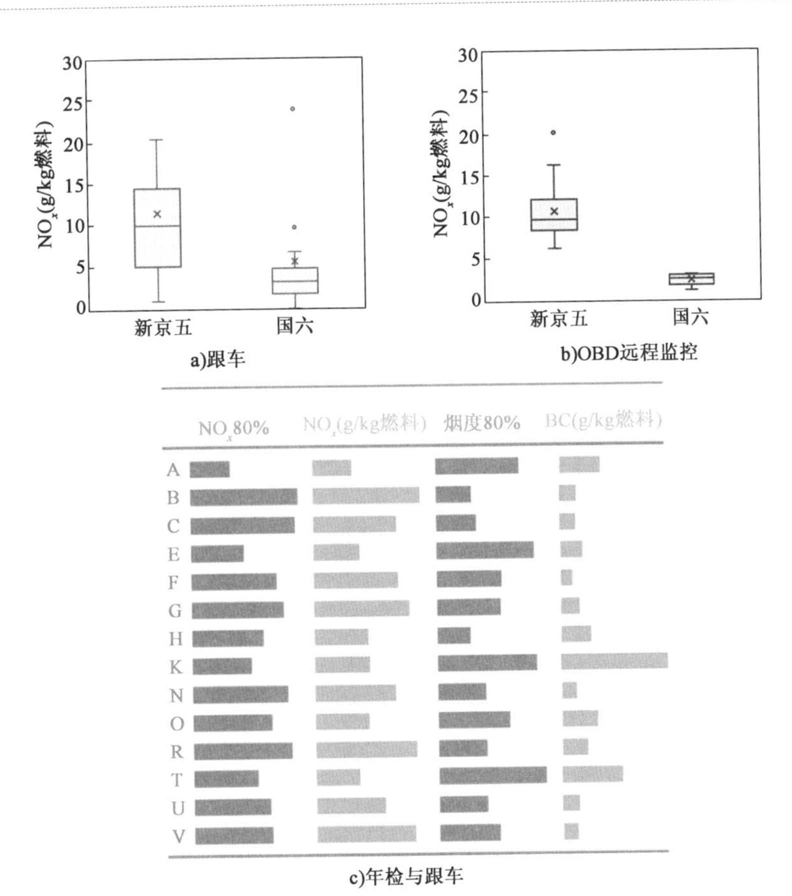

图4-20　跟车与OBD远程在线监控和年检PEMS的排放结果对比

注:深色为年检测试浓度数据,浅色为跟车测试排放因子数据;年检数据采用所有测试车辆的平均结果(包括不达标车辆);跟车数据采用至少有3辆车作为样本的车企。

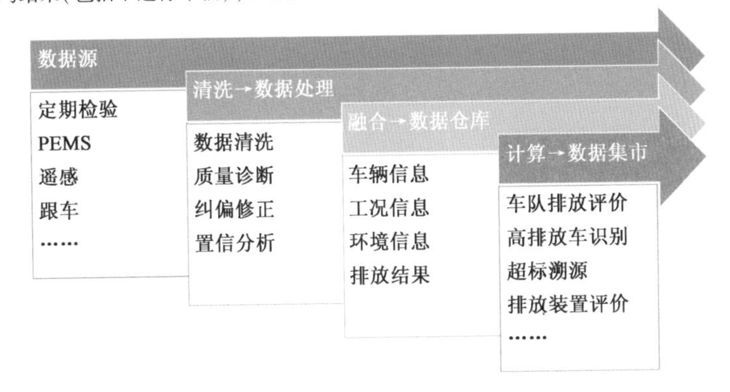

图4-21　多源数据分析处理和应用流程

第五章 排放检验机构主要检测技术与设备

在我国在用汽车的 I/M 制度施行之初，国家先后发布了在用汽油车和柴油车排放标准，目前我国国家标准《点燃式发动机汽车排放污染物排放限值及测量方法（双怠速法及简易工况法）》（GB 18285—2018）规定，在用汽油车排放检查采用双怠速法和简易工况法（包括稳态工况法 ASM、瞬态工况法 IM195、简易瞬态工况法 VMAS 三种），以及车载诊断系统（OBD）测试和蒸发排放测试测试；而国家标准《车用压燃式发动机和压燃式发动机汽车排放烟度限值及测量方法》（GB 3847—2018）则给出了在用柴油车排放检测采用的自由加速试验和加载减速试验的方法，其中自由加速试验可采用不透光烟度法。全国各地排放检验机构对在用机动车进行年检时，应严格按照以上两个标准进行检测。针对不同的检测方法，需要与之匹配的检测设备，本章从检测方法的演变和发展入手，详细介绍检测技术和设备以及不同检测方法的数据处理过程。为保证排放检验机构严格按照质量认证体系来开展工作，本节还介绍了排放检验机构质量控制要求，规范其合规合法地有效运行。

第一节 主要检测方法演变与发展

GB 18285 标准于 2000 年初次发布，在 2005 年和 2018 年两次更新。在 2000 年的标准中，初次提出安装点燃式发动机的机动车采用怠速试验、双怠速试验、ASM 试验。试验检测的排放污染物包括 CO、HC 和 NO_x。HC 以正己烷当量表示，

NO_x以 NO 表示。而安装压燃式发动机的机动车则采用自由加速烟度试验。试验检测以光吸收系数和烟度值表示。在 2005 年,GB 18285 只针对安装点燃式发动机的机动车要求进行双怠速及简易工况法试验检测,同时 GB 3847 标准部分替代了 GB 18285 标准对于装用压燃式发动机的机动车的排放测试要求,要求采用稳定转速法和自由加速法测定不透光烟度和滤纸烟度。在 2018 年,GB 18285 标准在双怠速法和稳态工况法的基础上增加了 OBD 测试、瞬态工况法测试、简易瞬态工况法测试、蒸发排放系统测试。2013 年,环境保护部为了加强机动车环保检验管理,深化机动车污染防治工作,对于点燃式发动机汽车排放检测方法,制定了《机动车环保检验管理规定》(环发〔2013〕38 号),规定国家大气污染防治重点区域和重点城市应优先选用简易工况法进行测试。同时,在 GB 18285—2018 标准中也明确规定所有检验机构应采用简易工况法进行测试,如果车辆不能进行简易工况法测试(如四轮驱动车辆)则可以采用双怠速方法进行测试。简易工况法包括稳态工况法、瞬态工况法和简易瞬态工况法,具体选择的工况方法由省级环保部门统一规定。

一、双怠速法的演变与发展

怠速法是一种历史较久远的、常规的废气检测的方法,是通过测量发动机正常怠速工况下排出的一氧化碳、碳氢化合物的体积浓度来评价汽车排放性能的方法。而双怠速法则是测量两种不同工况下一氧化碳和碳氢化合物的体积浓度,这两种工况分别是怠速和高怠速(0.5 倍额定转速)。该方法利用双怠速排放测试仪和计算机控制系统进行测试。发动机从怠速状态加速至 70% 额定转速或企业规定的暖机转速,运转 30s 后降至高怠速状态。将双怠速法排放测试仪取样探头插入排放管中测量 CO 和 HC,维持 15s 后,由具有平均值计算功能的双怠速法排放测试仪读取 30s 内的平均值,即为高怠速污染物测量结果。发动机从高怠速降至怠速状态 15s 后,由具有平均值计算功能的双怠速法排放测试仪读取 30s 内的平均值,即为怠速污染物测量结果。

汽车处于怠速工况时,其燃烧条件比较恶劣,怠速燃烧质量的稳定是其他工况燃烧质量稳定的前提条件,测量怠速工况下排放物中各种污染物的浓度,可以判断发动机燃烧质量的好坏。怠速法分为单怠速法和双怠速法。双怠速法不仅能测量怠速污染物排放浓度,而且可以监控因化油器量孔磨损或催化转换器转化率下降而造成的汽车污染物排放恶化情况。因此,国外普遍采用双怠速法测量。历史上,美国在 1994 年研究开发了机动车尾气排放简易工况法检测技术,并于 2003 年后在美国所有空气质量存在问题的州普及使用这种技术。

汽油车双怠速检测法虽然易于操作、检测便捷、费用低廉，广泛应用于各类机动车检验机构。但其不足亦十分明显：①双怠速检测法在旧的、技术落后的车辆上会取得很好的效果，但是当检测电控汽车、装有三效催化转换器和氧传感器的车辆时，则难以起到监控排放的作用；②双怠速检测法检测时车辆无负荷，不能反映 NO_x 的排放情况，对于那些 NO_x 高排放车辆，双怠速检测法无能为力。

二、汽油车稳态工况法（ASM）的演变与发展

为了减少设备的投资和日常维护费用，提高检测效率，扩大检测范围，美国又提出了更为简单的工况法：稳态工况法（ASM）。ASM 在美国使用较广泛，一些检测机构和维修行业都采用了这种方法，其最大特点是试验设备充分简化，可使用在怠速法中广泛使用的直接取样浓度分析仪。

ASM 是美国西南研究所和 SIERRA 研究所于 1988 年共同研究开发的试验方法。1996 年美国 EPA 认可了 ASM，并规定了试验方法、设备要求等。利用底盘测功机、排放取样系统、排放分析仪进行测试。该方法是将车辆放置在底盘测功机上，模拟汽车以一定车速（25.0km/h 和 40.0km/h）加速时的道路负荷，测试排放气体中的 HC、CO、NO_x 的浓度，检测结果以浓度表示。在底盘测功机上的测试循环由 ASM5025 和 ASM2540 两个工况组成。有研究表明，ASM 检测结果与美国联邦新车实验程序 FTP 结果相关性较差，三种污染物的相关因子如下：CO 为 43.5%；HC 为 49.2%；NO_x 为 71.4%。这主要是由于 ASM 是等速等负荷的稳态行驶工况，而 IM240 和 FTP 是变速变负荷的瞬态行驶工况，显然对排放有不同影响。另外，排放污染物分析原理也不相同。ASM 与新车试验的相关性较差，使得 ASM 存在一定的误判率。ASM 可识别出 NO_x 排放量高的车辆，但由于工况单一，与汽车实际行驶时的排放状况仍有一定差别。ASM 的另一不足之处是该方法基于排放浓度而不是排放质量。发动机排量小的车辆排放质量小，排量大的车辆排放质量大，但其排放浓度却有可能相同。

三、汽油车瞬态工况法（IM240）的演变与发展

1990 年，美国提出了加强型的瞬态排放检测方法 IM240，该方法所用试验仪器设备基本与美国联邦试验法新车排放试验方法（FTP）相同，即利用底盘测功机、全流式定容取样（CVS）稀释系统，或临界流量文丘里系统 CFV[或亚音速（SSV）型稀

释系统］和排放分析仪器进行测试。IM240 试验工况采用 FTP 曲线前 0 ~ 333s 的两个峰值，并将测试时间缩短为 240s。IM240 试验要求底盘测功机的控制精度更高，排放结果以 g/mile 表示。

IM240 是一种技术含量高的检测方法，与 FTP 的相关性较好，测试精度和重复性也较好，但设备费用昂贵，维护比较复杂，检测时间较长，对检测人员也有较高的要求。国外研究表明，IM240 测试结果与 FTP 结果有很好的相关性，同时，IM240 对 3 种污染物的测试结果相对于 FTP 测试结果的离散性很小，所以 IM240 的错判率很低。3 种污染物的相关因子如下：CO 为 91.8%；HC 为94.7%；NO_x 为 84.3%。

四、汽油车简易瞬态工况法（VMAS）的演变与发展

为了克服 ASM 与 FTP 相关性差，但费用太高、不利于推广的困难，一种被称作汽油车简易瞬态工况法（VMAS）的检测方法在美国出现。VMAS 是美国 Sensors公司于 1998 年研发的用于一般型在用汽车排放检测的简易瞬态排放测试方法。美国 EPA 在 2001 年认可了 VMAS。相对于 IM240 工况法，VMAS 要求的设备仪器条件要求低，但略高于 ASM，利用转鼓测功机、排放取样系统、气体分析仪、气体流量分析仪进行测试，采用工况与瞬态工况法相同。当 VMAS 采用与 IM240 相同的测试工况时，两者测试结果的相关性非常好。1998 年美国 EPA 进行了 VMAS 和 IM240 对比的试验，试验中随机选取的车辆测试结果表现出了极好的相关性。

五、柴油车加载减速法（LUG-DOWN）的演变与发展

目前，国际上对在用柴油车测量方法以自由加速烟度为主，但自由加速烟度法仍是一种空载状态下的测量方法，对于车辆有负载时的排放情况仍然难以反映出来，尤其是对于采用涡轮增压技术的柴油车，因为其比自然吸气式的柴油车需要更长的起效时间。我国香港地区率先采用了柴油车的简易工况法，即加载减速法来控制道路上黑烟车的行驶，取得了不错的效果。因此，在 2005 年修订的 GB 3847 标准里参考香港的经验加入了加载减速方法来测量柴油车烟度。该方法源自香港，香港环保署于 2000 年 6 月颁布了修订后的柴油车加载减速排放限值和测量方法，将柴油车分为 5.5t 以下级和 5.5t 以上级两个级别。该方法在 3 个加载工况点测试烟度。3 个测量点分别是最大功率点、最大功率对应转速的 90% 转速点和最

大功率对应转速的 80% 转速点。只有最大轮边功率、发动机转速范围和 3 个工况点测得的光吸收系数 k 或烟度值均满足标准限值，排放测试才判定为合格。现阶段在 GB 3847—2018 标准中采用此种方法，将受检车辆放在底盘测功机上，按照规定的加载减速检测程序，检测最大轮边功率和相对应的发动机转速和转鼓表面线速度（VelMaxHP），并检测 VelMaxHP 点和 80% VelMaxHP 点的排气光吸收系数 k 及 80% VelMaxHP 点的 NO_x 的浓度。排放光吸收系数检测采用分流式不透光烟度计。

该方法的目的是寻找车辆最大功率点的实际车速，并测量该点的排放烟度和 NO_x 的浓度，它从发动机的功率对应的烟度及 NO_x 排放两方面来判定受检车的排放情况是否达标，因此，有效地防止了车辆维修时单纯追求低排放而过多地牺牲功率或为应付检测有意调整工况标定来造假现象。该方法由于可以连续检测且在低烟度时有较高的分辨率，故可进行受检车辆的瞬态烟度排放检测，也可观察烟度的变化曲线。

由于我国各地经济发展极不均衡，各地机动车排放水平差距较大，全国规定统一的排放限值比较困难，因此，GB 3847—2005 标准并未规定加载减速法烟度排放限值，而是由各地根据本行政区内车辆排放状况自行制定地方限值标准。GB 3847—2005 标准制定发布之前，除北京之外，我国还没有地区采用过加载减速法进行检测，无法判断加载减速法检测的适应性如何，也没人掌握各地区车辆用加载减速法检测的达标情况，因此，无法在标准里规定统一最低限值，只提供了制定限值的原则和方法以及推荐限值范围。随着该标准实施多年，实施加载减速法检测的地区已经有 13 个省、区、市，已经能够确定加载减速法实施状况，掌握了大量一手检测数据，因此，在 GB 3847—2018 标准修订中加入了加载减速法排放烟度限值要求。

六、自由加速法的演变与发展

自由加速法测试是在不进行预处理的情况下进行的自由加速烟度试验。排放测试前进行三次自由加速过程或用等效方式来吹拂排放系统，清扫排放系统中的残留污染物。目测进行排放系统相关部件泄漏检查。然后在 1s 内将加速踏板完全踩到底，使供油系统在短时间内达到最大供油量，检测结果取最后三次自由加速烟度测量结果的算数平均值。在 2005 年版标准中，自由加速法限值区分了自然吸气发动机和涡轮增压发动机，而在 2018 年版标准里则统一了光吸收系数 k 的限值要求。

美国加利福尼亚州自1988年以来最早实施了重型车辆检测(HDVIP)和定期烟度检测项目(PSIP),规定柴油车和公交车队每年要进行检测和维修,检测方法为自由加速度法。HDVIP项目由美国加州ARB进行,主要是在边境口岸、公路巡逻站以及随机挑选的路边检测点位进行监测,是一种监督抽检制度,对象包括加州注册车辆以及在其他地区注册、在加州使用的车辆。PSIP项目要求所有柴油车要进行年度烟度检测。HDVIP和PSIP项目中,检测限值均为:1991年前的车辆不透光烟度相对值不得超过55%,1991年后的车辆不得超过40%。

类似于自由加速法烟度测量,对于机动车的烟度检测,在GB 3847—2005标准施行时期,还包括全负荷稳定转速试验。全负荷稳定转速试验是让机动车或者发动机进行全负荷曲线工况上的不同稳定转速下测定排放烟度。其方式为进行足够数量转速的工况点测量,其范围在最高额定转速和最低额定转速之间且适当分布,其中测定点必须包含最大功率转速和最大转矩转速。全负荷稳定转速试验的结果也用来修正自由加速法烟度测量的数值。

纵观国内情况,1983年我国发布了第一批3个汽车排放标准,其中就有现行在用汽柴油车排放标准的前身《汽油车怠速污染物排放标准》(GB 3842—1983)。另外两个分别是《柴油车自由加速烟度排放标准》(GB 3843—1983)和《汽车柴油机全负荷烟度排放标准》(GB 3844—1983),同时配套了三个测量方法标准与之对应。这三套标准的发布标志着我国从20世纪80年代开始对机动车污染排放进行控制。早期《机动车运行安全技术条件》(GB 7258—1987)就纳入了这些标准的有关规定条款,要求对登记注册的新车和在用汽车进行排放检测,这对城市汽车污染控制起到了积极作用。1993年国家环保局对GB 3843—1983标准和GB 3844—1983标准重新进行编号,发布了《柴油车自由加速烟度排放标准》(GB 14761.6—1993)和《汽车柴油机全负荷烟度排放标准》(GB 14761.7—1993),以及相应配套的测量方法标准。《柴油车自由加速烟度排放标准》(GB 14761.6—1993)在当时对在用汽车的路检路查、年检等尾气排放常规监督工作起到了积极的作用。随着发动机技术以及排放烟度检测技术的不断发展,我国参考欧洲共同体委员会96/96/EC指令中对压燃式发动机汽车排放可见污染物排放的相关规定,2005年发布了《车用压燃式发动机和压燃式发动机汽车排放烟度排放限值及测量方法》(GB 3847—2005),修订和补充GB 14761.6—1993标准内容,增加了在用汽车自由加速法检测的不透光烟度测量和加载减速法烟度检测。

七、OBD检查的演变与发展

OBD作为现代、高效的在用汽车检测方法，与无负荷工况法（怠速法和双怠速法）、稳态加载工况法（ASM5015、ASM2525）、瞬态加载工况法（IM240、VMASS）、遥感检测法同样属于在用汽车监管检测方法。相比于其他检查方法，它具有时间短、成本低、可提供维修信息的优势。OBD根据发动机的运行状况随时诊断与排放相关部件的运转情况，如果相关部件发生故障，MIL便会点亮，同时ECU会将故障信息存入储存器。检查时，维修人员通过专用设备读取数据，迅速确定故障产生的性质和部位。

国际上的OBD技术发展分为三个阶段：

第一代技术在20世纪80年代起源于美国，被检测的硬件项目包括氧传感器、废气再循环阀、供油系统、发动机控制系统，被称作OBD-Ⅰ。第一代技术在监测机动车排放劣化和运行故障的同时，也存在诸多缺陷。第一，缺乏统一的诊断接口标准，不同OBD生产厂家和不同车型间存在各种各样的接口样式，导致的结果就是售后维修时，维修方必须准备满足各种接口样式的接头。并且个别厂家系统连接时，必须使用专用的解码器。第二，第一代技术的检测能力有限，如催化转换器彻底失效或者被擅自移除，点火失火或者蒸发排放污染的泄漏都没有被诊断。

第二代技术于1996年后出现在美国新车生产以及立法当中，被称作OBD-Ⅱ。主要技术特点为进一步扩大了其零部件的诊断范围，不仅能诊断对排放产生影响的零部件的问题，还能够区分零部件故障后间接被屏蔽的零件。并且增加了诊断要求，比如能够检测催化转换器劣化程度、发动机失火、供油系统蒸发泄漏等故障。其次，标准化的解码器（SAE J1978）被广泛应用于诊断设备中，同时，标准化的电子通信协议（KWP2000、CAN、CLASS Ⅱ、ISO9141等）、标准化的诊断故障码（DTC、SAE J2012）也被逐渐采用。

OBD-Ⅱ比OBD-Ⅰ增加了很多新的检测项目，包括催化转化器转换效率和决定发动机失火的曲轴速度，可以获得任何时间的发动机失火信息。简单来说，OBD-Ⅱ系统必须具有下列功能：

（1）检测废气控制系统的关联元件是否出现“老化”或“损坏”。

（2）必须有警示装置，从而便于提醒驾驶员及时进行废气控制系统的维护与检修。

（3）监控传感器和执行器的功能。

（4）使用标准化的故障码，并且可用通用的仪器读取。

OBD 可提供用于汽车故障诊断的信息主要包括故障状况提示、诊断故障码和与发动机运行状态相关的技术数据等,其特点如下:

(1)诊断模式通用化使用 OBD-Ⅱ扫描仪器可进行 OBD-Ⅱ诊断测试模式的测试。OBD-Ⅱ有 4 种诊断测试模式,也称访问冻结帧数据、读取诊断故障码、动力系统控制重新启动监测、氧传感器监控结果输出和执行器控制输出状态诊断测试模式。

(2)监测方式多元化 OBD-Ⅱ标准要求发动机管理系统对每个受监视的电路,根据专门设置的运行条件检测其故障,设置故障码并控制 MIL 的状态(亮或熄),以及擦除故障码。通过暖机周期、驱动周期、OBD-Ⅱ行程和 OBD-Ⅱ测试循环等一些过程实现故障监测。

(3)诊断信息多样化除可获得故障码外,OBD-Ⅱ还可以提供传感器检测数值、控制状态、控制参数和执行器通/断等信息。

只要有一台仪器就可通过统一的插座对各种汽车进行检测,先进的车载故障诊断系统可以报告故障码,维修人员借此能够迅速、准确地确定故障的性质和部位,给全球的电控汽车维修提供了极大的方便。

继美国之后,欧盟在 2000 年开始要求欧盟各国生产的机动车装配欧洲电控汽车故障诊断系统,即 EOBD。2001 年欧洲所有小于 2.5t 的新型汽油车,都要安装 EOBD,柴油车则在 2004 年后强制安装。

我国法规与技术沿用了欧盟的模式,目前处于 OBD-Ⅱ水平。

第三代 OBD 以远程监控管理功能为主要特征,目前国际上处于研发和法规制定阶段。监管部门可以通过互联网直接监测每辆机动车的排放劣化情况,可以大幅度减少定期年检的检测成本。根据共享机动车相关数据,进一步通过智能诊断提供远程诊断协助,对目标车辆实现高效的故障诊断。早在 2009 年 12 月 1 日,环境保护部发布了《轻型汽车车载诊断(OBD)系统管理技术规范》(HJ 500—2009)。此规范于 2010 年 2 月 1 日正式实施。法规中对 OBD 检查中的注意事项进行了规范。规定中指出,“在用汽车车检中应对装有 OBD 的车辆进行 OBD 的检验”。OBD 的检查项目包括:确定故障指示器可否正常工作,使用故障诊断仪查看故障代码、故障指示器状态、故障里程和就绪码状态。

在 GB 18285—2018 标准中,率先提出了要对新生产下线汽车和在用汽车进行 OBD 检查。并且在在用汽车年检的时候,需要先对车辆 OBD 进行检查,通过后才能进行排放污染物检测。进行检测时,一种为直接目测检查故障指示器,初步判断其系统是否工作正常。将车辆点火开关位置打开后,对仪表盘上的 MIL 进行检查。当 MIL 点亮时为正常,若点火开关打开后指示灯未点亮,则说明 MIL 本身存在问题,可以判定不合格。当起动发动机时,指示灯同时熄灭,说明车辆不存在确认的排放故障。另外一种方式为使用专用的 OBD 诊断仪进行实时数据自动传输测试,其结果要被保存到排放检验的计算机中。通信协议必须为法规规定的《道路车辆　基于控制器局域网的诊断通信　第 4 部分:排放相关系统的需求》(ISO 15765-4),或《B 类数据通信网络接口》(SAE J1850),或《道路车辆　诊断系统　第 2 部分:交换数字信息的 CARB 要求》(ISO 9141-2),或《道路车辆　诊断系统　关键词协议 2000 第 4 部分:对与排放有关系统的要求》(ISO 14230-4)通信协议与扫描工具相连。

八、燃油蒸发排放系统检验的演变与发展

在 2018 年最新发布的 GB 18285—2018 标准当中,新增加了燃油蒸发排放控制系统检验。该方法对机动车的燃油蒸发排放控制系统的外观、进油口压力测试及油箱盖进行了检验。其中对于进油口压力测试,需要将燃油蒸发排放控制系统初始压力稳定在 3500 ± 250Pa,保持 120s,如果压力损失超过 1500Pa,则测试结果不合格。燃油蒸发控制系统应与进油口和燃油箱与活性炭管之间的软管夹分离,同时测定压力。对于油箱盖要进行压力损失测试,测定油箱盖压力损失不得超过 1500Pa。启动压力在 7000 ± 250Pa 范围内。除此之外,对于泄漏流量要进行测定,在压力为 7500Pa 的条件下,泄漏流量不应超过 60mL/min。

我国自 2000 年实施 1 阶段排放标准以后,所有轻型汽油车都配置了燃油蒸发控制系统,利用炭罐暂时吸附油箱系统泄漏的汽油蒸气,在车辆运行期间,利用进气管的真空度把炭罐中吸附的汽油蒸气脱附出来,吸入发动机汽缸内燃烧。目前燃油蒸发系统主要有连接管路、炭罐和各类电磁阀组成,在车辆实际使用过程中,由于管路泄漏、电磁阀失效、活性炭老化等都可能导致燃油蒸发系统控制效果减弱,甚至失去控制效果,因此,需要定期对其进行检验,以保证控制效果。我国虽然在 2000 年就提出了整车的燃油蒸发控制要求,但在在用汽车环保定期检测、路检路查等抽查过程中,都没有对燃油蒸发系统的检验要求。在美国 EPA 法规对 OBD-Ⅱ的要求中,明确提出了对在用汽车进行燃油蒸发系统的检查要求,对在 OBD-Ⅱ法规实施前已经生产的汽车,进行系统泄漏和油箱盖泄漏的检查。按美国 EPA IM240 标准规定,自 1996 年起,对所有 OBD-Ⅱ之前的汽油车进行燃油蒸发系统泄漏检查,检查包括两部分:第一部分是油箱系统泄漏检查;第二部分是油箱盖泄漏检查。采用的均是加压-保持方法,通过检查在规定时间内压力下降程度,检

查系统泄漏情况。自1996年开始，法规已经实施了将近20年，检测方法和检测设备均已经十分成熟。我国最新的汽油车在用汽车标准GB 18285—2018中参考使用美国IM240中的相关规定，首次提出对我国在用汽油车燃油蒸发系统的泄漏检查，并进行了相应的调查和研究。标准研究部门在对我国汽车排放分析测试企业的调研中，得知部分企业已经进行过相关仪器的生产和试用，能够满足标准中燃油蒸发测试的要求。GB 18285—2018标准中将燃油蒸发测试暂定为选择项目，各地可以根据本地区大气污染现状及机动车保有量及增长速度，选择是否进行该项目的测试。进行燃油蒸发测试的地区，燃油蒸发测试可以与尾气排放检测一并进行，油箱和油箱盖的测试时间共5min左右，可与简易工况测试同步进行。

第二节　主要检测系统及设备

机动车排放检验机构应配备与检测能力相匹配的检验设备和配套软件，并根据生态环境主管部门的管理要求，及时升级检验设备及其配套软件。同时应包括外观检验必要设施及仪器、OBD检查系统、排气污染物检测系统、燃油蒸发检测系统、数据采集与处理系统、视频监控系统、校准和比对器材及辅助设备等。对于我国国内检测技术所应用的设备来说，由于我国自主制定和执行汽车尾气排放法规比较晚，因此，检测设备的发展历程相比于发达国家也要晚得多。截至2003年以前，国内甚至还没有成套的自主研发设备，汽车尾气排放测试系统大部分依靠进口。近年来，国内高校和科研机构在汽车尾气检测技术方面取得了一定的成果。2002年，天津大学精密仪器与光电子工程学院的万峰开发了一种汽车尾气检测系统，这种系统能够完成在线检测并实现资源共享。2003年，长安大学汽车排放实验室成功完成了对新引进排放测试设备的主控计算机的开发。整套设备于2002年从奥地利AVL公司引进，该设备在购买初期，出于节约经费的考虑，并未配套购买系统主控计算机，而是自主研发了满足国内排放测试要求的汽车排放主控计算机系统。2004年，中国科学院安徽光机所环境光学实验室研究制造了道边实时监测机动车尾气仪，利用调谐二极管激光器吸收光谱和紫外差分吸收光谱原理，实现在线监测机动车尾气中CO、CO_2、HC等污染物的功能。这项技术拥有完整的自主知识产权，填补了国内相关领域的空白，为我国机动车尾气排放实现在线遥测和治理，提供了新的技术手段。2006年，华中科技大学陆三兰教授开发出一种新型、便携式汽车尾气检测仪，该仪器通过采用商用NO_x和氧传感器和自行研制的多组分

非分光红外气体传感器组合，能对NO_x、CO_2、CO、HC、O_2等5种汽车尾气主要成分进行在线实时监测。这种便携式汽车尾气检测仪在实际应用中取得了良好的效果，已经成为汽车尾气检测的可靠工具。

随着国内汽车产销量快速增加，庞大的汽车市场以及排放控制技术的进步也拉动了国产测试设备企业的发展。目前，国内南华仪器、江苏启测、杭州中成、杭州奕科机电等企业能生产成套的发动机常规测试设备及部分专用测试设备。如今，为了满足越发严格的排放法规要求，发动机及整车功能会变得越来越复杂，因此，对测试技术也提出了更高要求，测试技术逐渐从稳态测试向瞬态测试发展。未来测试技术的发展逐渐体现为透明化、网络化、智能化。机动车排放检验的场景如图5-1所示，现行标准下主流的检测设备见表5-1。

图5-1 机动车排放检验的场景

现行标准下主流检测设备 表5-1

检测方法	双怠速法	稳态工况法	瞬态工况法	简易瞬态工况法	加载减速法	自由加速法
检测设备	四气分析仪	五气分析仪	CVS全流定容稀释采样系统	VMAS测试系统	不透光烟度计、NO_x分析仪	不透光烟度计
其他设备	—	底盘测功机	底盘测功机	底盘测功机	底盘测功机	—

比较有代表性的检测系统与设备包括：VMAS测试系统（含底盘测功机和五气分析仪）、CVS全流定容稀释采样系统（含底盘测功机和五气分析仪）、底盘测功机、废气分析仪、不透光烟度计。

一、底盘测功机

汽车底盘测功机是一种重要的室内试验设备,它能在汽车不解体的情况下对汽车性能进行检测。稳态工况法、瞬态工况法、简易瞬态工况法、加载减速法均涉及底盘测功机。利用底盘测功机,不仅可以进行汽车动力性检测,在配备油耗检测仪和尾气分析仪的基础上,还可以测试汽车在各种工况下的油耗和尾气排放指标。由于汽车底盘测功机在试验时能通过控制试验条件,使对周围环境的影响降至最低,同时通过功率吸收加载装置来模拟道路行驶阻力,控制行驶状况,故能进行符合实际的复杂循环试验,因而得到广泛应用。与实际道路相比,汽车底盘测功机因具有良好的稳定性和重复性,被广泛用于整车动力、经济、排放等性能检测。其主要由转鼓、交流电机、测力系统、测速系统和其他辅助系统构成。如图 5-2 所示,基本原理是利用转鼓代替实际路面,通过交流电机施加随速度而变化的载荷,模拟整车在实际道路行驶的各类工况。

图 5-2　底盘测功机

在机动车排放测试过程中,通过底盘测功机的加载来模拟实现对汽车行驶阻力的模拟。底盘测功机的性能直接影响系统的工作性能,从而影响汽车排放测试结果的准确性。

对于加载的测试工况而言,测控系统通过一系列的检测部件控制底盘测功机,其中检测部件包括速度传感器、拉压力传感器、电涡流机、气囊举升装置等。滚筒转动使光电解码器产生脉冲输出,将输出信号接入多功能计数器上,从而测量滚筒的转速。汽车在台架上行驶时,其驱动轮对滚筒产生的作用力经过电涡流机的耦合,作用在拉压力传感器上,传感器电压信号经放大电路处理,将力值传递到计算机中,计算机对转速信号与力信号进行运算处理,能够测出电涡流机的实时加载力矩。事先设定的力矩与实际测量出来的力矩存在一定的偏差,可以根据这个偏差用某种算法来调整加载力矩,使底盘测功机的加载力矩稳定在给定值,完成恒力矩条件下各种数据的测量。根据已测得的驱动力和与之对应的试验车速可以得到驱动轮输出功率,最终实现预加载工况。

二、废气分析仪

在双怠速法、稳态工况法、VMAS 简易瞬态工况法测试过程中,通过废气分析仪测试汽车尾气排放浓度。目前主要使用的废气分析仪为五气分析仪或四气分析仪(双怠速法),如图 5-3 所示。五气分析仪是汽油车排放检测的重要设备,对检测结果的准确性有直接影响,其日常标定、检查是保障设备符合性和结果准确性的有效手段。

图 5-3　废气分析仪器

五气分析仪配备检测 HC、CO 和 CO_2 的不分光红外检测平台及 NO 传感器和 O_2 传感器,气体压力传感器,相应的可控电磁阀和可控泵,反吹装置,校准端口等元件等,能按规定计算 λ 值(过量空气系数)和计算名义丙烷当量系数,并具备测量发动机转速、环境温度、大气压、湿度和油温等功能。各种功能能够通过数据传输在工控软件系统控制下实现。

对于《柴油车污染物排放限值及测量方法(自由加速法及加载减速法)》(GB 3847—2018)中的加载减速法,柴油车年检中增加了测量排放气体中 NO_x 浓度检测项目。NO_x 主要包含 NO 气体与 NO_2 气体,GB 3847—2018 标准中给出两种测量方法:一种是分别测量两种气体浓度,将两种浓度求和得到 NO_x 浓度;另一种是用 NO_2 转化炉将 NO_2 转化为 NO 后,用柴油车氮氧化物分析仪主机测量 NO 的浓度作为氮氧化物总浓度。

三、不透光烟度计

不透光烟度计主要应用于柴油车排放测量的自由加速和加载减速法。其测量

原理是测量光穿过具有一定长度的被测废气后到达接收器的透射光与入射光之比，从而确定废气的不透光特性。其计算按照比尔-兰勃特（Beer-Lambert）定律进行。由于滤纸烟度计所测的是滤纸的染黑度，因此，所测的烟度排放值没有包含白烟、蓝烟的影响。对于全负荷烟度排放的测量，其排烟基本由炭烟组成，并且工况比较稳定，因此，采用该烟度计测量的结果比较可靠。但对于瞬态过程，如自由加速测量，滤纸烟度计所测到的烟度排放值只是整个自由加速过程的积分值，而不透光烟度计则可以真实反映自由加速过程中的烟度变化情况。因此，瞬态过程的烟度排放测量应采用不透光烟度计，如图 5-4 所示。在 GB 3847 标准的发展中，滤纸烟度计法也逐渐被不透光烟度计法替代。

图 5-4　不透光烟度计

按照取样方式的不同，不透光烟度计可分为全流式和分流式。全流式不透光烟度计的优点是响应非常快，但是对不同直径的排放管必须配以不同的专用管件。由于结构有限，其排放管直径就是光学测量长度，在低量程范围测量时分辨率低，废气在排放管中难以进行加热或者降温，废气的温度不能迅速测量，发动机的压力波动会引起测量误差。而与之不同的是，分流式不透光烟度计是将部分废气送入测量气室中进行测量，检测探头只需一种尺寸，可以对气室中的废气进行温度控制和压力补充。因其操作简便，分流式不透光烟度计在机动车检验检测机构和执法部门的路检路查中应用非常广泛。

四、VMAS

VMAS 对应简易瞬态工况法测试。如图 5-5 所示，该系统的硬件包括底盘测功机、尾气分析仪、排放流量分析仪、主控计算机、电子环境测试仪、激光打印机、“司机助”显示器和鼓风机等。其中用于排放检测的设备是底盘测功机、五组分排放分析仪和排放流量分析仪。“司机助”、打印机等都是辅助硬件设施。

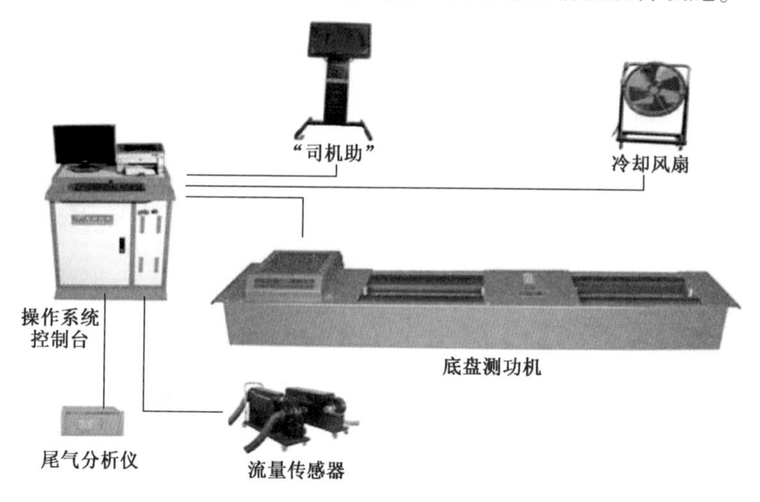

图 5-5　VMAS 示意图

VMAS 还包括专用的气体流量传感器,其工作原理为混合气体由流量测量管进口进入,经过扰流杆后产生涡街旋涡,对由超声波发射传感器发射的等幅高频超声波进行干涉,使超声波接收传感器接收到超声波,其中的包络线频率就是经过扰流杆后产生涡街旋涡频率,经过扰流杆后产生的涡街旋涡与气体的流量成正比,气体流量大,经过扰流杆后产生涡街旋涡就多,反之就少,通过电路进行解调,解调出的信号通过换算可以测出气体的流量。

五、CVS

CVS 对应瞬态工况法检测。由于直接尾气取样系统存在误差大的缺点,为了满足汽车在不同瞬态工况下排放的精确测试要求,科学家们开始寻找更适合的取样方法,因此,稀释取样系统被研发,并通过验证得到研究和利用。美国最先研制出定容稀释取样系统,并在 20 世纪 70 年代通过法规规定定容取样系统作为汽车排放测试的标准取样系统,其中最先发展的是全流稀释定容取样系统。目前,美国轻型车和重型车用柴油机排放法规、欧洲轻型汽车排放法规明确规定,要使用全流稀释取样系统来测量发动机微粒排放。

CVS 取样,即将发动机的所有排放气体全部通入稀释通道中,使用经过空气滤清器过滤的环境空气进行稀释,通过一定的限流装置形成恒定容积流量的稀释排放。测试时使尾气稀释情况尽量模拟汽车排放尾管出口处的汽车尾气在环境空

气中的实际稀释情况，这时采集到稀释排放取样袋的样气中含有的污染物量与排放污染物总量的比例保持不变。因此，测试循环结束后，测量气袋中各污染物的浓度，乘以 CVS 中流过的稀释排放总量，再考虑一些校正系数，如 NO_x 的湿度校正、背景浓度校正和流量补偿校正等校正系数，即可得到发动机在整个测试循环过程中各污染物排放的总量。CVS 示意图如图 5-6 所示。

图 5-6　CVS 示意图

六、其他相关系统及设备

1. 外观检验

应配置相应的地沟或举升装置等其他等效装置。配备移动外观检验设备，使用的检验设备应具备车辆信息查询、检验项目填报、拍照等功能，并能够联网实时报送。用于新车外观检验的，还应能够查询机动车环保信息公开数据。

2. OBD 检查系统

OBD 诊断仪应至少具备车辆及 OBD 信息检查功能、故障代码获取功能、就绪状态描述功能、IUPR 相关数据记录功能、实时数据流读取功能及打印功能，不得具备故障代码清除功能。

OBD 诊断仪应能够连续获取、转换及显示车辆排放相关的数据和故障代码，应按照标准规定的格式读取并自动传输，不得误读、漏读、更改或自动清除相关信息。

OBD 诊断仪应支持但不限于读取符合以下通信协议的车辆 OBD 信息：ISO 9141、ISO 13400（DoIP）、ISO 14229、ISO 14230、ISO 15031、ISO 15765、ISO 27145、

SAE J1850、SAE J1939、SAE J1979 等。

OBD 诊断仪应该具备基于 ISO 9141 通信协议支持 5 波特率初始化要求、基于 ISO 14230 通信协议需要同时支持 5 波特率初始化和快速初始化的要求。

OBD 诊断仪应该具备基于 CAN(ISO 15765 或 SAE J1939 或 ISO 27145)通信和 K 线(ISO 14230)通信的比特率(250kbps 或 500kbps)进行自动检测和匹配的能力。

七、排放检测设备的选用

排放检测的主要技术手段是排放检测设备,排放检测设备是保证检测工作有效的关键。GB 18285—2018 标准包含了瞬态工况法、简易瞬态工况法和稳态工况法三种工况法供地方选用。GB 3847—2018 标准包含了加载减速法和自由加速法两种工况法。具体情况见表 5-2。

地方排放定期检验选用排放检测方法情况　　表 5-2

<table>
<tr><th rowspan="2">车辆类型</th><th colspan="2">地方规定采用的气体检测方法模式</th><th colspan="2">检验机构应配备的相应设备</th><th colspan="2">设备性能与技术指标应满足的标准要求</th></tr>
<tr><th>瞬态模式</th><th>稳态模式</th><th>瞬态模式</th><th>稳态模式</th><th>瞬态模式</th><th>稳态模式</th></tr>
<tr><td>轻型汽油车(不含全时四轮驱动车辆)</td><td>简易瞬态工况法</td><td>稳态工况法</td><td>简易瞬态工况法</td><td>稳态工况法</td><td>GB 18285—2018</td><td>GB 18285—2018</td></tr>
<tr><td>全时四轮驱动轻型汽油车</td><td colspan="2" rowspan="2">双怠速法</td><td colspan="2" rowspan="2">双怠速法</td><td colspan="2" rowspan="2">GB 18285—2018</td></tr>
<tr><td>重型汽油车</td></tr>
<tr><td>柴油车(不含全时四轮驱动、超长超宽、额定功率大于 450kW 及紧密型多驱动轴车辆)</td><td colspan="2">加载减速法</td><td colspan="2">加载减速法</td><td colspan="2">GB 3847—2018</td></tr>
<tr><td>全时四轮驱动、超长超宽、额定功率大于 450kW 及紧密型多驱动轴车辆</td><td colspan="2">自由加速法</td><td colspan="2">不透光烟度计</td><td colspan="2">GB 3847—2018</td></tr>
</table>

由表 5-2 可知,两种简易工况法排放检测模式的差别为:点燃式轻型汽车所采

用的排放检测方法不同，瞬态模式采用简易瞬态工况法对点燃式轻型汽车进行排放检测，稳态模式采用稳态工况法对点燃式轻型汽车进行排放检测。检验机构应根据地方选用的简易工况法排放检测模式配备相应的排放检测设备，设备选型除应重视设备价格外，还应重视设备的质量与售后服务，各种排放检测设备的性能与技术指标必须符合表5-2所对应的国家和环保行业标准要求。此外，设备选型时还应关注设备工控软件操作界面的友好性，关注设备性能的稳定性及检测结果的重现性和一致性，也应关注日常监控与监管功能，各检测设备应包括的具体功能如下。

(1)稳工况法设备应重点关注采样探头插入深度的控制、连度与扭力偏差控制、工况测试车速有效性控制、设备自检控制、过程数据记录、设备与机动车排放网络监管系统的联网与数据上传、五气分析仪的校准与检查、底盘测功机的寄生滑行校准与加载滑行检查等主要功能。

(2)简易瞬态工况法设备应重点关注采样探头涌入深度的控制、速度差控制、集气管对正控制、设备自检控制、过程数据记录、设备与机动车排放网络监管系统的联网与数据上传、五气分析仪的校准与检查、底盘测功机的寄生滑行校准与加载滑行检查，气体流量分析仪的流量控制等主要功能。

(3)加载减速法重点应关注测试总时间控制(不超过3min)、功率扫描车速变化控制、加载策略控制、功率曲线合理性控制、工况测试车速的准确性、工况测试功率与扫描功率比较控制、设备自检控制、过程数据记录、设备与机动车排放网络监管系统的联网与数据上传、不透光烟度计的调零控制、底盘测功机的寄生滑行校准与加载滑行检查等主要功能。

因此，检验机构在进行设备选型时应首先进行市场调查，了解各类设备的性能和使用情况，全面综合考虑设备的性价比。

简易工况法设备应由设备供应商安装与调试，检验机构予以配合，安装设备时应注意以下问题。

(1)底盘测功机滚筒的安装应尽量水平，与检测车的车流流向尽量形成直角，以减小滚筒振动，方便检测车辆驶上滚筒时的对正。

(2)设备配备的环境参数仪应安装在与被测车辆相同的测试环境中，高度应位于1.0~1.5m之间，保证环境参数仪的各传感器处于对流的环境空气，保证环境参数测试结果能真实表征被测车辆所处的测试环境状况，切记不要将环境参数仪安装在设备控制室或检测线的某个隐蔽角落。

(3)“司机助”显示器应安装在检测线前端的左侧，应能方便移动以保证车辆操控人员能清楚看显示器的操作引导提示。

(4)尾气采样系统应尽量靠近被测车辆排放管位置,方便检测时采样探头的安装。

(5)设备的布线应合理,应保证检测设备不受外界的电磁干扰,出现电磁干扰时应采取必要的电磁屏措施。

八、系统及设备技术要求

1.设备技术要求

相关设备的技术指标应满足 GB 18285—2018 标准或 GB 3847—2018 标准的要求。应采用核查、检定或校准等方式确认设备能够满足检验检测的要求。排气分析仪、排气流量传感器、不透光烟度计、底盘测功机、发动机转速计、温度计、湿度计、压力计等应在计量检定或校准有效期内。对已通过检定或校准的设备,在更换影响设备测量准确度的关键部件或对设备进行重大维修后,应重新进行检定或校准,并详细记录。每套排气污染物检测系统应配备至少一套 OBD 诊断仪,并具备接收 OBD 诊断仪传输数据的功能。

排气分析仪应具备日常检查功能。生态环境主管部门可根据实际管理需要,要求检验机构对除柴油车用不透光烟度计外的排气分析仪进行物理隔离,避免人为干预检测数据。检验设备不得与检验无关的物品连接。检验机构使用转化炉原理测量氮氧化物的排气分析仪进行排气污染物检测时,应确保转化炉正常启动且 NO 转化剂组件有效工作。排气分析仪采样管长度应不大于7.5m。不透光烟度计采样管长度应不大于3.5m。检验机构不得采用加长等方式改变不透光烟度计及排气分析仪采样管路。

温度计、湿度计、大气压力计应安装在检测车间内、电脑操作间外,与受检车辆相同的环境内,测量并记录排放检验时的环境数据,按标准要求修正检验数据。

2.检验软件技术要求

检验软件应符合 GB 18285—2018 标准和 GB 3847—2018 标准及《机动车排放定期检验规范》(HJ 1237—2021)要求,并至少具备以下功能:

(1)设备自检及结果数据自动存储;

(2)测试程序自动控制;

(3)测试数据自动采集、计算及结果判定;

(4)测试数据自动存储及传输；

(5)设备异常报警及锁止。

检验软件应具备唯一性、完整性,不允许擅自修改,软件升级或修改应向生态环境主管部门提交软件变更说明。

九、日常运行和维护要求

仪器设备应按要求进行定期检查,检查不通过的应及时锁止,检查通过后方可继续检测。检查记录应自动生成保存,并按有关要求进行传输。每天开展排放检验前,应进行设备预热、自检。如任何项目没有通过,不得开展排放检验,直到自检通过为止。不得删除或修改自检记录。每次检测前,应进行设备自动校正。

检验机构可参考下面要求开展设备的日常检查,检查方法及指标应满足GB 18285—2018标准和GB 3847—2018标准规定要求。未明确的其他设备日常检查应满足计量检定和检验机构质量控制的相关要求。

1.双怠速设备检查项目及周期(表5-3)

双怠速法设备检查项目及周期　　表5-3

检查单元	项　目	检查内容	周　期	类型
排气分析仪	泄漏检查	取样系统密闭性检查	每天开始检测前	自检
	HC残留检查	检查系统中HC残留值	每次测试前	校正
	单点检查	用低浓度标准气体进行单点检查;如果检查不通过,需要改用零气和高浓度标准气体进行标定,再用低浓度标准气体进行复查	每天开始检测前	自检
	响应时间检查	检查CO、CO_2、HC和O_2进行响应时间	每月进行	周期检查

2.稳态工况法设备检查项目及周期(表5-4)

稳态工况法设备检查项目及周期　　表5-4

检查单元	项　目	检查内容	周　期	类型
排气分析仪	泄漏检查	取样系统密闭性检查	每天开始检测前	自检
	零点校正	排气分析仪HC、CO、CO_2、NO的零点校正;O_2传感器量距点校正	每次检测前	校正
	环境空气测定	测量并记录环境空气HC、CO、NO浓度	每次检测前	校正

续上表

检查单元	项　目	检 查 内 容	周　期	类型
排气分析仪	背景空气浓度取样	取样管采样分析环境空气 HC、CO、NO 浓度；计算 HC 残留量浓度	每次检测前	校正
	单点检查	用低浓度标准气体进行单点检查(含氧检查)；如果检查不通过，需要改用零气和高浓度标准气体进行标定，再用低浓度标准气体进行复查，高浓度标准气体标定应每月至少进行一次	低标气：每天开始检测前；高标气：每月至少一次	自检
	响应时间检查	CO、NO、O_2 传感器响应时间	高浓度气标定时	自检
	五点检查	单点检查连续 3 次不通过，应对排气分析仪进行维护或重新线性化处理，然后进行五点检查		自检
底盘测功机	滑行测试	50～30km/h 滑行测试及 35～15km/h 滑行测试	每天进行	自检
	附加损失测试	测功机内部摩擦损失功率	每周进行，当滑行检查不通过时也需要进行	自检/周期检查
	其他	力传感器检查、转鼓转速检查、负荷准确度、响应时间、变负荷滑行	180 天	周期检查

3. 简易瞬态工况法设备检查项目及周期(表 5-5)

简易瞬态工况法设备检查项目及周期　　表 5-5

检查单元	项　目	检 查 内 容	周　期	类型
排气分析仪	泄漏检查	取样系统密闭性检查	每天开始检测前	自检
	零点校正	排气分析仪 HC、CO、CO_2、NO_x 零点校正；O_2 传感器量距点校正	每次检测前	校正
	环境空气测定	测量并记录环境空气 HC、CO、NO_x 浓度	每次检测前	校正
	背景空气浓度取样	取样管抽气分析 HC、CO、NO_x 浓度；计算 HC 残留量浓度	每次检测前	校正
	单点检查	低浓度标准气体检查(含氧检查)；如果检查不通过，需要改用零气和高浓度标准气体进行标定，再用低浓度标准气体进行复查，高浓度标准气体标定应每月至少进行一次	低标气：每天开始检测前；高标气：每月至少一次	自检

续上表

检查单元	项　目	检 查 内 容	周　期	类型
排气分析仪	响应时间检查	CO、NO_x、O_2传感器响应时间	高浓度气标定时	自检
	NO_x转化效率检查	采用转化炉方式测量NO_x的分析仪，应进行NO_2转换为NO的转化效率检查。转化效率应不小于90%	每周至少一次；更换NO转化剂组件时必须进行	周期检查
	五点检查	当单点检查连续3次不通过，应对排气分析仪进行维护或重新线性化处理，然后进行五点检查		自检
底盘测功机	滑行测试	50～30km/h滑行测试及35～15km/h滑行测试	每天开始检测前	自检
	附加损失测试	测功机内部摩擦损失功率	每周进行，当滑行检查不通过时也需要进行	自检/周期检查
	其他	力传感器检查、转鼓转速检查、负荷准确度、响应时间、变负荷滑行	180天	周期检查

4. 自由加速法设备检查项目及周期(表5-6)

自由加速法设备检查项目及周期　　表5-6

检查单元	项　目	检 查 内 容	周　期	类型
不透光烟度计	零点和满量程检查	0%、100%点	每次检测前	校正
	滤光片检查	标准滤光片量距点检查	每天开始检测前	自检

5. 加载减速法设备检查项目及周期(表5-7)

加载减速法设备检查项目及周期　　表5-7

检查单元	项　目	检 查 内 容	周　期	类型
不透光烟度计	零点和满量程点检查	0%、100%点	每次检测前	校正
	滤光片检查	标准滤光片量距点检查	每天开始检测前	自检

续上表

检查单元	项　目	检查内容	周　期	类型
NO_x分析仪	泄漏检查	取样系统密闭性检查	每天开始检测前	自检
	零点校正	CO_2、NO_x 排气分析仪零点校正	每次检测前	校正
	单点检查	低浓度标准气体检查； 如果检查不通过，需要改用零气和高浓度标准气体进行标定，再用低浓度标准气体进行复查； 高浓度标准气体标定应每月至少进行一次	低标气：每天开始检测前； 高标气：每月至少一次	自检
	响应时间检查	CO_2、NO_x 传感器响应时间	高浓度标定时	自检
	NO_x 转化效率检查	采用转化炉方式测量 NO_x 的分析仪，应进行 NO_2转换为 NO 的转化效率检查。转化效率应不小于90%	每周至少一次，更换 NO 转化剂组件时必须进行	周期检查
	五点检查	当单点检查连续 3 次不通过，应对分析仪进行维护或重新线性化处理，然后进行五点检查		自检
底盘测功机	滑行测试	100 ~ 10km/h（至少 80 ~ 10km/h）滑行测试（10 ~ 30kW 任意一个负载）	每天开始检测前	自检
	附加损失测试	测功机内部摩擦损失功率	每周进行，当滑行检查不通过时也需要进行	自检/周期检查
	其他	测功机静态检查（扭矩/力）、测功机速度测试、响应时间、变负荷滑行	180 天	周期检查

6. NO_x 转化效率检查方法

1）采用标准气体进行转化效率检查方法

（1）完成分析仪零点校正和泄漏检查，按图 5-7 连接管路。

（2）开启标准气体钢瓶的阀门，通入 NO 标准气体，二位三通电磁阀通电（P、A 通），再启动分析仪气泵。调节节流阀，使通入分析仪的标准气体的流量维持图 5-7中的气囊不处于真空，也不充盈。待分析仪示值稳定后，记录氮氧化物的示值（e_i）。

（3）断开二位三通电磁阀电源（O、A 通），通入清洁空气或零气，排出检测仪中标准气体至检测仪恢复零位。

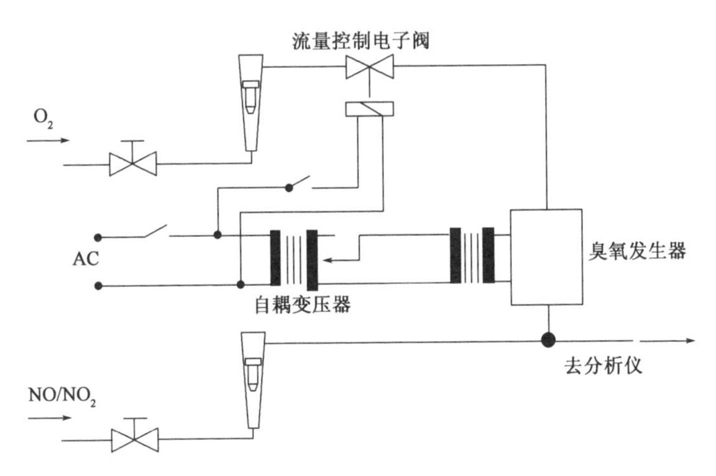

图 5-7　NO_x 转换器效率试验装置

(4)重复步骤(2)~(3)操作3次,计算3次测量平均值。

(5)断开二位三通电磁阀电源(O、A通),通入清洁空气或零气,排出分析仪中标准气体至分析仪恢复零位。

(6)通入 NO_2 标准气体,记录氮氧化物的示值(f_i),重复步骤(4)~(5)操作3次,计算3次测量平均值。

(7)校准后的 NO_2 气体转化后测量值按照式(5-1)计算:

$$C = \bar{f} - (\bar{e} - e_0) \tag{5-1}$$

式中:C——校准后的 NO_2 标准气体转化后测量值,$\times 10^{-6}$;

e_0——NO 标准气体的标称值,$\times 10^{-6}$;

$\bar{e}$——NO 标准气体3次测量值(e_i)的平均值,$\times 10^{-6}$;

$\bar{f}$——校准后的 NO_2 标准气体转化后3次测量值(f_i)的平均值,$\times 10^{-6}$。

(8)按照式(5-2)计算转化率:

$$\alpha = \frac{C}{f} \times 100\% \tag{5-2}$$

式中:α——转换率,%;

f——NO_2 标准气体的标称值,$\times 10^{-6}$。

2)采用臭氧发生器进行转化效率检查方法

(1)利用臭氧发生器进行 NO_x 转化效率检查时,应按照图5-7的要求完成管路连接,并按照步骤(2)~(9)进行。

(2)分析仪完成零点校正和泄漏检查。

(3)分析仪调整至 NO 检测位置,使低浓度标准气体不通过转化器,记录 NO 指示浓度。

(4)通过一个 T 形接头,将零标准气连续通入气流中,直到分析仪 NO 指示浓度比步骤(3)指示浓度低 10%。记录此指示浓度(c)。这个过程中臭氧发生器不起作用。

(5)使臭氧发生器工作产生足够的臭氧,将 NO 浓度降低到步骤(3)给出的标定浓度的 20% 以下(不能超过 10%),记录该指示浓度的示值(d)。

(6)分析仪开关置于 NO_x 位置,使混合气体通过转化器,记录此时分析仪指示的 NO_x 浓度示值(a)。

(7)使臭氧发生器不起作用,零标准气和低浓度标准气通过转化器进入分析仪,记录此时指示 NO_x 浓度示值(b)。

(8)关闭臭氧发生器,切断零标准气,此时分析仪的 NO_2 读数应不超过(3)中测得指示浓度的 10%。

(9)NO_x 转化器效率计算公式如下:

$$\text{效率}(\%) = \left(1 + \frac{a - b}{c - d}\right) \times 100 \tag{5-3}$$

十、视频监控装置技术要求

1. 外观检验视频监控要求

检验机构应在外观检验区域内配备全景摄像机,能够监测整个外观检验区域的情况。

2. 检测线视频监控要求

(1)每条检测线应至少安装两路视频监控装置,按对角线布置。

(2)原则上应在检测线的侧前方和侧后方各安装一个视频监控装置。

(3)检测期间,视频监控装置应能清晰拍摄车辆前部车牌号码、车辆排气管以及检验过程中尾气采样管插入车辆排气管的全部过程。

(4)重型柴油车和重型燃气车检测线还应配备移动式摄像机,应能够清晰拍摄取样管插入及拔取过程。

(5)检测过程视频应接入服务大厅,实时显示检测过程。

3. 检测设备视频监控要求

(1)检测线设备操作区域应安装视频监控设备,应能清晰监视并能分辨设备操作计算机显示器显示的内容、检验设备控制软件操作等。

(2)检测线设备存放区应安装视频监控设备,摄像头应正对分析仪主机显示屏界面,应能清晰监视和采集检验过程中检验设备运行情况。

(3)监控摄像机应选用高清摄像机,分辨率至少达到720p。

第三节　检测数据处理

一、双怠速法检测数据处理

试验所使用的双怠速法排放测试仪应该可以在探头固定在排放管时读取30s内高低不同怠速状态的排放气体中的CO、HC(以正己烷当量表示)的体积浓度,并进行平均值计算,对于使用闭环控制电子燃油喷射系统和三元催化转化技术的汽车,还可以同时计算过量空气系数(λ)。其计算方式由HC转换因子、H_{cv}(燃料氢碳原子比)、O_{cv}(燃料中氧和碳的原子比)以及四气分析仪中的CO、CO_2、HC、O_2的体积分数组成的公式进行计算,具体如下:

$$\lambda = \frac{[CO_2] + \frac{[CO]}{2} + [O_2] + \left\{\left[\frac{H_{cv}}{4} \times \frac{3.5}{3.5 + \frac{[CO]}{[CO_2]}} - \frac{O_{cv}}{2}\right] \times ([CO_2] + [CO])\right\}}{\left[1 + \frac{H_{cv}}{4} - \frac{O_{cv}}{2}\right] \times \{([CO_2] + [CO] + K_1 \times [HC])\}} \tag{5-4}$$

式中:$[X]$——X($X = CO_2, CO, O_2, HC$)气体的体积分数,以%为单位,仅对HC以$\times 10^{-6}$为单位;

K_1——HC转换因子,当HC浓度以$\times 10^{-6}$正己烷(C_6H_{14})当量表示时,该值为6×10^{-4};

H_{cv}——燃料中氢和碳的原子比,燃料为汽油选1.7261,燃料为LPG选2.525,燃料为NG选4.0;

O_{cv}——燃料中氧和碳的原子比,燃料为汽油选0.0176,燃料为LPG选0,燃料为NG选0。

二、稳态工况法检测数据处理

分别计算 ASM5025 和 ASM2540 工况最后一次 10s 的平均值并进行计算和修正。具体测量值计算公式如下：

$$C_{HC}=\frac{\sum_{i=1}^{10}C_{HC}(i)\times DF(i)}{10} \tag{5-5}$$

$$C_{CO}=\frac{\sum_{i=1}^{10}C_{CO}(i)\times DF(i)}{10} \tag{5-6}$$

$$C_{NO}=\frac{\sum_{i=1}^{10}C_{NO}(i)\times DF(i)}{10} \tag{5-7}$$

式中：C_{HC}——HC 排放平均浓度，$\times10^{-6}$；

C_{CO}——CO 排放平均浓度，%；

C_{NO}——NO 排放平均浓度，$\times10^{-6}$；

$C_{HC}(i)$——第 is 时的 HC 测量浓度，$\times10^{-6}$；

$C_{CO}(i)$——第 is 时的 CO 测量浓度，%；

$C_{NO}(i)$——第 is 时的 NO 测量浓度，$\times10^{-6}$；

$DF(i)$——第 is 时的稀释系数。

上式中的稀释系数按照其对应的专用公式进行矫正计算，其专用公式如下：

$$DF=\frac{C_{CO_2修}}{C_{CO_2测}} \tag{5-8}$$

$$C_{CO_2修}=\left(\frac{X}{a+1.88X}\right)\times100 \tag{5-9}$$

$$X=\frac{C_{CO_2测}}{C_{CO_2测}+C_{CO_2修}} \tag{5-10}$$

式中：DF——稀释系数；

$C_{CO_2修}$——CO_2 排放浓度测量修正值，%；

$C_{CO_2测}$——CO_2 排放浓度测量值，%；

a——燃料计算系数，根据燃料种类取值，汽油取 4.644，压缩天然气取 6.64，液化石油气取 5.39。

另外，NO 的湿度校正系数 k_H 需要用公式进行修正，公式如下：

$$k_H = \frac{1}{1 - 0.00329 \times (H - 10.7)} \tag{5-11}$$

$$H = \frac{6.2111 \times R_a \times P_d}{P_B - (P_d \times R_a / 100)} \tag{5-12}$$

式中：k_H——湿度校正系数；

H——绝对湿度，g（水）/kg（干空气）；

R_a——环境空气的相对湿度，%；

P_d——测试环境温度下的水蒸气饱和蒸气压，kPa，如果环境温度高于30℃，则按30℃的饱和蒸气压进行计算；

P_B——大气压力，kPa。

三、瞬态工况法检测数据处理

在瞬态工况法的测量系统中，应该能测量并记录稀释排放中的HC、CO、CO_2和NO_x浓度，污染物的排放量等于各种污染物逐秒的排放量除以实际行驶里程。其逐秒排放量的计算方式如下：

$$HC_{mass} = V_{mix} \times Q_{HC} \times \frac{HC_{conc}}{1000000} \tag{5-13}$$

$$CO_{mass} = V_{mix} \times Q_{CO} \times \frac{CO_{conc}}{1000000} \tag{5-14}$$

$$NO_{x\,mass} = V_{mix} \times Q_{NO_2} \times \frac{NO_{x\,conc}}{1000000} \tag{5-15}$$

$$CO_{2\,mass} = V_{mix} \times Q_{CO_2} \times \frac{CO_{2\,conc}}{1000000} \tag{5-16}$$

式中：V_{mix}——折算到标准状态下（273.2K，101.33kPa）的稀释排放流量，L/s。

标准状态下，各种污染物的密度分别为：

汽油：$Q_{HC} = 0.619$g/L。

LPG：$Q_{HC} = 0.649$g/L。

NG：$Q_{HC} = 0.714$g/L；$Q_{CO} = 1.25$g/L；$Q_{NO_2} = 2.05$g/L；$Q_{CO_2} = 1.96$g/L。

其中，作为稀释后的排放中测量得到的污染物的浓度还应该根据测量的稀释比进行修正。修正的公式如下：

$$HC_{conc} = HC_e \times HC_d \left(1 - \frac{1}{DF}\right) \tag{5-17}$$

式中：HC_e——稀释排放中测量得到的 HC 浓度，$\times 10^{-6}$；

HC_d——背景空气中的 HC 浓度，$\times 10^{-6}$；

DF——稀释比。DF 的计算公式如下：

$$DF = \frac{13.4}{CO2_e + (HC_e + CO_e) \times 10^{-4}} \tag{5-18}$$

对稀释比的计算需要逐秒进行，其中 CO_2 是以% 为单位，而 HC 和 CO 以 ppm 为单位。对其他污染物同样也需要按照下式进行修正：

$$HC_{conc} = HC_e \times HC_d\left(1 - \frac{1}{DF}\right) \tag{5-19}$$

$$CO_{conc} = CO_e \times CO_d\left(1 - \frac{1}{DF}\right) \tag{5-20}$$

$$CO_{2\,conc} = CO_{2\,e} \times CO_{2\,d}\left(1 - \frac{1}{DF}\right) \tag{5-21}$$

$$NO_{x_{conc}} = NO_{x_e} \times NO_{x_d}\left(1 - \frac{1}{DF}\right) \tag{5-22}$$

湿度校正系数计算公式为：

$$k_H = \frac{1}{1 - 0.0329 \times (H - 10.71)} \tag{5-23}$$

$$H = \frac{6.2111 \times R_a \times P_d}{P_B - \left(P_d \times \frac{R_a}{100}\right)} \tag{5-24}$$

式中：P_B——大气压力，kPa。

应该由测试主控系统配套的计算机自动计算和修正排放污染物的测量结果，最后给出污染物排放结果，并保存原始数据到系统数据库中。

四、简易瞬态工况法检测数据处理

应该由主控系统按照下列公式进行逐秒计算并修正排放污染物的测量结果：

单位时间排放质量(g/s)＝浓度×密度×排放质量

各污染物在标准状态下的密度参见《汽油车污染物排放限值及测量方法（双怠速法及简易工况法）》(GB 18285—2018)中 C.2.9 部分，NO_x 密度以 NO_2 密度进行计算。系统主控计算机应按照下述公式进行最终结果的计算：

比排放量(g/km)＝单位时间排放质量之和(g/s)/车辆当量行驶距离之和(km/s)

对排放结果进行稀释校正和湿度校正，公式如下：

$$C_{HC}(i) = R_{HC}(i) \times DF \tag{5-25}$$

$$C_{CO}(i) = R_{CO}(i) \times DF \tag{5-26}$$

$$C_{NO_x}(i) = R_{NO_x}(i) \times DF \times k_H(i) \tag{5-27}$$

式中：$C_{HC}(i)$——HC 排放平均浓度，$\times 10^{-6}$；

$C_{CO}(i)$——CO 排放平均浓度，%；

$C_{NO_x}(i)$——NO_x 排放平均浓度，$\times 10^{-6}$；

$R_{HC}(i)$——第 is 时的 HC 测量浓度，$\times 10^{-6}$；

$R_{CO}(i)$——第 is 时的 CO 测量浓度，%；

$R_{NO_x}(i)$——第 is 时的 NO_x 测量浓度，$\times 10^{-6}$。

简易瞬态排放测试的 CO、HC、NO_x 测量结果应进行稀释系数（DF）校正，当稀释系数计算值大于 3.0 时，取稀释系数等于 3.0，稀释系数计算公式如下：

$$DF = \frac{C_{CO_2修}}{C_{CO_2测}} \tag{5-28}$$

$$C_{CO_2修} = \left(\frac{X}{a + 1.88X}\right) \cdot 100 \tag{5-29}$$

$$X = \frac{C_{CO_2测}}{C_{CO_2测} + C_{CO_2修}} \tag{5-30}$$

其中，NO 测量结果应同时乘以湿度修正系数 k_H 进行修正，湿度校正系数计算公式如下：

$$k_H = \frac{1}{1 - 0.0329 \times (H - 10.71)} \tag{5-31}$$

如果环境温度大于 30℃，应使用 30℃的饱和蒸气压代替：

$$H = \frac{6.2111 \times R_a \times P_d}{P_B - \left(P_d \times \frac{R_a}{100}\right)} \tag{5-32}$$

如果逐秒测量的排放数据中出现负值，在逐秒记录的数据中应如实记录负值结果，但是在积分计算中应把负值作为 0 来计算。

五、自由加速法检测数据处理

自由加速法最终检测结果为自由加速试验的最后 3 次烟度测量结果的算数平均值。

六、加载减速法检测数据处理

自动控制系统分别在 VelMaxHP 和 80% VelMaxHP 处测量车辆的光吸收系数 k 和NO_x是否达标。

第四节 检验检测质量控制

一、能力建设

排放检验机构能力建设主要包括机构建设、检验队伍建设、检验环境建设和制度建设等方面。

(1)检验机构应为独立法人机构,有合法的营业执照与组织机构代码证或取得三证合一的营业执照,检验机构的建设应符合国家、地方法律法规与规划要求,应取得规划,消防、市场监管、生态环境等主管部门同意建设批复意见。为保证排放检验工作顺利开展,检验机构还应根据承担的业务内容设置内部机构,内部机构至少应包括排放检测部门、业务接待部门、后勤管理部门等,部门的设置应能保证检验工作正常运作、质量体系良好运行,至少应包含行政、人事、财务、后勤、业务、检验、质量控制等职能,应根据业务需要设置岗位和明确岗位职责,主要的技术业务岗位有技术负责人、质量负责人、授权签字人、车辆预检员、车辆参数录入员、设备操作与管理员、车辆操作员、安全管理员、检测辅勤人员等。

(2)检验机构应根据业务要求配备必要的人力资源,应根据岗位需要配备相应的专业人员。检验机构应加强人员的技术业务培训,通过内部培训、设备供应商培训、外派培训、外聘老师培训、管理部门组织培训等多种途径进行培训,使各岗位人员熟悉、了解机动车排放标准与法规、机动车排放监管政策与机动车排放检验业务、排放检验技术与方法,能胜任自己的岗位工作,在此基础上参加市场监管或生态环境行业组织的上岗证培训学习,在取得上岗资格证后持证上岗开展检验业务。为保证排放检验工作的合法、有效,每条排放检测线至少应配备两名具有上岗资格的检测员。日常工作中,排放检验机构还应加强检验机构的内部培训,应经常组织业务人员进行技术经验交流,在不断提高全员整体业务素质的同时,努力培养一批技术业务水平较高、技术管理能力较强、发现问题和解决问题能力较强的技术骨干。

(3)为营造良好的检验工作环境,方便车主进行排放委托检验,检验机构还应做好各种标识与引导工作。除应配备专门人员维护检验场所秩序外,也应设置业务委托流程、收费指引、业务指引、安全指引、车主等待休息区等各种标识与指示牌;应有明确的检验车辆行驶导向指示、停车指引,对停车场地点、检验场所、安全禁入区域应有明确标识和设立提示牌;在检测线场所也应将检测流程、岗位责任、安全注意事项和提示等张贴在墙上。此外,如条件许可,检验机构内部标识应清楚、明确,既要方便车主办理检验业务,又应为检验工作营造良好的环境。

(4)为充分发挥人与物的作用,保障排放检验工作良好有序开展,检验机构应根据所承担的业务内容、政策与法律法规要求、机构内部管理要求、岗位设置以及检验质量管理要求等,建立各种管理规章制度、工作程序与岗位职责等,以规范检验行为。除常规的检测设备使用管理制度、计算机使用管理制度、标准物质使用和采购管理制度等制度外,排放检验机构建设还应制定检验场地安全管理规定、岗位守则等制度,以确保排放定期检验工作安全有序开展。

此外,检验机构还应按计量认证要求建立良好的质量体系,明确检验机构的质量方针与质量目标,制定相关的工作程序与检验操作作业指导书等,为检验机构的计量认证打好基础。机动车检验检测机构建立质量控制体系是保证在用汽车尾气排放检测的测试结果的前提,其中包括几个方面的基本内容。一是建立受控的质量控制文件体系,如建立相关的技术及检测规范文档,建立以质量手册、程序文件、作业指导书、记录表格为核心共四级的文件管理体系,以及相应的整体流程溯源文件支持;二是注重人员环境等日常管理工作,从具体操作细节上保证在用汽车排放检测的质量,如对相关人员进行技术能力培训和质量体系双重培训、进行必要的能力授权、定期进行监督考核、定期进行持续能力评价;三是对仪器设备和标准物质进行必要的管理和维护,如建立规范的仪器设备档案,定期进行检定及校准,建立规范的标准物质供应商评价体系等,以保证汽车排放检测结果的准确性和公正性。

二、质量体系的建立

检测机构的质量保证体系包含两部分基本内容,其一是管理支持,包括法律法规约束的符合性、质量控制和质量保证体系的完善性,以及宣贯教育的充分性等。其二是技术支持,包括检测方法与资质证书的范围一致性、技术规范与技术方法的科学性、设备检定校准追溯性、数据自动传输及人员培训的完备性等。

从法律约束层面上说，从 2019 年开始，对于机动车领域检验检测机构资质认定程序有所变化。评审法规从过去的《检验检测机构资质认定评审准则》过渡到《检验检测机构资质认定能力评价检验检测机构通用要求》（RB/T 214—2017）加《检验检测机构资质认定能力评价机动车检验机构要求》（RB/T 218—2017）。而 RB/T 218—2017 标准作为特定领域评审要求适用于机动车排放检验机构、机动车安全技术检验机构以及汽车综合性能检测机构等，并对机构的日常质量体系管理提出了详细要求。

对于通用性的检验检测机构法规 RB/T 214—2017 标准来说，其要求包括机构、人员、场所环境、设备设施、管理体系五大方面。而 RB/T 218—2017 标准与 RB/T 214—2017 标准要求完全对应，因此，机动车检验机构能够根据其具体要求不断完善管理体系，使资质认定工作有序地开展。鉴于机动车检验机构管理体系所担负的社会责任，同时考虑到与检验检测机构未来发展需求相适应，对于体系的管理可从“人、机、料、法、环、测”六方面不断完善与健全，并依据法规拓展新的检测方法。通用要求为科学、公正地开展机动车检验检测活动提供了纲领性的指南。同时也大大降低了在开展专业性较强、工作流程复杂的机动车检测活动中存在的风险，并为机构的发展、客户资源的开发提供了机遇。

值得一提的是，RB/T 218—2017 标准在 4.2.2 部分中对技术负责人和授权签字人的人员资质要求方面有很大改变，使得机动车检验机构在申请新增授权签字人、新增签字领域等授权签字人变更事项时，人员资质范围更宽泛。标准明确了如何确定 3 年以上机动车检验工作经历，包含在汽车生产企业及修理企业从事检验工作经历，或从事机动车的安全技术检验、排放检验及综合性能检验的工作经历，为资质认定评审活动提供重要依据。有别于其他检验检测机构，标准规定机动车排放检测机构应该更加注重人员安全，规定了机动车检验机构应有安全保障措施和应急预案，在场区道路设置上应注明人行通道和车行道等内容。

在质量体系建立之初，检测机构应确立明确的质量方针和质量目标，并建立有效的质量管理体系及检测工作运行程序，保证在用汽车检测机构质量管理的有效实施。所有业务的接待，检测活动的施行均应该对应着质量方针进行。在每年进行的管理评审的活动中，应该对应当初制定的质量目标逐条核实，并将结果作为管理评审的输出。此外，还应加强检测机构的建设之初的管理工作，制定在客户接待、检测活动、质控活动、安全管理、应急管理各方面具有实际操作性的纲领性文件，并将文件精神落实到各项工作规范化运行当中，确保检测工作的科学性、公正性和准确性。

三、组织机构质量体系的管理和要求

机动车检验检测机构的质量控制不只限于对于仪器设备的质量控制，确保具备井然有序的组织机构管理是公正开展检测业务的前提。检测机构应有明确的组织和管理机构，并在管理文件中加以详细说明。机动车检验检测机构应有明确的法律地位，机构应对其出具的检验检测数据、结果负责，并由法人或其授权人分级别承担相应法律责任。不具备独立法人资格的检验检测机构应经所在法人单位授权。法律地位文件包含资质授权、营业执照、组织机构架构文件等文件，还应包括检测机构应具有的可以有效实施的管理流程。检测机构应明确各类工作人员的岗位职责，以确保检验检测机构及其人员从事检验检测活动时，遵守国家相关法律法规的规定，遵循客观独立、公平公正、诚实信用原则，恪守职业道德，承担社会责任。

机动车排放检验机构的服务对象为环境管理部门和广大车主，其检验结果是生态环境主管部门对机动车排放执行行政监管的依据，必须保证检验数据的公正、准确与有效，也应保证检测数据使用的合法性。因此，排放检验机构必须按照《中华人民共和国计量法》要求开展计量认证工作，只有取得合法的计量认资格后，才有可能承担排放检验业务。

检测机构的质量体系包括质量管理所需的组织结构、程序、过程和资源。质量体系主要包括质量手册、程序文件和作业指导书以及各种质量记录表格等。质量手册应明确质量方针、质量目标、质量承诺、机构、人员、职责、设备、环境、认证范围等方面内容，是质量体系的总纲。它主要明确做什么：程序文件是质量手册的支持性文件，具有指导员工如何进行工作及完成质量手册内容所表达的方针及目标的作用，按评审准则与导则要求一般包括保护客户机密信息、偏离控制、不合格工作控制、纠正措施、预防措施、记录和档案管理、内部审核、设备管理、检测工作程序、持续改进等近30个文件。作业指导书为具体的操作性文件，指导工作人员按程序要求怎样具体实施。检测机构各层次人员必须学习和贯彻执行相关文件，确保有关检测质量的各项活动均在控制状态中进行。机动车检测机构应该在给人员安排检测工作之余，实施规范的质量体系宣贯活动。设立单独的质量控制办公室，对于档案、原始记录进行有效的控制和管理。

在检测机构建立的质量体系，应至少包含但不限于如下要素：

（1）组织和管理层级。明确各部门和岗位之间的接口关系，明确管理架构，行政管辖关系。

（2）方法的建立和验证。应在新的检测标准建立之初建立完整的方法验证和比对程序，确保执行的检测标准能够符合机动车排放检测法规要求。

（3）人员管理。实施一人一档模式，从档案清单开始详细记录人员技术档案、培训记录、人员监督记录、技术能力考核记录、公正性承诺。

（4）设施和环境。

（5）设备和标准物质。建立设备档案，并保存相应的设备维修和维护记录，标准物质和耗材配件等周期性损耗品要具备入库出库记录，标物建立规范的采购程序。

（6）检测要求。严格对机动车检验和检测过程实施监控，并与归口部门联网。

（7）记录和报告。利用检测系统软件，在系统内建立可以溯源的原始记录和检测报告查询链条。

（8）外部支持服务和供应。对外部供应商应该建立全面并且客观的供应商目录，并对其符合性进行定期评价。

（9）投诉及信息反馈。建立完善的客户服务模式，对质量控制的持续改进起到监督作用，实施内部不符合项纠正措施，确保可以持续接收改进信息，从而使体系更加完善。

（10）风险和机遇。建立具有操作性的风险评估表，按照风险严重程度、频次建立完善的赋分体系，并附上相应的应急相应措施，从而发现潜在的机遇。

（11）作业指导书。作业指导书主要应增加排放检验设备和排放检验操作方面的内容。对于承担简易工况法排放检测的排放检验机构，应增加的主要作业指导书见表5-8。

排放检验应新增的主要作业指导书情况　　表5-8

新增作业指导书类别	规　程	适用机构
设备操作使用规程	简易瞬态工况法设备的操作使用规程	适用于采用瞬态模式地区的排放定期检验机构
	稳态工况法设备的操作使用规程	适用于采用瞬态模式地区的排放定期检验机构
	双怠速法分析仪的操作使用规程	所有排放定期检验机构
	加载减速法设备的操作使用规程	所有排放定期检验机构
	不透光烟度计的操作使用规程	所有排放定期检验机构
设备校准检查规程	五气分析仪的校准与检查规程	所有排放定期检验机构
	气体流量分析仪的校准与检查规程	适用于采用瞬态模式地区的排放定期检验机构

续上表

新增作业指导书类别	规　程	适用机构
设备校准检查规程	不透光烟度计的操作使用规程	所有排放定期检验机构
	底盘测功机的校准与检查规程	所有排放定期检验机构
	环境参数仪的校准规程	所有排放定期检验机构
排放检测规程	简易瞬态工况法排放检测规程	适用于采用瞬态模式地区的排放定期检验机构
	稳态工况法排放检测规程	适用于采用瞬态模式地区的排放定期检验机构
	双怠速法排放检测规程	所有排放定期检验机构
	加载减速法排放检测规程	所有排放定期检验机构
	不透光自由加速烟度法排放检测规程	所有排放定期检验机构

①表5-8中"简易瞬态工况法设备的操作使用规程""气体流量分析仪的校准与检查规程"和"简易瞬态工况法排放检测规程"三个作业指导书，仅适用于采用简易瞬态工况法进行点燃式发动机轻型汽车排放检测的检验机构(适用于采用瞬态模式进行排放定期检验地区的排放检验机构)。

②表5-8中"稳态工况法设备的操作使用规程"和"稳态工况法排放检测规程"两个作业指导书，仅适用于采用稳态工况法进行点燃式发动机轻型汽车排放检测的检验机构(用于采用稳态模式进行排放定期检验地区的排放检验机构)。

四、质量体系内部管理和管理评审

检测机构的质量管理文件至少包括质量方针、质量目标、质量保证体系规范、管理、技术和服务工作程序、文件控制和维护程序等内容，并且建立相应的受控文件目录，确保所有执行的文件具有唯一性和可追溯性，对检测机构的检测范围、检测的程序、参考的检测方法、检测仪器设备检定和校验程序、投诉及信息的反馈和处理程序、例外情况的处理及质量体系审核和评审等作出具体规定。此外，还应该建立相应的标准查新程序，确保使用的检测方法的科学性、有效性。同时，设立专门的质量管理档案负责人进行管理。

内部质量审核包括定期审核和临时审核两种。定期审核是检测机构应根据在年初制定的审核日程表和程序，定期对检测机构活动进行内部审核，以验证其运行持续符合质量体系的要求。一年内可以审核两次,且一年内至少要审核一遍质量手册中涉及的全部要素,并对整改内容进行核实审定。临时审核是在处理投诉等信息反馈中发现问题时,对有关部门和程序运行的有效性问题进行针对性审核。检测机构应判定质量体系是否持续有效,必要时对质量手册进行修订,不断对涉及的程序文件和作业指导书以及记录和表格进行持续性的改进,从而提高管理水平。机动车检验检测机构应建立和保持管理体系内部审核的程序,由检测机构的质量负责人策划内审并制定审核方案。内审员须经过培训,具备相应资格,内审员应独立于被审核的活动,在实施内审活动时建立交叉审核的程序。

1. 管理评审要求

机动车检测机构管理评审活动应该由最高管理者负责。最高管理者应确保管理评审后,得出的相应变更或改进措施得到实施,确保管理体系的适宜性、充分性和有效性。应保留管理评审的记录。管理评审输入应包括以下信息:

(1)检验检测机构相关的内外部因素的变化;
(2)目标的可行性;
(3)政策和程序的适用性;
(4)以往管理评审所采取措施的情况;
(5)近期内部审核的结果;
(6)纠正措施;
(7)由外部机构进行的评审;
(8)工作量和工作类型的变化或检验检测机构活动范围的变化;
(9)客户反馈;
(10)投诉;
(11)实施改进的有效性;
(12)资源配备的合理性;
(13)风险识别的可控性;
(14)结果质量的保障性;
(15)其他相关因素,如监督活动和培训。

管理评审输出应包括以下内容:

(1)管理体系及其过程的有效性;
(2)符合本标准要求的改进;
(3)提供所需的资源;

(4)变更的需求。

2. 计量认证技术准备工作

开展计量认证前,排放检验机构应做好各种技术准备工作,主要包括体系宣贯、人员技术培训、设备技术准备、质量体系试运行及质量体系的改进与完善。

1)体系宣贯

主要包括计量认证评审准则的宣贯和质量管理体系的宣贯两个方面。

(1)通过计量认证评审准则的宣贯,让检验机构全体员工了解计量认证的目的、要求、程序与相关管理规定等。

(2)通过质量管理体系的宣贯,让检验机构全体员工熟悉与了解本机构的质量方针、质量目标、质量承诺、质量保证体系、组织机构建设及部门、岗位的职责等,了解计量认证范围与控制区域及认证项目。宣贯的主要内容包括质量手册和程序文件等相关内容。

2)人员技术培训

主要针对认证工作进行岗位培训,包括内部培训和外部培训。

内部培训由检验机构自己组织,培训形式可以由检验机构的主要技术骨干讲课,也可以外聘老师讲课,还可以采取内部交流方式进行培训。内部培训的目的是进一步提高检验人员对机动车排放标准的认识,提高检验人员排放检测的技术技能水平和实操能力,提高技术负责人、质量负责人、授权签字人、部门负责人及质量监督员等质量体系管理人员的综合素质。培训的内容应包括如下几部分:

(1)对《大气污染防治法》的学习。

(2)对《汽油车污染物排放限值及测量方法(双怠速法及简易工况法)》(GB 18285—2018)的学习。

(3)对《柴油车污染物排放限值及测量方法(自由加速法及加载减速法)》(GB 3847—2018)的学习。

(4)对国家与地方排放定期检验的有关法规、政策与规定的学习。

(5)仪器设备的操作使用、排放检验流程、排放检验实际操作以及排放检验的质量控制节点与控制措施等。

(6)技术负责人、质量负责人、授权签字人、部门负责人及质量监督员专项培训。专项培训的目的是使质量体系管理人员进一步理解各自在质量管理体系的作用、责任与权力,理解偏离控制、不合格项纠正、预防措施等在日常工作中的具体操作方法。

(7)外部培训工作主要根据计量认证准则要求,组织相关人员参加计量认证管理部门和市场监管主管部门组织的各种培训,主要包括以下三点:

①排放检验人员培训与考核。每条排放检测线至少应保证有两名检测员经培训考核合格并取得检测员上岗证。

②内审员的培训与考核。排放检验机构至少应配备2名内审员。

③授权签字人培训与考核。授权签字人也应参与相关培训与考核,应取得检测员上岗证。此外,授权签字人还应参与相关部门组织的各种业务的学习和培训,以满足计量认证现场评审时的授权签字人考核工作要求。

3)设备技术准备

主要包括设备的计量检定及日常工作中所需标准物质的准备。

(1)为保证排放检验结果的准确,检验机构应按计量认证要求,邀请有资质的设备检定机构对简易工法备进行检定,也应将滤光片和底盘测功机扭力校准砝码等标准物质送至有资质的检定机构进行检定,并取得设备和标准物质的检定合格证。

(2)检验机构也应按计量认证及标准规范要求,配备五气分析仪校准用高浓度标准气体和检查用低浓度标准气体,以及标准滤光片,标准物质必须处于检定使用有效期内。

(3)应按标准规范要求及质量体系规定,对设备进行校准与检查,使设备处于正常工作状态。

4)质量体系试运行

质量体系的试运行主要是技质量体系文件要求开展排放检验相关业务工作,以检验质量方针、质量目标、质量承诺、程序文件、作业指导书、记录表格等是否科学、有效和可行。质量体系的试运行主要包括三个方面。

(1)按质量体系文件规定的程序和排气检验业务流程,检验机构员工按各自岗位开展排气检验业务工作,包括业务受理、车辆参数录入、车辆预检、设备准备、车辆装备、排放检测、报告审核与签发等全过程工序的运行。

(2)按质量体系要求做好检验记录,包括所有设备的使用与维护记录、设备校准与检查记录、设备检定记录、标准物资使用记录、物资采购记录等各种记录。

(3)质量监督员应对试运行中的检验工作的质控工作进行把关,记录检验过程中存在的质控问题,授权签字人也应记录报告审核签发过程中发现的问题。

5)总结完善

对质量体系试运行进行总结,针对试运发现的问题,修改完善质量体系及质量体系文件。

(1)对质量体系试运行情况进行总结,针对试运行发现的问题进行分析,提出针对性改进措施与方法。

(2)根据质量体系试运行情况,对质量方针、质量目标、质量承诺、程序文件、作业指导书、记录表格等进行综合评价,并结合实际情况进行必要的调整和修改。

(3)根据质量体系试运行情况,对业务流程、部门设置与部门职责、岗位设置与岗位职责等的合理性进行评估,并结合实际情况进行必要的调整和修改。

(4)对质量体系及质量体系文件进行修改完善。

(5)按照修改完善后的质量体系及质量体系文件再次进行质量体系的试运行,以进一步完善质量体系文件与质量管理措施。

3. 计量认证申请与现场评审

质量体系经试运行验证确认能达到质量体系文件的管理要求后,排放检验机构便可以向计量认证管理部门(省级以上市场监管主管部门)提出计量认证申请,并按计量认证要求填写计量认证请书、备齐各种资质文件、质量体系文件以及典型检测告等递交计量认证管理部门。计量认证管理部门受理申请后,在规定的时间内组织专家组进行现场评审,有关计量认证评审流程如图5-8所示。

五、比对和验证

比对工作的内容主要包括:检测机构间和检测站间的比对试验;用相同检测设备对不同检测人员进行比对验证,或使用不同的检测设备,对相同的检测人员进行比对验证;定期使用标准物质在检测机构内部进行检查。比对工作的目的是机动车检测机构进行相应的质量控制活动。检查站还应该利用期间核查等方式,在检定周期内结合仪器设备的使用频率对仪器进行核查检验。同时通过比对的方式,对用于检测的仪器及检测人员能力进行严格的把关。而验证工作主要通过市场监管部门定期组织的能力验证活动以及检查站自行组织的能力验证工作完成。检查站必须参加市场监管总结组织的强制性检测指标的能力验证工作,并把能力验证的记录归档保存,用于监管部门的不定期抽查。以上工作,由检测机构技术负责人负责组织,并进行效果分析总结,检查的有关记录和资料应归档保存。

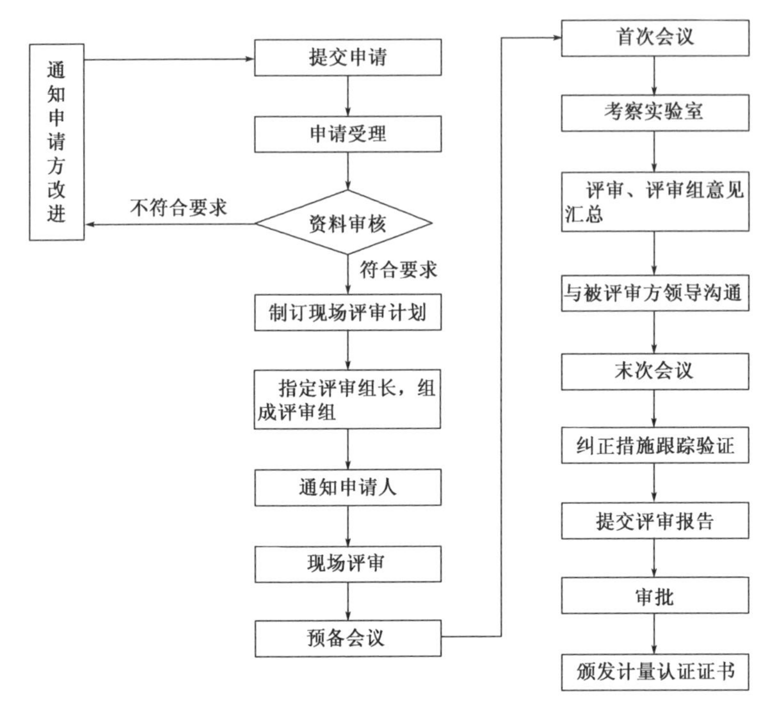

图5-8　计量认证评审流程图

汽车排放检测机构质量控制技术规范中应该包含全部涉及检测试验的内容。应按照质量控制有关的要求，制定并实施检测细则和检测工作程序。在日常的管理工作中，应该注意严格按照最新的检测方法进行测试，并在专用系统软件留有原始记录。

六、检测用计算机和软件的管理

应建立计算机使用管理制度，内容包括计算机数据采集、处理、运算、记录、报告、储存和检索检测数据等。计算机实行专职操作，应设立分级使用密码禁止非本岗位人员使用，禁止修改计算机记录。计算机配备必要的防毒保护措施。计算机运行使用状况要有记录。

依据《检验检测机构资质认定能力评价　机动车检验机构要求》(RB/T 218—2017)标准中4.4条款对设施的具体要求，着重强调了用于检验检测并对结果有影响的电脑软件的控制要求。机动车检验机构不得擅自修改软件，应确保用于检验检测的软件的唯一性、完整性。检验检测工作不得使用未经确认的软件，应安排专人管理机动车检验机构的检验检测软件及其记录,并进行定期以及改变或升级后的再确认。依据 RB/T 218—2017 标准中 4.5.9、4.5.10 条款规定,机动车检验记录还包括复检记录和路试记录,也包括电子形式存储的记录。检验记录应可通过纸质签名、电子媒介或者其他途径记录检验员个人身份标识并追溯到检验员。检验员个人身份标识应具有唯一性,并应保证安全,防止被盗用和误用。机动车检验报告应可明确追溯到检验报告中所有检验项目的检验记录,检验报告和检验记录编号应具备唯一性,不得用 VIN 码或车辆号牌代替检验报告和检验记录的编号,以保证检验检测记录的可追溯性,与现有的机动车检验机构实际情况更加契合。

七、检测报告

在检测记录和报告中记录检测环境、检测过程和检测相关事宜,有助于形成良好的检测规范。在具体的实施过程中,可以注意以下两方面的内容:检测机构应结合本机构的具体情况及保密和安全要求,制定检测记录管理制度;检测工作的所有记录、证书和报告应统一管理,妥善保管。机动车检验检测机构应该建立清晰、完整的检测报告清单,并且按照要求规定定期上报监管部门。检测报告应可以和试验原始记录、车辆信息、软件数据、检测时的仪器信息形成对应关系。从而保证检测结果的可溯源性。

对于检测报告来说,应该注意以下几点:

检测报告应该规范化、格式化,内容应按机动车检测标准中规定的格式执行。每份检测报告有唯一的报告编号,检测报告单应自动打印生成;检测报告签字后,及时交给受检车辆的车主;对于经多次检测后合格的车辆,应保留其每次检测的结果;应按环境保护行政主管部门的规定汇总和上报检测结果。

八、对外部服务和供应品的质量管理

采购的设备和消耗性材料在使用前应进行检测或检查,检测和检查记录应归档保存。同时对外部的供应进行记录,对为检测提供所需的支持服务或外部供应方的记录均应收集并归档保存。建立一套完整的外部供应商评价体系,以便择优选择供应材料,对不断更换的标准物质等供应商进行动态管理。对于标准物质的采购应该选择具有同样计量认证资质的供应商,对其提供的标准物质应该掌握每个批次的认证证书。管理记录应包括材料名称、规格、生产单位供应商和质量信誉证明许可证、质检机构认证情况投诉及信息反馈,检测机构应制定并执行《投诉处理程序》,就反馈信息的受理、处理、答复及记录等加以规定。对于外部就检测机构工作所提出的投诉或其他信息反馈,检测机构必须按《投诉处理程序》处理,并按《投诉处理程序》记录和归档。

九、设备和标准物质的管理

在用汽车排放检测过程中,配备一定品种和数量的检测仪器和设备是开展检测的先决条件。对这些设备、工具和仪器的科学使用、维护和修理是开展检测任务正常活动的必要条件。所以,机动车检测机构或企业必须对设备、工具、仪器实行从选型、购置、安装、调试、使用、维护及修理乃至报废、更新的全过程管理。建立"一机一档"的方式,不断完善仪器档案的内容。从经济角度来说,检测设备管理中所涉及的设备、工具和仪器属于检测机构的固定资产,也应该由专门机构或人员来管理,才能从购置投资、支出维修费用、提取折旧费等方面保证资金支持和进行费用控制。从技术角度讲,设备、工具和仪器的使用说明书、维修技术资料、维修配件也需要仪器设备管理员负责收集和管理,对于使用人员需要专门的培训和指导,当遇上无法自行解决的技术问题时,也需要仪器设备与管理员与制造厂家沟通协调,以获得技术支持。

对在用汽车排放检测设备进行管理的意义在于,它能以最经济的手段来保证设备、工具和仪器随时处于良好的技术状态,充分发挥其效能,为保证汽车尾气检测质量和生产效率提供技术装备。检测设备管理在车辆检测中主要有以下几方面的作用:汽车尾气检测设备管理应充分利用检测仪器、提高检测质量和生产效率,从而获得最大的经济效益;汽车检测设备管理可以随时保证设备处于良好技术状态,维持检测工作的正常进行;在汽车检测设备管理中不断改进设备技术状况和提高设备的技术性能,为优质、低耗和安全运行创造条件,以促进汽车检测技术的不断发展,并提高检测机构的经济效益。

因此,对检测设备、工具和仪器的配置不但是检测机构的一项重要工作,而且,这项工作的质量还直接影响检测质量及检测作业的效率,从而直接影响企业的经济效益。设备、工具和仪器的配置应当遵循符合有关法规要求、生产上领先、技术上领先、经济上合理的基本原则。同时,对它们的维护,也包括配备合理的操作人员、定期检修等内容。

检测设备的管理也包含有标准物质管理的内容。这主要是因为在检测工作中,汽车有害排放物浓度的定量测量离不开标准物质。除了按照法规进行定期校准之外,机动车检测机构可对于使用频次较高的仪器设备追加校准次数。

对设备和标准物质的管理包括设备和标准物质的购入、维护和控制等内容，同时，检测机构应就设备和标准物质的购入、维护和控制制定管理规程，购入的仪器设备和标准物质须符合有关规定的要求，并制定详细的仪器设备操作规程，包括操作步骤、故障处理、维护要求等。须按有关标准和检测机构相关规定对仪器设备进行使用和维护，当仪器设备发生故障时，操作人员应正确处理并及时报告，维修后要填写维修记录。

第六章 排放检验机构联网要求与规范

机动车安全检测已全面放开,机动车可以在任何地方进行安全检测。但与安全检测不同的是,在用汽车作为移动污染源的重要监管目标,其环保检验没有统一开发运行的机动车环保检验系统,且缺乏统一的数据共享标准和机制,各地区机动车环保检验数据完全隔离,生态环境主管部门既不能准确了解地方车辆环保信息,也不了解本地车辆在异地的运行情况,已经越来越不能适应形势的发展。

为满足机动车环保检测监督需要,实现区域大气污染联防联控,实现机动车环境管理信息化和网络化,达到《大气污染防治法》中对机动车环保检验数据联网共享的要求,对在用汽车排放检验机构从国家、省、市三个级别的联网进行详细要求。为助力排放检验机构合规合法有效运行,本章介绍了排放检验机构三级联网的要求和规范,同时为促进排放检验机构与维护维修站的深入对接,对两者的数据交换做了相关规定。最后通过排放检验机构典型的违规问题,督促其合法合规运行,同时帮助监管部门有效地预防违法违规问题的发生。

第一节 排放检验机构三级联网要求

《大气污染防治法》要求机动车排放检验机构应当依法通过计量认证,使用经依法检定合格的机动车排放检验设备,按照国务院生态环境主管部门制定的规范,对机动车进行排放检验,并与生态环境主管部门联网,实现检验数据实时共享。机

动车排放检验机构及其负责人对检验数据的真实性和准确性负责。生态环境主管部门和认证认可监督管理部门应当对机动车排放检验机构的排放检验情况进行监督检查。

原环境保护部《关于进一步规范排放检验加强机动车环境监督管理工作的通知》(国环规大气〔2016〕2 号)中,第一条要求严格执行机动车排放检验制度。环境保护主管部门依照《大气污染防治法》建立并规范机动车排放检验制度,机动车生产企业和机动车所有人应当依法进行机动车排放检验。第十条要求推进在用汽车排放检验机构规范化联网。省级环境保护部门应按照《大气污染防治法》和国家有关规定,对在用汽车排放检验机构不再进行委托,对机构数量和布局不再控制。在用汽车排放检验机构申请与环保部门联网时,应向当地地级城市环境保护部门主动提交通过资质认定(计量认证)、设备依法检定合格的相关材料,地级城市环境保护部门对符合环境保护部机动车环保信息联网规范等要求的检验机构应予联网,并公开已联网的检验机构名单。第十一条要求加强排放检验机构监督管理。环境保护部门可通过现场检查排放检验过程、审查原始检验记录或报告等资料、审核年度工作报告、组织检验能力比对实验、检测过程及数据联网监控等方式加强检验机构监管,推进检验机构规范化运营。

截至 2019 年底,全国除西藏自治区外的 30 个省、区、市均实现机动车环保定期检验数据国家—省—市三级联网。全国共有检验机构 8605 家,已联网 7894 家,2019 年除吉林省外,其余 29 个省、区、市共报送机动车定期检验数据 5726.1 万余条。如图 6-1 所示,截至 2019 年底累计向国家平台报送定期检验数据 1.95 亿余条。2019 年,汽油车参检车辆 4421.6 万辆,占汽车总量的 80.5%。其中稳态工况法参检车辆 2322.0 万辆,占汽油车总量的 51.4%;简易瞬态法参检车辆 1657.7 万辆,占汽油车总量的 36.6%;双怠速法参检车辆 541.9 万辆,占汽油车总量的 12.0%。柴油车参检车辆 1097.7 万辆,占汽车总量的19.5%。其中加载减速法参检车辆 696.5 万辆,占柴油车总量的 63.5%;自由加速法参检车辆 401.2 万辆,占柴油车总量的 36.5%。

三级联网是为了贯彻实施《汽油车污染物排放限值及测量方法(双怠速法及简易工况法)》(GB 18285—2018)、《柴油车污染物排放限值及测量方法(自由加速法及加载减速法)》(GB 3847—2018),标准中明确了有关数据上报的规范要求等内容。

三级联网系统中的机动车排放检验信息系统涉及的业务对象包括机动车检测设备商、排放检验机构以及各级生态环境监管部门。本书为准确说明业务对象的关系和业务数据流程，首先对机动车排放检验信息系统框架和业务对象的关系进行总体描述。

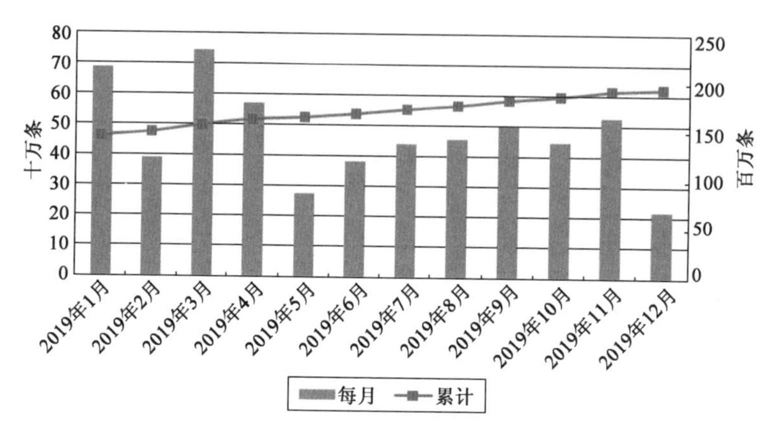

图 6-1　2019 年定期检验三级联网数据报送情况

一、软件要求

机动车排放检验信息系统逻辑上分为三部分，即检验设备控制软件、检验机构端软件和管理端监管软件，分别对应检验设备提供商、检验机构和监管部门，为指导软件的开发设计，确保机动车排放检验信息系统既能达到标准规定的检验要求，又能有利于监管部门开展监督检查，履行大气污染防治法规定的监管义务，分别对这三部分提出细致的软件要求。

1. 检验设备控制软件

检验设备控制软件应具有按标准规定的测试方法（双怠速法、简易瞬态工况法、瞬态工况法、稳态工况法、加载减速法、自由加速法等）自动控制排放污染物测量并记录相关过程数据的功能；应具有按照标准规定采集检验设备自检、检查记录的功能；应能按照标准规定进行车辆检验、响应指令、设备自检和检查等功能，实时接受检验机构端系统监控；应对检验设备检查运行异常等多种情况及时报警，并提示检验人员在保证检验安全的条件下中止检验。

2. 检验机构端软件

检验机构端软件应具有检验机构、检测线、检验设备、检验人员、检验报告、标准物质、检验耗材、车辆参数、检测装置信息维护管理功能；应具有车辆检验记录查

询功能、外检录入、核验车辆随车清单真伪、车况检查、OBD检查、与检验设备控制软件通信、检验限值管理、检验设备控制软件版本管理、报告管理、设备管理、视频监控等功能。监控收集的视频设备要求检验机构每条检测线至少应安装两路摄像机，原则上前部摄像头安装在车间内部，检验设备侧前方，尾部摄像头安装在车间后侧。前后摄像头应尽可能呈对角线布置，监控视线应能覆盖检测车辆的四周。有条件的地区可在设备间安装监控设备，采集检验过程中气体分析仪或烟度计变化的视频。视频存储要求检验机构配备本地视频录像设备，检验过程视频存储本地化（按日期保存），历史检验视频保存周期不少于12个月。机构软件应确保视频图像清晰、位置合理，监控图像及录像中车辆牌照、检测线编号明显醒目。机构软件应记录检验准备的视频，记录尾气采样管插入车辆排放管的过程，检验准备视频开始时间以车辆到位就绪计时。

机构软件应记录检验过程的视频，并在关键环节拍照，自动拍摄车辆前后照片，能清晰显示车辆的外观、车牌号码、轮胎、尾气采样管和车辆排放气管。机构软件应记录检验结束的视频，记录尾气采样管拔出车辆排放气管的过程。有条件的地区可要求摄像机在检验机构工作时始终保持开启工作状态。机构软件应确保检测车间内检测线编号喷涂齐全醒目，颜色与地面及周边环境有明显反差，确保在拍摄的视频监控图像中及视频录像中清晰可见。车辆检验的视频录像文件、图像文件名称由系统自动命名，检验准备和检验过程的视频可保存在同一文件，随检验数据一起上传至监管系统（视频录像文件可选），并与排放检验记录关联对应。视频软件及设施应支持开放式网络视频接口论坛（ONVIF）协议，并符合《公共安全视频监控联网系统信息传输、交换、控制技术要求》（GB/T 28181—2016）标准要求。

3. 管理端监管软件

管理端监管软件具备排放检验信息管理、排放检验监督、排放检验响应、检验记录、本地车辆的异地检验、检验方法及检验限值管理、集中排放超标的车型报送等功能。

二、联网要求

为确保机动车排放检验数据传输的安全性和有效性，满足国家对机动车排放检验数据三级联网的要求，重点对各级生态环境主管部门之间数据交换进行了规定，要求通过环保专网数据传输与交换平台进行。检验按照联网核查、外观检验、

OBD 检查、排气污染物检测的顺序开展。省级生态环境主管部门确定开展汽油车燃油蒸发检测的，还应按照 GB 18285—2018 的附录 E 进行燃油蒸发检测。联网核查应包括环保违规情况、排放召回记录、车载终端联网状态及车辆维修记录的核查。对存在环保违规和排放召回记录的车辆，应提醒车主及时处理。对已安装远程排放管理车载终端的重型柴油车和燃气车，应查询车载终端的联网状态，并记录通信情况。

三、数据采集和报送

为确保机动车排放检验数据的规范性、一致性和有效性，便于后期对数据汇总和分析，GB 18285—2018 和 GB 3847—2018 对系统采集的数据项目和格式进行了规定，同时为实现全国机动车排放检验数据的共享，对传输的数据项目也进行了规定，具体如下。

1. 数据采集

GB 18285—2018 和 GB 3847—2018 规定了在用机动车排放检验信息系统数据采集项目，如检验机构信息、检测线信息、检验人员信息、检验数据信息、设备检查记录、设备检查过程记录、设备自检记录、标准物质信息、设备检定记录、设备维修记录、环保查验记录等。

2. 数据报送

《汽车排放定期检验信息采集传输技术规范》（HJ 1238—2021）规定了生态环境主管部门之间的数据交换项目，如检验基本数据、OBD 检查信息、排放检验信息、检验机构信息、检验机构检测线信息、排放超标车型信息、集中超标车型环保查验记录等。

四、三级联网申请流程

排放检验机构取得计量认证证书后，已完全具备承担排放定期检验的工作能力，此时，排放检验机构可以向排放监管部门提出联网申请，有关申请流程如图 6-2所示。

一般来说，排放监管部门会明确排放检验联网申请基本条件要求、明确联网申请程序及需提供的申请材料等，也会制定专门的联网申请表格供检验机构联网申请时填写，联网申请表格一般会包含检验机构的基本信息、设备参数、检测线数量、

检测员配备情况(人员信息)、设备检定日期,相关备案信息等。检验机构在进行联网申请前应向有关部门或其他检验机构了解联网申请程序与相关要求,并对照相关要求查漏补缺,保证联网申请的顺利完成。

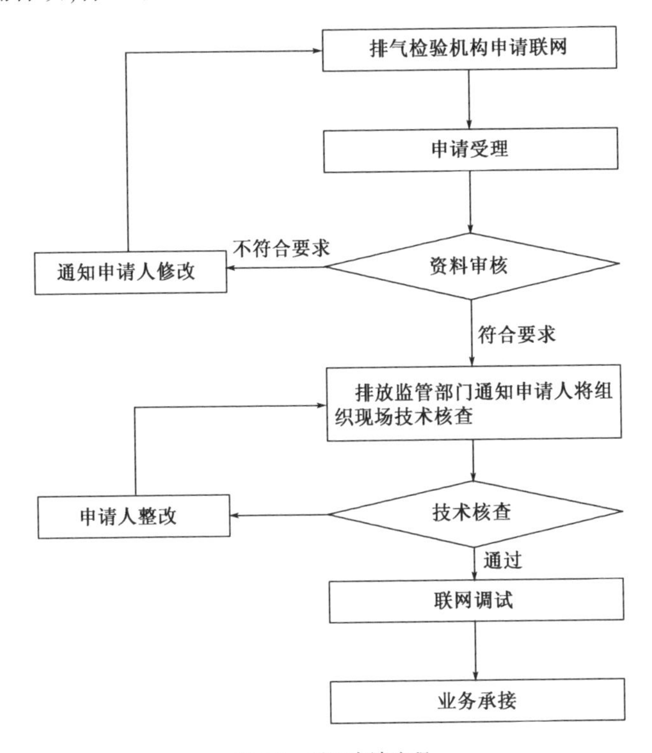

图 6-2 联网申请流程

排放监管部门受理联网申请后,会按规定组织相关技术人员对排放检验机构的设备、环境、场地设计布局、检验能力、质量体系及计量认证资质、检测员上岗资质、设备检定情况等软硬件能力情况进行综合审核,经审核检验机构的资质和检验能力满足机动车排放定期检验技术与管理要求时,排放监管部门将授权机动车排放网络监管系统管理部门,或软件开发商准许检验机构与机动车排放网络监管系统进行联网调试。为方便检验机构排放检验设备与机动车排放网络监管系统的联网,各地生态环境主管部门通常会根据已建(拟建)的机动车排放网络监管系统发布机动车排放检测设备接口技术规范,排放检验机构的设备供应商应根据设备接口规范修改完善设备的网络接口,并提供满足设备接口技术规范要求的设备。经联网调试合格后,排放监管部门将按联网申请程序等有关规定正式授权排放检验机构承担排放检验业务。如检验机构的联网申请未能通过联网审核,则检验机构应根据相关要求进行整改与完善,整改完善后再按程序重新进行联网申请,排放监管部门也将按程序再次组织联网审核工作。

第二节 排放检验机构与维修治理站数据交换要求

实施汽车排放检验与维修制度(I/M 制度)是推动汽车排放污染物治理有效、可行的方法和手段。汽车排放污染维修治理站(M 站)建站条件是 I/M 制度技术体系的重要内容,是 I/M 制度在全国范围内落地实施的技术保证。而 I/M 站之间的信息系统是建立在汽车维修电子健康档案系统基础之上的。信息化功能依托于维修治理过程电子化数据,与汽车排放污染检测诊断设备、汽车排放污染维修治理设备进行数据交互是必要条件,需要预留数据接口,M 站上传数据至交通运输主管部门,并通过与生态环境主管部门预留检验数据接口,实现互联互通。可以说,信息化系统是 I/M 制度体系的重要技术组成部分,是 I/M 制度有效实施的基础保障,同时也可以提高社会公众对汽车排放污染维修治理的关注度、诚信度、满意度。

2018 年,有关 M 站的详细技术条件规定了与 I 站之间数据交换要求。结合《交通运输信息化“十三五”发展规划》(交规划发〔2016〕74 号),信息系统管理是汽车维修行业转型升级和提升服务质量的重要抓手,也是 I/M 制度实现闭环管理的基础条件。M 站对承修车辆在治理前和治理后的污染物排放数据进行对比,对污染物排放数据进行大数据分析,为行业、企业、政府提供基础支撑。I 站和 M 站之间的数据管理、信息化、数据通信接口等条件都在《汽车排放检验机构和汽车排放性能维护(维修)站数据交换规范》中有了详细规定,其中的数据要求必须包含以下内容。

1. 车辆检测信息

(1)车辆基本信息。包括的数据项有检测编号、I 站代码、车辆牌照号、车辆登记名称、车主名称、车主住址、联系电话、车辆类型、车辆用途、发动机号码、VIN 码、生产厂家、生产日期、燃料类型、行驶里程、汽油机的燃油供给方式、点火方式、新车出厂时的尾气排放值等。

(2)性能检查信息。包括的数据项有检测编号、I 站代码、汽缸压力、发动机工

作状况、有无排放控制装置、催化转换装置工作状况、曲轴箱真空度和密封性、废气再循环(EGR)控制阀工作状况、排放管密封性、油箱压力、汽油机点火正时、柴油机喷油正时、检查人员代码等。

(3)排放检测信息。包括的数据项有检测编号、I站代码、检测方法、检测标准、检测仪器、试验时间、检测数据、检测人员代码等。

(4)车辆检测记录。包括的数据项有检测编号、I站代码、检测周期、检测种类、检测费用、检测结果、检测日期等。

2. 车辆维修信息

(1)车辆基本信息。包括的数据项有维修编号、M站代码、车辆牌照号、车主名称、联系电话、车辆类型、车辆用途、发动机号码、VIN码、生产厂家、生产日期、燃料类型、行驶里程、汽油机的燃油供给方式、点火方式等。

(2)进厂排放检测信息。包括的数据项有维修编号、M站代码、检测方法、检测标准、检测仪器、试验时间、检测数据、检测结果、检测人员代码等。

(3)车辆维修记录。包括的数据项有维修编号、M站代码、维修类别、作业项目、承修人、送修日期、完工日期、工时费、材料费、其他费用、总费用等。

(4)出厂排放检测信息。包括的数据项有维修编号、M站代码、检测方法、检测标准、检测仪器、试验时间、检测数据、检测结果、检测人员代码等。

3. 车辆路检信息

包括的数据项有路检编号、车辆牌照号、车主名称、联系电话、驾驶员姓名、驾驶证号、营运证号、车辆类型、车辆用途、燃料类型、汽油机的燃油供给方式、点火方式、发动机性能、排放检测数据、检测结果、检测地点、检测日期等。

4. 检测站的基本信息

包括的数据项有检测站的名称、代码、地址、负责人、联系电话等。

5. 维修站的基本信息

包括的数据项有维修企业的名称、代码、地址、负责人、联系电话等。

以上数据库的信息中,检测数据包括检测项目和结果,而检测结果信息是指合格或不合格。路检数据主要是用怠速法检测的数据,而I站和M站的检测数据则根据检测方法的不同而不同。此外,在M站信息中也有数据检测信息,这主要是为满足不同M站由于各种需要而对车辆进行检测时的数据记录,它不是强制检测,I站的检测是确认车辆是否合格的依据。

第三节 排放检验机构违规问题及预防

在用汽车排放污染物环境管理是对新车环保认证的延续,我国建立了在用汽车环保定期检验制度,要求不达标车辆不得上路行驶。但是,在用汽车年检机构的监管却是机动车环保监管中的“重灾区”。一些地区机动车环保定期检验工作暴露出检测程序不规范、检测设备可靠性差、从业人员技术水平参差不齐等问题,个别地区甚至出现玩忽职守、弄虚作假现象,严重影响了机动车污染防治政策措施的实施效果,造成了极为不良的社会影响。从排放检验机构的违规情况的统计上,大致可以分为硬件违规和软件违规。

一、违规问题和案例

(一)违规问题

1.硬件违规

对于在用机动车年检机构,底盘测功机的调教与标定是关系排放检测准确与否的重要环节。底盘测功机的作用本来是为了模拟车辆行驶的真实状况,但是在实际操作中,违规检测人员往往可以通过调整底盘测功机的负载精度,从而直接影响检测数据的准确性。

在检测设备相关硬件上的违规不局限于底盘测功机,甚至在排放分析仪、稀释系统上同样存在着弄虚作假的行为。在利益的推动下,违规检测人员通过给采样探头加“三通”管件利用空气稀释尾气、调整标定气体含量都可以影响检测结果。有的工作人员连探头都懒得往排放管里插,测出来的尾气当然能达标。

尾气排放检测的人为操作空间很大,检测探头离排放管“差了几厘米”也会降低排放值。在一些地方,有些检测机构甚至明目张胆“放水”,只要给钱,不检测就能够通过环保检测。

一些不法分子直接通过租赁合格的三元催化转换器等后处理装置牟取暴利。某些车主在首次检测不达标后,并未采取维修的手段,而是租用专用的后处理装置临时替代年检不合格的三元催化转换器,只为了应付检测。这是因为租赁后处理

装置价格远低于维修价格。对于经济发达的城市,新车使用周期之间的检验次数屈指可数,有些车主只验车1次就更换新车,所以对维修与否并不关心。这些车主的环保意识和社会责任意识非常淡漠。甚至在某些跑车俱乐部,旗下所有注册跑车为了提升动力或者改装排放系统前、中、后段以达到理想的排放声浪而拆除原厂三元催化转换器。俱乐部所有车辆共用同一个三元催化转换器以应付年检尾气排放检测。而机动车年检机构检查室根本无法区分出是否为同一VIN码的三元催化转换器,因此,根本无法阻止这种弄虚造假问题。

2. 软件违规

某些环保检测设备厂家为了提高自己产品的销售量,明目张胆地安装了造假软件,有些造假软件一部分是由生产销售环保检测设备的厂家或者网络公司秘密提供的,有些是由社会上设计电脑软件的"地下黑客"提供的。所谓造假软件,就是在检测站的环保检测线电脑上安装的一套可以自动生成合格检测数据的电脑作弊检测软件,操作简易,只要在后台输入特殊字符或者指令,就可以在各个检测项目中自动生成相对应的合格数据。也就是说,不论受检的车辆状况怎样,只要一输入指令,都可以轻松通过检测。在以往的调研中发现,某些通过率超高的检测站,在拆除或更新三元催化转换器后,车辆的尾气排放数据竟然基本无变化;同样一辆车,冷车和热车检测的排放数据也基本无变化;同样一型号的车,行驶5万km的和行驶25万km的尾气检测结果基本无变化。这充分说明检测站的检测软件是早就设定好的,可以肆无忌惮地作假,以迎合一些车主的要求。

中央电视台《焦点访谈》栏目播出的《被操控的检测》节目曝光了山东省机动车排放检验机构存在弄虚作假行为之后,山东省环保厅对机动车尾气检测造假问题展开了专项检查行动,并请专家撰写了专项报告,其报告指出的问题主要有:检测设备的检测过程数据不同步且和结果数据无法对应,检测过程数据与显示数据不一致;安装的检测系统软件混乱,版本较多;检测过程中缺少过程数据监控功能,控制软件设计存在后门文件,可实现修改、取消监控、跳过自检项目等功能;设备的关键报警技术功能存在缺项,不符合标准要求;重复性测试结果严重超差,存在严重的数据篡改和作弊问题,检测方法并不是真正的法规标准方法。

软件造假这一违规形式,存在着隐蔽性高,反监督手段高等特点。在越来越多的违规问题中屡见不鲜,且不易被监管部门识别。表6-1陈列了目前排放检验的违规问题。

违规问题汇总　　表 6-1

违规主体	
排放检验机构	车主
1. 机动车检测要求尾气检测采样管必须插入尾气管中 40cm,有些检测人员没有插到位或不插入,双排放管车辆只插入一个排放管,导致采样管不能获取真实的尾气数据,从而让不合格车辆蒙混过关	1. 在尾气管中塞入涂覆三元催化剂的钢丝球。三元催化转换器失效或者老化是大多数尾气检测不合格车辆的主要原因,在检测过程中用涂覆三元催化剂的钢丝球临时替代三元催化转换器可顺利通过检测,检测之后再把钢丝球取出来。但这种方法下,钢丝球三元催化剂不会起作用,因为消声器后端温度达不到 400℃以上的反应温度,只是因为钢丝球干扰了取样探头的插入深度
2. 合格车辆与不合格车辆同时上线并排检测,尾气检测采样管交叉插入,不合格车辆蒙混过关	2. 在尾气管上打孔,让机动车尾气在打孔处泄漏出去。打孔后尾气管中的污染物浓度会下降,尾气检测探头得不到真实的排放数据,从而确保超标机动车检测合格
3. 有些检测人员在检测设备上安装遥控装置,通过控制检测设备的转速,让不合格车辆轻松通过检测	3. 向排放管中灌入氧气。氧气与高温尾气混合,既降低尾气管中的污染物浓度,也会氧化尾气中一氧化碳(CO)、氮氧化物(NO_x)等有害气体,使得超标车辆检测合格
4. 踩加速踏板造假。检测人员通过踩加速踏板的快慢动作,设法避开尾气排放峰值,尾气检测采样管也就不能捕捉车辆排放的真实情况。不过,这种方法对于严重超标车辆并不适用	4. 租用三元催化转换器替换不合格车辆应付检测,检测之后再归还。这种方法有一定局限性,一般街边维修店储备常见车型的三元催化转换器,但我国已有一万多种车型,小众车型难以找到合适的三元催化转换器
5. 软件作假法。工控机端存在多套不同版本的控制软件程序。有些检测人员通过破解软件,远程控制工位机,修改电脑系统的参数,如修改额定功率、降低检测限值标准等参数,让不合格车辆过关,出具虚假排放检验报告	5. 为了让发动机达到最优工况,火花塞的点火时间与喷油量都有严格要求。造假者通过更换不合格车辆的火花塞,可以改变点火时间,更换喷油嘴减少喷油量,减少缸内排出的尾气以应付检测。这种做法会损害发动机的"健康",在车辆今后的运行中,尾气中污染物将迅速升高
6. 未按照国家标准规定的程序开展车辆检测,仪器设备自检不规范或未自检,环境参数未自检或失真,控制软件未按照标准规定设计,但却出具合格报告	6. 造假者对排放不合格机动车添加燃油添加剂,从而提高燃烧温度,尾气中部分一氧化碳(CO)、氮氧化物(NO_x)等有害气体被高温氧化,从而降低尾气中污染物浓度

续上表

违规主体	
排放检验机构	车主
7.原始数据串口联网方式作弊并逃避监管	7.有些不合格车辆还剩一点油时,向油箱中大量添加乙醇,在提高燃烧效能的同时改变尾气成分,如此超标车辆可顺利通过检测
……	8.造假者通过调节发动机电控线路的电阻,从而临时改变发动机喷射工况,达到顺利通过检测的目的。这是一种高级造假手段,很难被发现
……	9.套牌检测造假。造假者把不合格车辆的牌照安装在同款合格车辆上,机动车尾气检测不查验 VIN 码,只登记行驶证信息,即使面对监控摄像,不合格车辆也能蒙混过关
……	10.车主通过非法中介来达到检验合格的目的
……	……

(二)案例分析

1.案例一

执法人员在调取某公司检测车间视频监控时发现,某汽油车在1号检测线进行稳态工况法检测时,受检车辆驱动轮已在底盘测功机上开始运转,而此时检测人员并未将取样探头插入受检车辆排气管内,当受检车辆即将检测完成时,检测人员将取样探头插入受检车辆的排气管,随即受检车辆驱动轮停止转动,底盘测功机升起复位,检测完成。该受检车辆的检测过程数据显示 CO 与 CO_2 的浓度之和小于6.0%,但控制系统未终止测试。最终检测结果判定为合格,并出具了合格的检测报告。同时发现检测系统分析仪无低流量锁止功能,机动车测试过程中,控制系统在屏幕实时显示排放测试的中间结果。上述行为不符合《汽油车污染物排放限值及测量方法(双怠速法及简易工况法)》(GB 18285—2018)的要求。

违法当事人违反《江苏省机动车排气污染防治条例》第二十一条第一款第一项的规定。依据《江苏省机动车排气污染防治条例》第三十七条第一款第一项的规定,经案审会讨论研究决定下达行政处罚决定书,没收违法所得158.42元,罚款2.33万元。

2. 案例二

执法人员现场检查发现，某检测站在柴油车辆上线检测尾气过程中，部分柴油车辆上线进行加载减速测试时，在车辆有明显可见烟度的情况下仍让车辆进行尾气检测并出具合格报告。上述行为不符合《柴油车污染物排放限值及测量方法（自由加速法及加载减速法）》（GB 3847—2018）的要求。

同时该单位员工在对部分柴油车辆进行加载减速法检验过程中，手动将连接取样探头和烟度计的管线从烟度计上拔出，断开取样探头、管线和烟度计的连接，帮助车辆通过检验。上述行为不符合《柴油车污染物排放限值及测量方法（自由加速法及加载减速法）》（GB 3847—2018）的要求。

违法当事人违反《大气污染防治法》第五十四条第一款。依据《大气污染防治法》第一百一十二条第一款的规定，经案审会讨论研究决定下达行政处罚决定书，没收违法所得 1770 元，处罚款 36.5 万元。

3. 案例三

执法人员现场检查发现，某检测站正在检测的车辆初检时 NO_x 严重超标（检测值 3636×10^{-6}），复检该车时工作人员在 80% 工况测试点主观故意松加速踏板（80% 工况点轮边功率最小 3.9kW）且取样管路有明显破损漏气现象，从而使 NO_x 检测达标，并出具了该车的虚假复检合格报告，涉嫌 NO_x 检测数据造假。上述行为不符合《柴油车污染物排放限值及测量方法（自由加速法及加载减速法）》（GB 3847—2018）的规定。

违法当事人违反《大气污染防治法》第五十四条第一款的规定。依据《大气污染防治法》第一百一十二条第一款的规定，经案审会讨论研究决定下达行政处罚决定书，没收违法所得 400 元，处罚款 10 万元。

4. 案例四

执法人员对某机动车检测公司检查时，通过调阅监控视频及维修档案发现，某初检不合格车辆经维修更换三元催化转换装置后，上线复检合格。但初、复检的上线时间仅间隔 22min，不满足正常的维修时长。进一步调查发现，该车初检不合格后，到 A 汽修厂安装气瓶，然后由 B 汽修厂出具虚假维修清单，通过非正当手段通过复检。

根据取证结果，地方生态环境局对该机动车检测公司和 A 汽修厂进行立案调查，并依据相关法律法规，予以处罚。

二、预防方法

加强机动车排放检验机构环保监管是保障在用汽车排放达标的主要措施之一,更是机动车排放污染控制的重点工作。为了加强机动车排放检验机构环保监管,可以从建立专门监管机构,出台地方监管标准和法规,实行记分制管理等方式入手,建立健全监管制度,开展在用机动车排放检验专项整治行动,严惩违法违规行为。

2020 年,京津冀同步施行《机动车和非道路移动机械排放污染防治条例》,其中就对机动车排放检验机构、机动车环保定期检验行为、联网管理等,以及机动车排放检验主要违法行为行政处罚标准作了明确规定,为规范机动车排放检验提供了强有力的法律保障。更重要的是,北京市对机动车排放检验机构出现伪造检测数据、违规检测等行为也将像驾驶员违反交通规则一样,实行累积记分管理制度,在一个记分周期内累计超过规定记分值的将停线整顿。这些举措有效地推进了机动车定期检测精细化管理,遏制了机动车年检中的违规作弊行为。

为加强机动车污染防治信息化建设,应加快落实国家机动车排放检验三级联网工作要求。三级联网有助于对机动车尾气检测机构的监管。如果同一车型在全国多地检测均发现存在超标问题,但在某地检测数据却显示正常,可以有针对性地去实地查看,核实检测机构是否存在设备、技术问题,避免弄虚作假。三级联网后,还可以及时向地方反馈车辆异地超标排放信息,促进地方的机动车污染防治工作。但目前机动车排放检验信息平台存在数据不完整不规范、数据上传国家平台不及时等问题,应加快信息平台升级整改工作,制定新的联网规范,通过检验报告拍照上传、统一授权检验机构序列号等措施进一步加强对检验机构日常监管,确保满足三级联网需求。

对于机动车年检机构违规造假的对策可以总结为如下几条:

(1)建议全国检测设备都安装统一规范的控制软件,检测数据经加密后直接上传省级生态环境主管部门,由其出具统一编码的排放检测报告,检测结果判定不再由检测场或检测员控制。规范化软件处理行为则是从源头上解决软件造假问题的关键。只有切断环保设备厂家与评定机构的关系,才能够从根本上解决造假问题。环保检测设备厂家只负责硬件技术和软件输出环节,而数据归口由执法机构管辖。

(2)建议对在用汽车每年环保检测次数作出强制规定,如只能进行 2 次检测,初检、复检均在不同检测场进行，对于初检超标机动车，复检采取更严格的监管，特别要对汽车污染控制装置和柴油车环保配置、设备进行重点检查，以有效防止检测员、“黄牛”操控检测结果，防止车主和维修企业采取临时更换机动车污染控制装置的弄虚作假方法。

（3）建议建立有效的监管机制。机动车环保检测弄虚作假已属于严重扰乱社会秩序，严重危害人民身体健康的违法犯罪行为，必须给予严厉打击。《大气污染防治法》第一百一十二条规定：伪造机动车排放检验结果或者出具虚假排放检验报告的，由县级以上人民政府生态环境主管部门没收违法所得，并处以10万元以上50万元以下的罚款；情节严重的，由负责资质认定的部门取消其检验资格。管控机动车环保检测弄虚作假，必须建立一个长效的监管机制。机动车检验机构往往与租车、二手车交易、零部件销售等汽车行业利益相关，且机动车检验机构的社会关系也与机动车行业本身息息相关。因此，建议增加诚信档案管理机制，对于受过行政处罚的机动车检验机构相关涉事人员，应该加入诚信档案失信名单中，使其不得从事与机动车相关的任何行业牟取利益。这样就可以在处罚过后，不再让弄虚作假的涉事人员继续利用人脉和背景损害机动车相关行业名誉。这一监管机制一旦建立，可以有效杜绝机动车环保检验违规造假问题的再次发生。

三、监管要点

由于机动车排放检验机构的监督主体部门有两个，分别隶属于不同的行政机关，主要为生态环境和市场监管部门，有的部门在实际监管过程中不会主动进行沟通和协调，导致重复监管现象时有发生，缺乏合力。还有的监管部门采用传统的纸笔记录等方式开展检查工作，未及时进行信息化储存归档，导致各部门间无法获取有效的共享信息，尚未形成联合监管的有效机制。因此，应加强顶层设计，构建科学的多部门联合监管长效机制，生态环境和市场监管部门明确各自职责，建立协同配合、信息共享机制，设立统一的抽检台账，实现共同监管效力最大化。

本书为规范相关主管部门对机动车排放检验机构的监督检查工作，对监督执法检查流程、检查要点和检查方法进行了详细介绍。

1. 检查流程

（1）检验数据核查。

加强对机动车排放检验机构检验数据的监督抽查，重点核查定期排放检验初

检情况或日常监督抽检发现的超标车、外地车辆、营运的老旧柴油车等。

(2)确定重点检查对象。

强化机动车遥感监测数据、黑烟车电子抓拍、路检路查、入户检查和定期排放检验等大数据的关联分析,综合分析研判,将存在监督抽测超标排放机动车当前周期内检验达标、异地登记车辆排放检验比较集中、排放检验合格率异常等情况的检验机构列为重点监管对象。

(3)现场检查。

对重点监管对象进行现场检查,向被检查单位出示证件,告知其依法享有的权利,开展现场检查。

2.检查内容及要点

检查检验机构的检验资质、检测方法、检测设备、检测操作、检验报告、数据报送等是否符合相关要求,详见表6-2。

排放检验机构检查要点　　表6-2

检查环节	检查内容	检查方法	违规查处意见
外观检查	车辆外检时,仪表板故障灯是否被点亮,排放系统是否泄漏,污染控制装置是否完好,外检区车辆是否排放有序(依据实际情况开展)	1.在机房内查看视频服务器。 2.随机调取某一天任意时间外检图像或视频。 3.汽油车照片:发动机舱、加电后仪表板、氧传感器、三元催化转换器。 4.柴油车照片:发动机舱、加电后仪表板、后处理装置。 5.检查车辆机械状况是否良好,车辆排放系统和污染控制装置。 6.调阅外检区全景摄像头,能够完整反映整个外观检验区域情况	视频、照片不清晰,不完整的限期整改,暂停数据上传,更换或调整设备后,提交专家评估报告
登录员信息录入	登录员信息录入	1.登录员能够快速、准确、完整地录入车辆信息和车主信息。主要内容包括:车牌号码、车辆型号、发动机型号、基准质量、最大总质量、额定功率、额定转速、车辆识别码(VIN)、燃料供给系统形式、初次登记日期、燃料种类、车主姓名等。 2.随机调阅检测报告,车辆信息应填写完整准确	1.信息不完整,人员操作不熟练,限期开展人员培训,提交培训评估报告。 2.人为故意调整相关影响判定准确性信息的,暂停数据上传,立案调查

续上表

检查环节	检查内容	检查方法	违规查处意见
采样环节	车辆驾驶检测员是否能够熟练规范完成检测工作	1. 开始检测前应保证车辆在测功机台架上居中、摆正。 2. 采样管插入时间按照检测控制软件提示要求操作。 3. 采样探头插入尾气管深度为400mm。 4. 检测前关闭受检车辆附属装备(如冷暖风、前照灯、收音机、限速装置等)。 5. 快速、准确查找车辆OBD位置及熟练操作OBD诊断仪(如受检车辆需要检测)。 6. 检测独立双排车辆时使用Y形集气管、采样管。 7. 检测结束后按照检测控制软件提示拔出采样管并将采样管摆放至远离污染源位置。 8. 能够按照检测控制软件提示顺利完成检测工作。 9. 在车辆需要降温的情况下,在受检车辆前方1m处放置辅助冷却风机	根据违法实际情况,要求其限期整改,暂停数据上传,整改后提交整改报告
监控视频	1. 检验机构中检测视频存储时间应不少于12个月	1. 在机房内查看视频服务器。 2. 随机选取一条检测线的一路视频资料。 3. 调取当前视频12个月以前的历史存档。 4. 开业满一年的机构现场调阅12个月以前的视频资料。 5. 开业不满一年的机构应现场调阅开业当天及以后的视频资料。 6. 营业时间内正常开启视频监控系统并存储视频监控记录 (由站内技术员按照检查要求操作)	暂停数据上传更换设备,提交专家评估报告,经评估通过后恢复数据上传
	2. 检测车间每条检测线须有录像设备,车辆受检视频中应有线号、排放管、受检车辆车牌号、检测操作等内容,并清晰可见	1. 在机房内查看视频服务器。 2. 随机选取一条检测线的一路视频资料。 3. 随机调取某一天任意时间检测工位视频。 4. 查看任意一条工位是否安装两路视频监控装置,对角线布置,原则上前部视频监控装置安装在检验设备侧前方,尾部视频监控装置安装在检测线的侧后方,检测期间能清晰看到车辆前后部车牌号码、车辆驾驶检测员操作位置、线号、车辆排放管以及检验过程中尾气采样管插入车辆排放管的画面。 5. 在车辆排放检验过程中禁止以任何形式遮挡、污染、调整、中断摄像装置。 6. 柴油车检测线检测视频应接入服务大厅,并通过视频实时显示检测过程和结果公示 (由站内技术员按照检查要求操作)	视频、照片不清晰、不完整的限期整改,更换或调整设备,暂停数据上传,提交整改报告,经评估通过后恢复数据上传

续上表

检查环节	检查内容	检查方法	违规查处意见
监控视频	3. 操作间和设备间配备视频监控设备，应能清晰监视并能分辨工控机显示器显示内容、检验设备控制软件操作（依据实际情况开展）	1. 在机房内查看视频服务器。 2. 随机选取一条检测线的一路视频资料。 3. 随机调取某一天任意时间操作间、设备间视频。 4. 操作间应能清晰监视并能分辨工控机显示器显示内容、检验设备控制软件操作等。 5. 检测线设备间安装视频监控设备，摄像头应正对分析仪显示屏界面，应能清晰监视和采集检验过程中检验设备运行情况的视频。 6. 随机抽取报告单查看时间，调取视频查看整个检测过程中不能有人员触碰设备间设备 （由站内技术员按照检查要求操作）	视频不清晰、不完整的限期整改，更换或调整设备，暂停数据上传，限期整改后，提交整改报告，经评估通过后恢复数据上传
软件控制	1. 进行简易瞬态工况法检测时，$CO + CO_2 <$ 6%，检测程序应终止	1. 受检车辆检测过程中，将采样探头从受检车辆排放管中拔出。 2. 将采样探头放置在远离污染源的位置，避免采样探头再次吸入受检车辆尾气。 3. 采样探头拔出后，分析仪检测不到受检车辆尾气中的 $CO + CO_2 < 6\%$，检测程序终止	暂停数据上传，限期整改，经专家评估通过后，恢复数据上传
	2. 简易瞬态工况法检测连续超差超过 2s，检测程序应终止	1. 受检车辆检测过程中，指挥车辆驾驶检测员驾驶车辆使速度线超出规定的车速范围。 2. 观察检测控制软件连续超差时间。 3. 超差 2s 后，检测程序终止	暂停数据上传，限期整改，经专家评估通过后，恢复数据上传
	3. 五气分析仪低流量时设备应报警，并终止检测	1. 受检车辆检测过程中，人为降低分析仪内部管路压力（将采样管折叠至气体不流通）。 2. 分析仪显示屏内管路压力值降低并发出警鸣声，检测程序终止	暂停数据上传，限期整改，经专家评估通过后，恢复数据上传
	4. 流量传感器检测过程中流量小于 $2m^3/min$，检测程序应终止	1. 受检车辆检测过程中，关闭流量传感器风机或人为堵住集气管。 2. 流量传感器流量降低至 $2m^3/min$ 以下。 3. 检测程序终止	暂停数据上传，限期整改，经专家评估通过后，恢复数据上传

续上表

检查环节	检查内容	检查方法	违规查处意见
软件控制	5. 简易瞬态工况法检测过程中，当车速为50km/h时，受检车辆排放尾气的流量小于2L/s，检测程序应终止	1. 受检车辆检测过程中，拔掉流量传感器集气管，放置在远离污染源的位置，取样管不拔出。 2. 当车速为50km/h时，受检车辆排放尾气的流量小于2L/s，检测程序终止	暂停数据上传，限期整改，经专家评估通过后，恢复数据上传
	6. 检测开始前，设备自检过程中，HC残留浓度大于7×10^{-6}，检测程序不能开始检测工作	1. 在检测程序开始调零前将采样管插入受检车辆排放管内。 2. 在检测系统内查询车辆信息后点击开始检测。 3. 分析仪自动调零后，分析仪会检测到平台内有HC残留。 4. HC浓度大于7×10^{-6}，检测程序终止	暂停数据上传，限期整改，经专家评估通过后，恢复数据上传
	7. 简易瞬态工况法开始检测前，检测软件需进行怠速40s倒计时	1. 受检车辆驶入工位，按照检测程序提示插入取样管，操作员查询受检车辆信息后点击开始检测。 2. 检测控制软件显示怠速40s，并从40s开始倒计时，倒计时结束后进入检测系统，怠速等待。 3. 倒计时40s结束后，自动进入检测计时	暂停数据上传，限期整改，经专家评估通过后，恢复数据上传
	8. 加载减速法检测过程中，$CO_2<2.0\%$，检测程序应终止	1. 受检车辆检测过程中，人为取掉不透光烟度计取样管。 2. 观察分析仪屏幕，待CO_2降至2.0%以下，检测程序终止	暂停数据上传，限期整改，经专家评估通过后，恢复数据上传
检测设备	1. 五气分析仪取样系统不能有泄漏	1. 采用密封堵头或胶带将取样枪头取样孔进行密封。 2. 进入分析仪泄漏检查界面，点击泄漏测试开始进行检测。 3. 待检测完成后，观察判定结果	暂停数据上传，限期整改，经专家评估通过后，恢复数据上传
	2. 底盘测功机加载滑行检查	1. 站内随意抽取一条简易瞬态工况法检测线。 2. 由站内技术员调取启动测试软件，进行加载滑行测试。 3. 测试结束后，测试软件应提示测试通过 （由站内技术员按照检查要求操作）	暂停数据上传，限期整改，经专家评估通过后，恢复数据上传。

续上表

检查环节	检查内容	检查方法	违规查处意见
检测设备	3. 五气分析仪单点检查	1. 将低浓度标准气体连接到仪器检查气口。 2. 选择校准界面。 3. 进行检漏。 4. 检漏通过后选择一点校准。 5. 进入浓度校准界面。 6. 输入低浓度检查气标准值。 7. 完成后进入静态检查界面。 8. 通入检查气,控制气体流量,符合设备规定的流量值。 9. 待数值稳定后,观察测试结果是否通过 (由站内技术员按照检查要求操作)	暂停数据上传,限期整改,经专家评估通过后,恢复数据上传
	4. 流量传感器氧化锆检查	1. 将高浓度氧气通入氧化锆气室,控制标准气体的流量。 2. 氧气示值稳定后,点击调试软件界面上的氧气按钮,按界面提示,在相应的对话框内输入高浓度标准氧气值,并按确定键进行仪器氧气高点标定。 3. 将低浓度氧气通入氧化锆气室,控制标准气体的流量。 4. 氧气示值稳定后,点击调试软件界面上的氧气按钮,按界面提示,在相应的对话框内输入低浓度标准氧气值,并按确定键进行仪器氧气低点标定。 5. 检测软件的检查结果应为合格 (由站内技术员按照检查要求操作)	暂停数据上传,限期整改,经专家评估通过后,恢复数据上传
	5. 透射式烟度计误差 ±2% 检查	1. 将透射式烟度计测量单元光通道清理干净。 2. 将标准滤光片插入测量单元底部凹陷处。 3. 比对标准滤光片的不透光度和透射式烟度计通信单元显示的不透光度,观察分析仪屏幕数值与滤光片数值误差是否在 ±2% 内 (由站内技术员按照检查要求操作)	暂停数据上传,限期整改,经专家评估通过后,恢复数据上传
	6. 辅助冷却装置送风口直径应不超过 760mm,风机通风量不低于 $85m^3/min$ 或平均风速不低于 4.5m/s(取两者的大值)	在检测车间内查看风机铭牌	暂停数据上传,限期整改,经专家评估通过后,恢复数据上传

续上表

检查环节	检查内容	检查方法	违规查处意见
检测设备	7. 站内环境测量信息能够准确反映气象环境数据	1. 气象站须有监测环境温度、环境湿度、大气压功能。 2. 排放检测设备中的气象站应安装于检测车间内、操作间外，同受检车辆相同的环境内，测量并记录真实环境数据。 3. 如仪器设备存放于不同检测车间，应配备数目适应的气象站。 4. 气象站显示的环境信息要与分析仪标定软件内的环境信息一致。 5. 进入检测软件，观察显示的环境数据与气象站显示是否一致。 6. 查看检测报告环境参数及气象站环境参数	暂停数据上传，限期整改，经专家评估通过后，恢复数据上传
	8. 有五气分析仪和流量传感器使用Y形采样管或Y形集气管的，相应设备取样管长度应一致	1. 检查机构检测车间内具有检测独立双排车辆能力的简易瞬态设备。 2. 查看线上五气分析仪Y形采样管的结构、内径和长度应完全一致。 3. 查看线上流量传感器Y形集气管的结构、内径和长度应完全一致。 4. 在检测单排排气管车辆时，五气分析仪和流量传感器不使用的取样管和集气管，进气口应使用密封帽、密封盖或密封气囊将其密封	暂停数据上传，限期整改，经专家评估通过后，恢复数据上传
	9. 汽油车取样管长度应为7.5±0.15m	1. 在检测车间内，查看汽油五气分析仪取样管，长度应为7.5±0.15m。 2. 取样管无泄漏、弯折、堵塞现象 （检查方法：观察及使用长度测量工具测量）	暂停数据上传，限期整改，经专家评估通过后，恢复数据上传
	10. 轻型柴油车取样管长度小于1.5m	1. 在检测车间内，查看不透光烟度计取样管，长度小于1.5m。 2. 取样管无泄漏、弯折、堵塞现象 （检查方法：观察及使用长度测量工具测量）	暂停数据上传，限期整改，经专家评估通过后，恢复数据上传
	11. 重型柴油车取样管长度小于3.5m	1. 在检测车间内，查看不透光烟度计取样管，长度小于3.5m。 2. 取样管无泄漏、弯折、堵塞现象 （检查方法：观察及使用长度测量工具测量）	暂停数据上传，限期整改，经专家评估通过后，恢复数据上传

续上表

检查环节	检查内容	检查方法	违规查处意见
检测设备	12. 检测取样系统不能擅自加装可能影响检测数据准确的设备或装置	1. 现场检查从取样探头到检测设备的取样管路。 2. 管路上可以安装初级过滤器、快接三通管件、油水分离器,并保证连接严密无泄漏。 3. 不能存在电控装置、手动控制阀门、预留旁路管线或人为故意堵塞取样系统等与检验无关的物品	1. 立即拆除。 2. 立案调查是否有用于干扰检测数据的行为,造成虚假数据、出具虚假报告、有违法行为依法查处
	13. 设备检定、校准证书有效期	查看检测机构设备检定、校准证书是否在有效期内。 检测机构设备包括:底盘测功机、汽车排放气体分析仪、汽车排放流量分析仪、转速分析仪、透射式烟度计、温湿度大气压计、转化炉	立即终止数据上传,由属地市场监督管理主管部门立案调查
	14. 按照标准要求正确配置标准物质及有效期	查看检测机构标准物质证书是否在有效期内。 检测机构标准物质包括:标准气体、滤光片、砝码、烟度卡(适用时)	限期整改,提交整改报告
检测规范	1. 加载减速工况法检测过程中,操作规范性	1. 由车辆驾驶检测员操作,将受检车辆缓慢行驶到检测台架上,置驱动轮于滚筒上。 2. 按照检测系统提示,连接 OBD 诊断仪、转速计、不透光烟度计等设备开始检测。 3. 选择合适挡位使节气门处于全开位置时,测功机指示的车速接近 70km/h,但不超过 100km/h。 4. 车辆驾驶检测员按照检测系统提示检测并顺利完成检测操作,检测系统提示检测结果	限期开展人员培训,暂停数据上传,提交培训评估报告
	2. 双怠速检测法检测过程中,操作规范性	1. 由车辆驾驶检测员操作,将受检车辆缓慢行驶到检测台架上。 2. 按照检测系统提示将受检车辆发动机从怠速状态加速至 70% 额定转速,运转 30s 后降至高怠速状态。将取样探头插入排放管中,深度不少于 400mm,并固定在排放管上。维持 15s 后,仪器读取 30s 内的平均值。 3. 发动机从高怠速降至怠速状态 15s 后,仪器读取 30s 内的平均值。 4. 车辆驾驶检测员按照检测系统提示检测并顺利完成检测操作,检测系统提示检测结果	限期开展人员培训,暂停数据上传,提交培训评估报告

续上表

检查环节	检查内容	检查方法	违规查处意见
检测规范	3. 自由加速法检测过程中，操作规范性	1. 检测前应采用三次自由加速过程或其他等效方法吹拂排放系统。 2. 吹拂完毕后，按照检测控制软件提示将插入采样探头400mm。 3. 在1s内将加速踏板快速、连续地完全踩到底，保持2s再迅速松开加速踏板，反复三次，取最后三次数值平均值。 4. 车辆驾驶检测员按照检测系统提示检测并顺利完成检测操作，检测系统提示检测结果	限期开展人员培训，暂停数据上传，提交培训评估报告
	4. 检测方法使用应准确，能够采用工况法检测的，必须采用工况法检测	机构内随机调取非工况检测法报告单，应符合下列情况： 1. 无法切换为两驱模式的全时四驱或自适应四驱车辆。 2. 防侧滑功能无法关闭的车辆。 3. 配备有牵引力控制或自动制动系统并且无法手动关闭该功能的车辆。 4. 专项作业车、专项作业改造车、起重机械、轮式装载机械，以及最大总质量超出三轴六滚筒测功机承重极限的车辆。 5. 无法手动中断电机转矩输出的柴电混合动力车辆	限期开展人员培训，暂停数据上传，提交培训评估报告
检测结果	1. 检测结果数据和适用限值准确	1. 在机构历史档案中随机抽取简易瞬态工况法、加载减速工况法、双怠速法、自由加速度法报告单。 2. 查看每种检测方法的检测报告中的限值和检测结果判定是否准确	暂停数据上传，限期整改，由属地市场监督管理主管部门立案调查
	2. 尾气排放检测报告中国计量认证（CMA）标识	1. 机构需提供市场监督管理局颁布的资质认定证书。 2. 查看资质认定证书右下角有效期。 3. 查看检测报告单上方有无CMA标识，编号与资质认定证书编号相符	暂停数据上传，限期整改，由属地市场监督管理主管部门立案调查
	3. 对于初检不合格车辆，不能在复检时采用其他检测方法	1. 随机调取初检超标车辆检验报告。 2. 同时调取此车最后复检合格检验报告。 3. 查看两次检测方法是否一致。 4. 如出现不一致情况，需提供情况说明材料	无法提供情况说明材料的，由属地市场监督管理主管部门立案调查

续上表

检查环节	检 查 内 容	检 查 方 法	违规查处意见
检测结果	4. 不能出现用其他车辆替代受检车辆进行排放检测的严重违法行为	1. 随机抽取检测数据报告。 2. 按照检测时间和线号，调取当时受检车辆的检测过程视频。 3. 检测视频中受检车辆车牌号、品牌型号应与检测报告信息一致	暂停数据传输，立案调查，依法查处违法行为，情节严重的，由属地市场监督管理主管部门撤销质量认证证书
其他	1. 站内提示及安全防护设施	1. 站内引导标识、标线清晰可见，线号清晰可见。 2. 车间门口设有非工作人员禁止入内标识并拉有阻拦绳。 3. 重型柴油车辆后方设置安全防护装置	限期整改，提交整改报告
	2. 混合动力电动汽车排放污染物检测注意事项(如发现有此类车)	对于混合动力电动汽车，在排放污染物检测期间，如果发动机自动熄火进入纯电模式，导致无法获取发动机转速的，纯电工作模式期间数据应记录为零(包括排放数据和转速)，过量空气系数和转速数据不作为检测是否合格的判定依据	
	3. 燃气车辆排放污染物检测注意事项（如发现有此类车）	对以天然气为燃料的点燃式发动机汽车(包括气电混合动力电动汽车)，排放污染物检测中的HC限值为推荐性限值，检测报告只记录排放结果，不作为检测是否合格的判定依据	

3. 检查方法

检验资质主要检查是否具有《检验检测机构资质认定证书》(CMA)、是否具备GB 3847—2018、GB 18285—2018的检验能力。

柴油车的检测方法、检测标准、检验设备、检测操作、检验报告主要检查是否符合《柴油车污染物排放限值及测量方法(自由加速法及加载减速法)(GB 3847—2018)》的要求。

汽油车的检测方法、检测标准、检验设备、检测操作、检验报告主要检查是否符合《汽油车污染物排放限值及测量方法(双怠速法及简易工况法)(GB 18285—2018)》的要求。

数据报送检查是否符合《机动车排放检验机构监管和联网工作的规范》要求。

4. 结果告知和确认

现场将检测结果告知被检查单位,不符合要求的要填写现场检查(勘验)笔录并请被检查单位负责人(或授权人)签字确认。

第七章

汽车排放超标控制装置失效、检验与诊断

在环境污染、全球气候变暖、能源危机的压力下,为满足日益严格的汽车排放法规要求,降低汽车污染物排放,各类车用汽、柴油机排放控制技术和控制方法得以迅速发展,尤其是柴油机的节能减排任重道远,加快柴油机新技术的发展对汽车发展具有重要意义。随着柴油机的不断发展,众多污染物控制技术应运而生。其中不乏许多重大技术突破,显著降低了柴油机的污染物排放水平,支撑了柴油机满足阶段性排放法规要求,为柴油机的升级及可持续发展注入了新的活力。目前汽、柴油车针对排放污染物进行控制的方法主要分为机内净化和机外净化两大类。其中排放污染较严重的柴油机污染物控制技术取得重大突破,包括先进燃烧技术、增压技术、废气再循环技术、电控喷射技术等机内净化技术。而随着排放法规日趋严格,虽然机内净化技术已经有了很大的提升,但单纯的机内污染物控制技术无法满足严格的排放法规要求,需通过机外净化技术进一步降低柴油机污染物排放,机外净化技术主要突破包括柴油机氧化催化技术、颗粒物捕集技术、选择性催化还原技术等。

在常用的机外净化技术中,与广大车主息息相关的是排放污染控制装置,主要包括三元催化转换器、颗粒捕集器、选择性催化还原系统和氧化型催化器。

在法律规定方面,多地颁布了严格的机动车和非道路移动机械污染防治条例,要求在用机动车和非道路移动机械所有人或使用人应当保证排放污染控制装置处于正常工作状态,不得擅自拆除、闲置、改装排放污染控制装置;当排放污染控制装置不符合要求或出现故障时,应当及时维修或更换。如果违反了相应的法律规定,就会受到相应的处罚。所以广大车主应当重视排放污染控制装置的正常使用,本章着重介绍了常用的排放污染控制装置的工作原理、失效原因、检测方法和维护方法。

第一节 三元催化转换器

一、三元催化转换器的工作原理

三元催化转换器(TWC),是安装在汽油车和重型燃气车排放系统中最重要的机外净化装置。三元催化转换器由载体、催化剂涂层、隔热防振垫层、壳体和连接管组成。载体是支撑催化剂涂层的骨架,呈蜂窝状;催化剂主要使用铂(Pt)、钯(Pd)、铑(Rh)及稀土金属,它可将汽车尾气排出的 CO、HC 和 NO_x 等有害气体通过氧化和还原反应转变为无害的 CO_2、H_2O 和 N_2,从而降低尾气污染。三元催化转换器工作原理如图 7-1 所示。

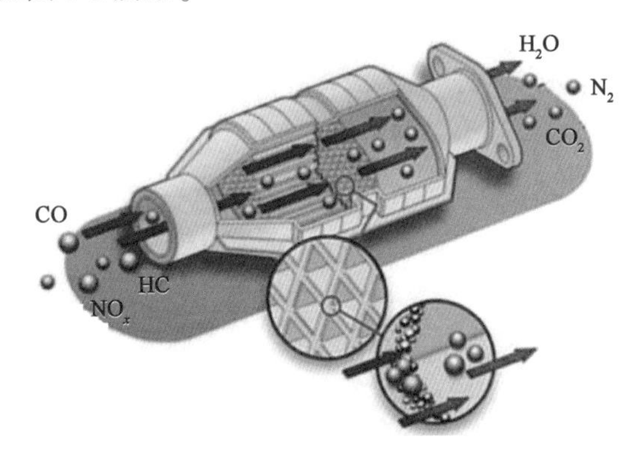

图 7-1　三元催化转换器的工作原理图

三元催化剂的最低反应温度在 250 ~ 350℃,正常工作温度一般在 400 ~ 800℃。当排放温度过低时,转换效率急剧下降;当排放温度过高时,会加剧催化剂的老化,长时间会导致三元催化转换器的失效。三元催化转换器内的贵金属催化剂能在适当的条件下产生以下催化反应,主要反应过程如下:

$$O_2 + CO \rightarrow CO_2$$

$$O_2 + HC \rightarrow H_2O + CO_2$$

$$NO_x + CO \rightarrow N_2 + CO_2$$

$$NO_x + HC \rightarrow N_2 + CO_2 + H_2O$$

二、三元催化转换器的失效原因

三元催化转换器一般在理论空燃比(14.7:1)附近时转化效率十分高效,温度过高或过低都会影响三元催化转换器的转换效率,达不到降低污染物排放的目的。

三元催化转换器在正常情况下,一般具有优良的转化效率和与整车寿命相同的服务周期。三元催化转换器不能正常工作通常是由于发动机管理系统的不规范运行造成的。以下列举一些常见失效模式。

1. 催化剂温度过高

常温下三元催化转换器不具备催化能力,其催化剂必须加热到一定温度才具有氧化还原能力,催化剂的最佳工作温度为400~800℃。当温度超过1000℃时,其内涂层的催化剂就会烧结坏死,同时也极易发生车辆自燃。通常发动机不完全燃烧时,剩余燃油到达炙热的催化转换器,从而导致催化剂高温。导致这种现象的可能原因有如下几点。

(1)点火控制系统故障。通常是由于点火控制系统的元件接触不良、电路连接不佳或点火电缆损坏或失效,具体表现为某汽缸不点火、失火。

(2)燃油控制系统故障。燃油喷射器泄漏、滴油及性能严重恶化可能导致系统控制精度偏差过大,导致发动机工作时的空燃比过小,进而在发动机的高速及高负荷工况下,使催化剂因发动机所排出的废气温度过高而烧毁。

(3)发动机管理系统的控制标定数据不准确。由于未能及时对发动机管理系统所配套的车辆进行控制标定、数据优化或该车状态根本没有进行标定核查便高转速和高负荷地长时间运行,将会使标定数据偏差太大,进而导致催化剂因发动机所排出的废气温度过高而烧毁失效。

(4)火花塞插头有污迹。过度的运作温度可能造成对陶瓷载体和衬垫不同程度的损坏。所有形式的热破坏都会对排放造成影响,且催化床的熔化会导致排放背压升高、堵塞或载体破裂后产生噪声。

根据催化剂温度的不同,具体产生的破坏形式有如下几种。

(1)催化剂失效。如果催化器的床身温度长时间在900℃以上,不仅会使贵金属铑产生不可逆的化学反应,直接影响CO,HC和NO_x的转化效率,还会导致贵金属和氧化铝基体载体被烧结形成涂层,从而堵塞表面微孔,减少了催化剂与废气中的工作面积,最终导致催化剂被完全覆盖直至失效。

(2)催化床的纵向裂纹。如果催化器的床身温度超过1000℃,陶瓷载体的热应力超过其设计强度极限,陶瓷载体可能随时产生纵向裂纹。在催化转换器实际使用中,这种失效通常是由于冷却过程的冷、热温度急剧变化(热冲击)而造成的。纵向裂纹将会导致陶瓷载体在催化器壳体内部逐渐松动,从而导致车辆的驾驶性能不断恶化,并在正常驾驶过程中伴有“喀喀”的异常噪声。如果采用厚度较大的隔热衬垫、断面更接近于圆形的陶瓷载体,可有效减小陶瓷载体发生纵向裂纹的倾向。

(3)衬垫烧蚀与破损。当排放温度过高时,催化器内的衬垫有可能被高温气流不断烧蚀。当侵蚀贯穿了整个衬垫时,就会形成一条绕过催化反应床的短路通道,部分废气直接排出而致使排放性能恶化。当衬垫完全破损失效后,陶瓷载体会产生松动并在车辆行驶时发出“喀喀”的异常噪声。通过衬垫的颜色能辨别出衬垫所处的温度。室温下的衬垫是白色的;当衬垫受热后,黏合剂开始变软并分解,衬垫变成棕色;衬垫在250℃时变为明显的亮棕色;在250℃到300℃时,衬垫几乎变成黑色;到了大约400℃,衬垫颜色却开始变浅;到500℃的时候,衬垫就变成完全的白色,这标志着黏合剂被完全地烧掉了;而在更高的温度下,衬垫仍然保持白色。

(4)催化器陶瓷载体熔化。如果催化器的床身温度达到1400℃或更高时,陶瓷载体将熔化。载体熔化后将导致排放系统严重阻塞并使车辆的排放系统产生很高的排放背压。高频振动会导致已经烧损的陶瓷元件碎裂而产生严重的振动噪声。

2. 催化剂温度过低

三元催化转换器的总体布置位置不合理时,催化剂工作温度达不到其起燃温度,将不能进行有效的废气转换。长期低温工作会产生以下不良后果。

(1)污染物积累。污染物聚集在催化剂的表面,限制了排放物与催化剂表面的接触,导致催化剂“中毒”或被污染。

(2)衬垫的冷损失。衬垫中的蛭石在高温下会膨胀。一旦衬垫所受到的温度不能达到让蛭石充分膨胀的温度,衬垫受到排放振动的影响,为抵御外壳和催化床的冲击而变得更薄。最终衬垫会破损,催化床会变松。

3. 催化剂侵蚀

催化剂侵蚀一般是由于催化转换器上游金属屑或焊渣被吹落入催化转换器中对催化剂端面造成的冲击和侵蚀。这些杂质常见的是铁、铬等金属颗粒。

4. 催化剂“中毒”

催化剂在正常的工作状况下,如果接触到硫、铅、磷等元素,这些物质在燃烧后形成氧化物颗粒易被吸附在催化剂的表面，使催化剂无法与废气接触，直接影响到催化剂的活性，从而失去催化作用，即所谓的“中毒”现象。最常见的“中毒”情况有以下几种。

（1）铅：来自燃油。造成重金属沉积中毒，阻碍碳氢化合物转化。

（2）磷：主要来自发动机润滑油，少量来自燃料杂质成分。造成载体表面污染沉积中毒，阻塞催化剂载体的蜂窝结构。

（3）硫：来自燃油。导致暂时性地在催化剂表面出现沉积物损伤，但在时间较短的条件下可经过燃烧处理加以恢复。硫中毒后催化剂燃烧会产生恶臭的硫化氢气味。

（4）MMT：甲基环戊二烯三羰基锰，用于汽油添加剂以提高油的辛烷值。MMT的燃烧物，在发动机排放中会形成小液滴，撞击和黏附在催化剂的进气端，使催化器堵塞。

5. 氧传感器失效

为使废气催化转换率达到最佳（90%以上），需要在发动机排气管中安装氧传感器并实现闭环控制，其工作原理是氧传感器将测得的废气中氧的浓度，转换成电信号后发送给ECU，使发动机的空燃比控制在一个狭小的、接近理想的区域内（14.7:1），若空燃比大时，虽然CO和HC的转换率略有提高，但NO_x的转换率急剧下降为20%，因此，必须保证最佳的空燃比。实现最佳的空燃比，关键是要保证氧传感器工作正常。如果燃油中含铅、硅就会造成氧传感器“中毒”。此外使用不当，还会造成氧传感器积炭、陶瓷碎裂、加热器电阻丝烧断、内部线路断脱等故障。氧传感器的失效会导致空燃比失准，排放状况恶化，催化转换器效率降低，长时间会使催化转换器的使用寿命降低。

6. 区别使用

即使是同样的发动机、同样的三元催化转换器，车型不同，发动机常用的工作区间就不同，排放状况就会发生变化，安装三元催化转换器的位置就不同，这都会影响三元催化转换器的催化转换效果。因此，不同的车辆，应使用不同的三元催化转换器。

7. 三元催化转换器总成机械故障

机械故障包括机械碰撞损坏、低频或高频循环应力破坏。造成三元催化转换器总成机械碰撞损坏的原因主要包括野蛮装卸、操作粗暴，悬挂部件毁坏，不良路况颠簸而严重磕碰等。造成低频或高频循环应力破坏，主要是催化转换器零部件受到内部的热应力和机械应力的作用并聚集到一定程度所致。

综上所述，在各种失效模式中，发动机管理系统的控制异常和零部件失效或劣化是内在的主观控制原因；燃油添加剂和润滑油添加剂不符合规范为外在客观影响原因。正确了解三元催化转换器工作的主要影响因素和失效模式可避免对其使用不当而造成的不必要损失。

三、三元催化转换器的检查方法

1. 外观检查法

检查催化转换器在行驶中是否受到损伤以及是否过热。将车辆升起之后，观察催化转换器表面是否有凹陷，如有明显的凹痕和刮擦，则说明催化转换器的载体可能受到损伤。观察催化转换器外壳上是否有严重的褪色斑点或略有呈青色和紫色的痕迹，在催化转换器防护罩的中央是否有非常明显的暗灰斑点，如有则说明催化转换器曾处于过热状态，需做进一步的检查。

用拳头或橡皮锤轻轻地敲击并晃动催化转换器，如果听到有物体移动的声音，则说明其内部催化剂载体破碎，需要更换三元催化转换器。同时要检查三元催化转换器是否有裂纹，各连接是否牢固，各类导管是否有泄漏，如有则应及时加以处理。此方法简单有效，可快速检查三元催化转换器的机械故障。

2. 真空试验法

由于催化剂载体破损剥落、油污聚集，容易阻塞载体的通道，使流动阻力增大，这时可通过测量其压力损失来进行检查。

可使用真空表测试发动机在高怠速（2000 ~ 2500r/min）工况下的进气歧管真空度。当排放系统内部的压力增加时，说明排放系统出现了堵塞现象。将真空表接到进气歧管，起动发动机，使其从怠速逐渐升至2500r/min，观察真空表的变化，如果这时真空度下降，则保持发动机转速2500r/min不变，若此后真空度读数明显下降，则说明三元催化转换器有堵塞。

因为催化转换器的堵塞在真空试验中是一个渐变的过程，而此试验是一个稳态的过程（2500r/min），真空度读数不会产生明显的下降。如果是在试验室进行一个催化转换器堵塞前后的对比检查，催化转换器堵塞后，进气歧管真空度会发生明显下降，如果进气歧管真空度下降，并不能完全说明是由催化转换器堵塞造成的。

发动机供油量减少时,进气歧管的真空度也会下降。因此,与真空试验相比,排放背压试验更能真实反映催化转换器的情况。可以在排放管上接一个压力表来测试排放背压,压力增加则说明三元催化转换器发生了堵塞现象。

以上方法只能检查三元催化转换器的机械故障,而催化转换器的性能好坏,也就是其转化效率的高低,则需要通过下列的检查来判断。

3. 加热催化法

三元催化转换器在正常工作状态下,由于氧化反应产生了大量的反应热,因此,可通过温差对比来判断催化转换器性能的好坏。起动发动机,预热至正常工作温度,将发动机转速维持在2500r/min左右,将车辆举升,用数字式温度计(接触式或非接触式红外线激光温度计)测量三元催化转换器进口和出口的温度,需尽量靠近催化转换器(50mm内)。

催化转换器出口的温度应至少高于进口温度10%～15%,大多数正常工作的催化转换器,其出口的温度高于进口温度20%～25%。如果车辆在主催化转换器之前还安装了副催化转换器,主催化转换器出口温度应高于进口温度15%～20%,如果出口温度值低于以上的范围,则说明三元催化转换器工作不正常,需要更换;如果出口温度值超过以上范围,则说明废气中含有异常高浓度的CO和HC,需对发动机本身做进一步的检查。

四、三元催化转换器的维护方法

(1)装有三元催化转换器的汽车应使用符合国家标准的汽油。

(2)驾驶过程中减少怠速空转时间,避免发动机转速忽快忽慢,避免长期急速运转,避免点火时间过迟,避免发动机烧机油,防止氧传感器失效,防止散热不良造成的冷却液温度过高。

(3)行驶在不平整的道路时应特别注意不要"托底"(路面凸起撞击底盘),防止碰撞后导致催化转换器载体破碎,导致催化转换器失效和排放管堵塞。

(4)当出现不正常的工作状况时,如回火或重复性失速,应及时停车检查,防止三元催化转换器永久性损坏。

(5)行驶过程中切勿切断点火开关。

(6)定期维护车辆,做好对三元催化转换器的检查。检查内容有:排放管有无异响,这种异响通常由排放管接头松动、三元催化转换器损坏、催化剂更换塞松动等原因造成;排放管有无开裂或外壳压扁之类的外观损坏;排放尾管有无催化剂颗粒排出。如果三元催化转换器外壳损坏或排放尾管排出颗粒，均需更换。

第二节 颗粒捕集器

颗粒捕集器是指安装在发动机排放系统中，通过过滤来降低排放中颗粒物的装置。当颗粒捕集器载体的表面涂覆有催化剂时，称为催化型颗粒捕集器。按照车辆燃料类型的不同，颗粒捕集器主要分为汽油机颗粒捕集器（GPF）和柴油机颗粒捕集器（DPF）。

DPF已经成为柴油机后处理系统的标准配置，其发展多年，大大地减少了柴油车的颗粒物排放量。随着轻型汽车国六排放法规的逐步实施，为了减少汽油机颗粒物排放，专门针对汽油发动机尤其是直喷汽油机系统的GPF被研发设计出来，GPF由流通式三元催化转换器演变而来，GPF与三元催化转换器合二为一，即变成四元催化转换器（FWC）。GPF的过滤效率普遍能达到90%以上，已经成为汽油机后处理系统的标准配置，且国六b阶段比国六a阶段的排放限值严格了10倍，因此，加装GPF成为满足排放法规十分重要的手段。GPF过滤机理与DPF基本相同，但GPF不是简单照抄DPF，因为汽油机有不同于柴油机的颗粒物生成特性、排放温度、排放流速和氧浓度。大量研究表明，壁流式过滤器是目前减少颗粒物排放最有效、最可靠的手段。由于DPF发展时间比较久，技术比较成熟，本小节着重对DPF的工作原理、失效原因及检验诊断方法进行介绍，GPF相关知识可参考DPF。

一、DPF的工作原理

DPF对烟灰的净化效率可达90%以上，是国际上公认的颗粒物排放后处理最佳方式。DPF主要由载体、隔热防振垫层、壳体和连接管组成。载体是支撑催化剂涂层的骨架，催化剂主要使用铂（Pt）、钯（Pd）、铑（Rh）。DPF的基本工作原理是排放以一定的流速通过多孔性的壁面，这个过程称为“壁流”。壁流式DPF内部由具有一定孔密度的蜂窝状陶瓷组成，通过交替封堵蜂窝状多孔陶瓷过滤体，排放流被迫从孔道壁面通过，颗粒物分别经过扩散、拦截、重力和惯性这四种方式被捕集过滤（图7-2）。图7-3为颗粒捕集前后的对比图。

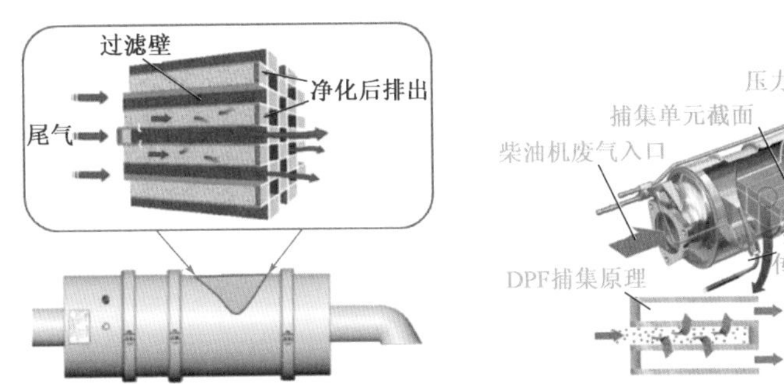

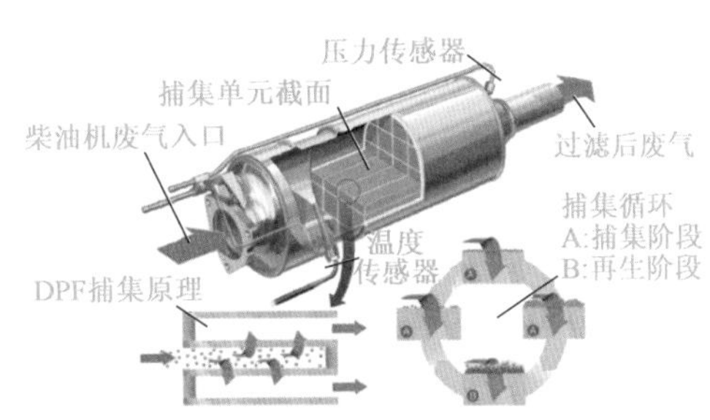

图 7-2　DPF 的工作原理图

a)未捕集状态下DPF

b)已捕集状态下DPF

图 7-3　DPF 的内部图

DPF 可以有效地减少颗粒物的排放,它先捕集废气中的颗粒物,然后再对捕集的颗粒物进行氧化,使 DPF 再生。所谓 DPF 的再生,是指在长期工作中,捕集器里的颗粒物逐渐增加会引起发动机背压升高,导致发动机性能下降,所以要定期除去沉积的颗粒物,恢复捕集器的过滤性能。实现“捕集—再生—捕集”的良性循环。DPF 的再生有主动再生和被动再生两种方法:主动再生是指利用外界能量来提高捕捉器内的温度,使微粒着火燃烧。当 DPF 中的温度达到 550℃时,沉积的颗粒物就会氧化燃烧,如果温度达不到 550℃,过多的沉积物就会堵塞 DPF,这时就需要利用外加能源(例如电加热器、燃烧器或使发动机操作条件改变)来提高 DPF 内的温度,使颗粒物氧化燃烧。被动再生指的是利用燃油添加剂或者催化剂来降低微粒的着火温度,使微粒能在正常的发动机排放温度下着火燃烧。添加剂(有铈、铁和锶)要以一定的比例加到燃油中,添加剂过多会影响柴油机氧化催化器(DOC)的寿命,但是如果添加剂过少,就会导致再生延迟或再生温度升高。

DPF 的分类如图 7-4 所示。

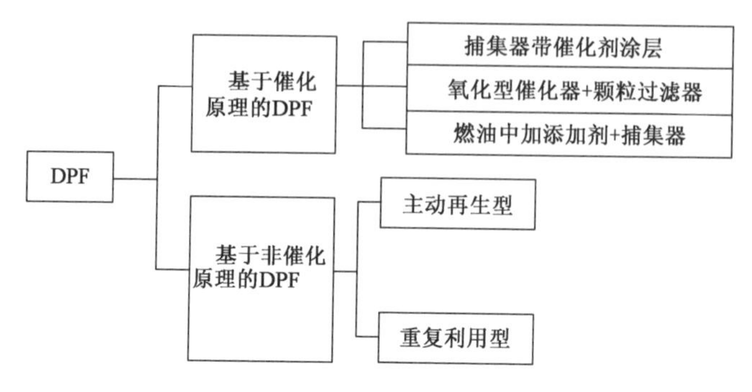

图 7-4　DPF 的分类

DPF 是目前减少柴油车颗粒物排放最为有效的净化装置,为了满足其实际应用,需要考虑下面几个问题。

(1)不同的技术有不同的应用对象,必须针对车辆的技术状况和排放水平,选择合适的技术,保证 DPF 使用中的可靠性和耐久性。

(2)选择颗粒的再生方法十分重要,必须保证 DPF 在发动机的所有工作范围内实现安全、可靠、有效的再生。

(3)加装 DPF 必须考虑对车辆其他性能的影响,这种影响一般来自两个方面:

①排气背压增高,导致车辆动力性下降、经济性恶化,以及气态污染物排放增加;

②采用向排气系统喷油方式的主动再生技术,通常要增加车辆的油耗,同时再生过程中会产生附加的污染物排放,应保证油耗和附加的污染物排放增量在一定范围内。

DPF 可以和降低 NO_x 排放的技术,如废气再循环(EGR)或者选择性催化还原装置联合使用,以使 NO_x 和 PM 明显减少。当壁流式 DPF 和 EGR 联合使用时,NO_x 排放减少超过 40%,PM 排放减少超过 90%。当壁流式 DPF 和选择性催化还原装置联合使用时,NO_x 排放减少 75% ~90%,PM 排放减少超过 90%。

二、DPF 的失效原因

在使用过程中,由于再生控制系统故障以及振动、热冲击等问题,会导致 DPF 出现失效。引起 DPF 失效的原因主要有以下 6 种。

1. 再生失败或再生不完全

随着发动机的运行，DPF 捕集的颗粒物不断增加，此时需要及时对 DPF 进行再生，否则，会增加排放阻力，影响发动机的性能。当再生失败或者再生不完全时，DPF 上的灰分会不断累积，堵塞排放孔道，造成排放背压增加，尤其是在大负荷工况下，还会降低发动机的进气量，引起燃烧的恶化、燃油消耗率增加、动力性下降。

2. 再生温度过高或温度梯度过大

当再生温度过高或者温度梯度过大时，极易导致 DPF 出现烧熔或烧裂现象。在 DPF 进行再生时，温度应控制在 550 ~ 700℃，防止温度过高导致烧熔。在 DPF 主动再生过程中，如果发动机运行工况突然降至怠速状态，会导致 DPF 内部温度峰值和温度梯度迅速升高，极易导致 DPF 出现烧熔或烧裂。

3. 催化剂"中毒"

催化型 DPF 在正常使用中，如果遇到硫等元素，会导致 DPF"中毒"堵塞，所以必须使用符合国家标准的低硫燃油。

4. 劣质润滑油

润滑油中的灰分会对 DPF 造成较大影响，如果润滑油的灰分较大，会容易造成 DPF 的堵塞。

5. 压力传感器失效

DPF 触发再生可以通过其两端的压差信号，当压差传感器检测到排放压差达到一定值会触发再生。如果压力传感器失效，就会导致 ECU 无法准确地接收到压差信号，从而造成再生延迟或无法再生情况的发生。

6. 机械振动

DPF 在使用过程中由于受热冲击、机械冲击等，容易造成其出现泄漏、破损等结构损坏现象，导致捕集效率下降或失效，从而使排放性能恶化。

三、DPF 的检查方法

1. 外观检查

与三元催化转换器外观检查类似，首先观察 DPF 表面是否有凹陷，如有明显的凹痕和刮擦，则说明 DPF 的载体可能受到损伤。

用拳头或橡皮锤轻轻地敲击并晃动 DPF,如果听到有物体移动的声音,则说明其内部载体破碎,需要更换。同时要检查 DPF 是否有裂纹,各连接是否牢固,各类导管是否有泄漏,如有则应及时加以处理。此方法简单有效,可快速检查 DPF 的机械故障。

2. 压差法

研究表明,DPF 会对通过的排放物产生阻力,当一定量的颗粒物被捕集过滤时,阻力会增加。阻力一般会表现在以下几个方面:过滤壁面和覆盖其上的颗粒流动阻力、进出口通道的沿程阻力以及排放流出时由于截面变化引起的压缩/膨胀阻力。可以用压降来表示 DPF 两端的压力差值,不同堵塞状态下的 DPF,其压降表现也不同,当其载体性能下降时,甚至损坏、移除时,排放物流经时产生的压降就会发生相应变化。一般车上会针对 DPF 安装压差传感器对压降进行实时监测。若随着里程数的增加,DPF 上游和下游的压差维持在较低水平,则说明 DPF 的载体移除或丢失。若发现压差值较大,则说明 DPF 正在慢慢堵塞,压差到达一定值时,需要进行再生操作,以保证 DPF 的正常工作和车辆的正常运行。

3. 储氧能力法

针对催化型 DPF,可以通过氧传感器的信号进行检查。催化型 DPF 具有一定的储氧能力(OSC),当对其进行“加浓减稀”操作时,DPF 上下游氧传感器的电压信号会产生一定的“延迟”效应,根据前后氧传感器电压信号“延迟”程度的不同,可以对载体完全损坏、移除甚至丢失情况进行诊断,其原理等同于临界催化转换器诊断。

4. 温度法

由于 DPF 一般是由陶瓷载体(如碳化硅、堇青石)制备而成,基于该载体材料热容的存在,在发动机瞬态工况点,变化的排放气流温度流经 DPF 时,其下游温度相对上游温度会产生一定的“延迟”效应。可以通过 DPF 上下游的温度传感器,根据温度变化“延迟”程度的不同,对 DPF 载体移除或者丢失的故障进行诊断。

综上几个检查方法,压差传感器的检测能力比其他几种方法要高,既能判断 DPF 载体是否被移除,也能判断 DPF 的性能是否下降,同时还可以为 DPF 的颗粒再生控制提供再生需求等信号支撑,故使用压差传感器检查是目前主流的检查方法。

四、DPF 的维护方法

(1)必须使用符合国家最新标准的燃油,否则,会导致 DPF 堵塞、油耗增加、发动机恶化等情况的发生。

(2)要求使用 CJ-4 或更高质量等级的机油,即低灰分的机油,防止灰分过多导致堵塞。

(3)行驶在不平整的道路时应特别注意不要“托底”,防止碰撞后导致 DPF 载体破碎,进而使捕集失效和排放管堵塞。

(4)根据车内 DPF 指示灯的要求,及时进行再生。通过碳载量的不同选择行车再生或驻车再生。

(5)驻车再生时,驾驶员应选择合适的、安全的地点,同时检查确认整车车速为零,拉紧驻车制动器操纵杆,确保加速踏板、制动踏板和离合器踏板未踩下,需在热车(水温 >40℃)的情况下进行再生,避免冷车再生。在以上整车状态检查完毕无误后,触发 DPF 再生开关。在自动再生过程中,不要人为干涉驻车再生过程,防止再生不完全。禁止在未恢复为正常怠速时将发动机熄火,防止后处理系统存在温度过高的危险。当 DPF 再生指示灯熄灭,怠速恢复为正常怠速值时说明驻车再生过程完成。

(6)定期维护车辆,做好对 DPF 的检查。检查内容有:排放管有无异响,这种异响通常由排放管接头松动、DPF 损坏、催化剂更换塞松动等原因造成;排放管有无开裂或外壳压扁之类的外观损坏;排放尾管有无催化剂颗粒排出。如果 DPF 外壳损坏或排放尾管排出颗粒,均需更换。根据厂家指导时间,定期拆除 DPF 在专用设备上进行清洗。

第三节　选择性催化还原系统

一、选择性催化还原系统的工作原理

选择性催化还原(SCR)技术是指在催化剂的作用下,喷入还原剂尿素水溶液(由 32.5% 的高纯尿素和 67.5% 的去离子水组成),尿素在高温下发生水解和热解反应后生成 NH_3,有选择性地与柴油机排放物中的 NO_x 反应,生成无毒无污染

的 N_2 和 H_2O。最初 SCR 技术并没有应用在机动车等移动污染源上，而是应用在发电设备和锅炉设备等大型固定污染源上，以实现 NO_x 的减排。但随着排放法规和后处理技术的不断发展，SCR 已经成为柴油机实现 NO_x 减排最有效的后处理技术之一。

SCR 技术对 NO_x 的转化率能达到 90% 以上，并且其常用的还原剂尿素水溶液不会给车辆带来过多的载重负担，成本也比较低，一般情况下，消耗 100L 燃油的同时会消耗 5L 液体尿素水溶液。

图 7-5 所示为 SCR 系统的工作原理图，主要包括预氧化催化剂、尿素热解和水解催化剂、SCR 催化剂以及防氨泄漏氧化催化剂，SCR 催化剂是 SCR 系统的核心。当发动机尾气进入排放管时，由尿素喷射装置将一定量的尿素水溶液喷入排放管中，尿素水溶液在高温作用下雾化，发生水解和热解反应，生成还原反应中需要的 NH_3，在催化剂的作用下将 NO_x 选择性地还原成为 N_2。

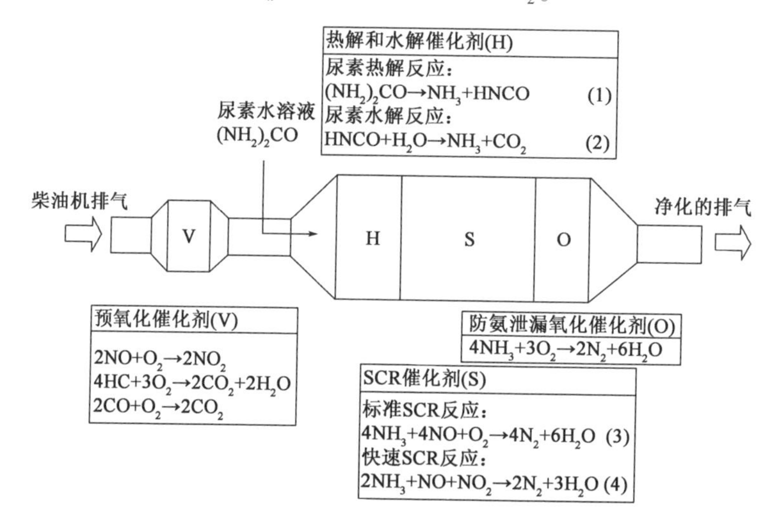

图 7-5　SCR 的工作原理图

如果长期不添加柴油机尾气处理液或 SCR 系统长期不工作，会导致 SCR 系统内残留的柴油机尾气处理液结晶并堵塞管道及喷嘴，同时长期缺乏液体的浸泡使得各零部件的寿命降低甚至损坏，最终导致催化剂失去催化作用。此时更换 SCR 系统零部件的费用远远高于正常使用柴油机尾气处理液的费用，反而增加了经济成本。如果车主不添加柴油机尾气处理液或添加劣质柴油机尾气处理液，发动机的 ECU 会记录车辆排放超标的信息。NO_x 控制系统要求约束、督促用户及时添加合格的尿素,确保 SCR 系统正常工作以削减 NO_x 排放。当诊断系统检测到反应剂液位低、反应剂质量异常、反应剂消耗量低或存在故障时,如果不及时纠正,将会激活驾驶性能限制系统。一旦由于人为因素造成 NO_x 控制方面的故障被识别出来,车辆的驾驶员报警系统就会在一定时间内激活,报警系统会告知驾驶员。如果该问题在随后的一段时间内仍然没有得到解决,驾驶性能限制系统就会触发。驾驶性能限制系统分两级,取决于该故障多长时间内没有被修复。第一级是初级限制,会导致在整个转速范围内转矩降低 25%;第二级是严重限制,车辆将只能以最高 20km/h 的速度行驶。

二、选择性催化还原系统的失效原因

SCR 催化器是 SCR 系统的关键核心部件。SCR 催化器堵塞是一个很普遍的问题,由于 SCR 催化器本身的工作环境十分恶劣以及其化学转化还原特点的影响,在使用过程中会有各种各样的故障产生。例如:SCR 催化器堵塞会造成发动机功率下降、熄火或起动困难,限制发动机的转矩输出及使尾气排放 NO_x 超标等现象,可能干扰故障判断。SCR 催化器严重堵塞会让排放管烧红,甚至会造成车辆自燃。SCR 催化器堵塞主要有以下几种常见的原因。

1. 高温失活

SCR 催化器长期处于高温工作条件下,会造成高温失活,导致尾气催化还原性能降低,长期处于高温环境下会引起氧化助剂等储氧能力降低,催化剂吸氧能力迅速降低,从而使催化剂的活性大大降低,最终造成发动机的性能异常、尾气排放超标故障。即使发动机性能良好,驾驶员操作不当也会导致 SCR 催化器温度过高。SCR 催化器产生高温的原因有:

(1)发动机在高转速下突然熄火,导致未燃混合气在催化器中燃烧发生剧烈氧化放热反应;

(2)发动机长期处于高转速、超负荷状态运行;

(3)发动机突然制动、减速会导致未燃烧混合气进入 SCR 催化器,产生高温现象;

(4)发动机过久地怠速运转;

(5)车辆行驶过程中关闭点火开关滑行;

(6)发动机混合气过浓。

2. 化学中毒

SCR 催化器载体上贵金属催化剂，对 S、P、CO、Pb、Mn、未完全燃烧物等有强烈吸附作用，同时贵金属催化剂强烈的氧化催化作用，使吸附的柴油不完全燃烧物更容易氧化、缩聚、聚合形成胶质积炭，造成 SCR 催化器堵塞失效。

SCR 催化器中毒的原因：

(1)燃油质量不达标，硫含量过高；

(2)燃油不完全燃烧产生 CO；

(3)柴油机尾气处理液中的金属离子超标。

这些元素主要吸附在催化剂活性表面上，形成一种化学吸附络合物。其中 Pb、Mn 中毒往往是不可逆的，催化剂在含 Pb 氛围中工作几十小时就会完全丧失活性；而对于 S、P、CO 中毒，在一定条件下，可以恢复催化剂的活性。

3. 积炭堵塞失活

SCR 催化器积炭堵塞是逐步形成的，堵塞的生成是可逆的，堵塞可以通过化学过程如氧化和气化而减少，也可以通过物理过程如解析和挥发组分、气相组分蒸发而减少。

积炭堵塞失活是目前导致 SCR 催化器失效的主要原因之一，覆盖在催化剂涂层表面的积炭往往是一种含有 C、H、S、N、O、重金属等多种元素的混合物。由于在清洗过程中会冲洗下来大量胶质积炭，很容易造成催化器 SCR 堵塞，这也是有些车辆在进行免拆清洗维护后油耗增加的原因。

SCR 催化器积炭堵塞常见形式有：

(1)长期使用劣质燃油产生胶质积炭烧结堵塞；

(2)硫磷化学燃烧结合物、铅锰金属沉积物、不完全燃烧物堵塞；

(3)发动机失火造成催化载体烧熔堵塞；

(4)发动机失火造成 SCR 催化器载体和金属外壳间的密封层部分高温老化，变成粉末堵塞后半部载体。

4. 道路拥堵

发动机在急加速、急减速状况下会产生大量的不完全燃烧物，并且在道路拥堵的路段上行驶，发动机处于低怠速状态，排放温度达不到要求，ECU 控制尿素喷射计量装置禁止喷射，发动机尾气没有进行催化还原直接经催化器排除，容易造成 SCR 催化器堵塞。

5. 磕碰或“托底”

SCR 催化器的催化载体是一个陶瓷或金属器件。当车辆行驶在恶劣道路时，有可能会造成 SCR 催化器磕碰或者“托底”，剧烈的磕碰有可能会导致陶瓷芯破碎并报废。当急减速时，破碎的陶瓷粉末会随着排放压力的波动被倒吸入汽缸内，造成发动机的严重磨损，严重时甚至会导致发动机报废。

6. 燃油系统故障

柴油车燃油系统一旦出现故障，例如燃油喷射量过大、燃油喷射压力过低，就会导致发动机的混合气过浓发生不完全燃烧，其不完全燃烧物将会导致 SCR 催化器堵塞。

7. 后处理系统故障

后处理系统中的尿素泵可能会出现问题，如尿素系统上的喷嘴出现堵塞或质量有问题、尿素水溶液质量不合格、尾气管有漏气漏液的情况，从而导致尿素喷射雾化效果差，尿素水溶液直接喷到排放管壁上。同时当尾气管始终处于 500℃ 高温下，水分很容易蒸发，就会出现结晶的现象，时间久了，结晶的现象就会很严重，导致 SCR 催化器催化效率降低，从而出现动力不足的现象。

8. 错误的清洗

SCR 催化器在堵塞后通常会采用高压水进行清洗，在清洗过程中会冲洗下来大量胶质积炭，聚集到一起会造成 SCR 催化器堵塞，如果不清理干净催化器里面的水分，在高温下会导致催化剂性能失效、催化器碎裂。因此，清洗 SCR 催化器时，最好用专用的清洗剂，通过化学原理来分解清洗堵塞物质，最后用压缩空气吹净里面的水分等杂质。

三、选择性催化还原系统的检查方法

1. 外观检查

首先观察尿素水溶液的存量是否正常，有无明显的泄漏或管路脱落等现象。检查尿素罐的温度传感器、液位传感器的接口是否断路，管路接口是否松脱，管路是否堵塞等。

用拳头或橡皮锤轻轻地敲击并晃动 SCR 催化器，如果听到有物体移动的声音，则说明其内部载体破碎，需要更换 SCR 催化器。

2. 温差法

与颗粒捕集器原理类似，也可以使用温差法来判断 SCR 催化器是否堵塞。可以通过 SCR 催化器上下游的温度传感器，根据温度变化“延迟”程度的不同，对堵塞情况进行诊断。

3. OBD 故障灯报警

正常情况下如果车辆尿素不消耗或 SCR 催化器堵塞，SCR 系统会报警，OBD 故障灯会常亮，然后车辆会被限制转矩输出，导致车辆加速不良，油耗增加，动力减弱。

四、选择性催化还原系统的维护方法

(1)购买并加注合格的柴油机尾气处理液。如果需要备用一些柴油机尾气处理液，储存时间不宜过长，储存时应该避免光照和高温，温度控制在 -5℃ ~25℃，超过上述温度需要采取保温或冷却措施。

(2)添加合格的燃油，不合格的燃油会导致 SCR 催化剂失效，导致尾气超标，从而使 OBD 报警限制车辆转矩输出，时间过长就会造成发动机损伤。

(3)定期对尿素罐过滤滤网、尿素罐和管路等进行检查。每次使用车辆前检查尿素连接管路或接头是否有挤压、漏液等情况，如有问题应尽快维修。如果发现尿素罐过滤网堵塞，应当取出进行清洗，清洗时必须使用纯净水冲洗，不得使用自来水冲洗，避免造成 SCR 系统污染。

(4)车辆每次使用前对尿素液位进行检查，如果发现尿素液位偏低，应当及时添加，加注前车辆必须熄火。车主自己加注尿素时，需要使用专用的清洁加注管，加注过程中须防止杂质进入尿素罐。加注尿素水溶液时，应添加至尿素罐最高液位 95% 左右，当尿素水溶液添加到 20% 时，应尽快添加。

(5)车辆停止后，不要立即关闭电源开关，应在停车至少 30s 后关闭电源。如果立即断电，会导致尿素管路中残留的柴油机尾气处理液结晶堵塞尿素罐、管路或尿素喷嘴。

(6)有气式尿素罐在天气比较寒冷的地区长期不工作，要提前进行清空；尿素罐也要定期维护，多用温水对尿素罐进行整个工作流程的测试。定期检查加热水管是否有老化现象，特别是冬天，确保加热水路的正常工作。

(7)定期检查温度传感器工作状态是否正常。如果温度传感器发生故障，就无法准确地监测到排放管的排放温度。在这种情况下，有可能造成温度传感器反馈给 ECV 的温度数值与排放管温度不相符,这将会出现尿素喷嘴提前工作或不工作的情况,此时喷射出来的尿素在低温的催化剂中是无法进行化学反应的,这样会生成结晶。所以,要定期检查温度传感器的工作状态是否正常,如果温度传感器表面存在尿素结晶,就要及时进行清洁处理。

(8)车上的维护件要定期更换。根据厂商指导意见,定期更换油气分离器、尿素罐滤芯、液位温度传感器上的滤网等。同时定期清理尿素罐,放出罐内沉淀。

第四节　氧化型催化器

一、氧化型催化器的工作原理

柴油机氧化型催化器(DOC)是一种柴油机机外排放控制技术,其结构形式与汽油车三元催化转换器基本相同,只是催化剂涂层不同,只具有氧化能力,没有还原能力。该技术多以蜂窝陶瓷或蜂窝金属为载体,其上负载氧化物涂层和活性金属组分,常用的催化剂活性组分包括铂(Pt)、钯(Pd)等。DOC 在满足国四及更严格排放标准的柴油车上得到规模化应用,满足国六排放标准的柴油车普遍都加装了 DOC。

如图 7-6 所示,DOC 对总的颗粒物降低比例取决于排气颗粒中有机可溶成分(SOF)的占比。根据发动机的技术水平和工作状况,SOF 在发动机排出的颗粒物中,占 25% ~50%(质量比率)。SOF 在铂(Pt)、铑(Rh)和钯(Pd)等贵金属催化剂或稀土催化剂等作用下发生氧化反应转化为 CO_2 和 H_2O 从而被除去,通常 DOC 对 SOF 的转化效率最高可达到 90% 以上,从而使 PM 排放减少 40% ~50%。但 DOC 去除碳颗粒物的效果较差,催化剂能将排放中的 SO_2 催化转换为 SO_3 形成硫酸盐颗粒,尤其当排放温度高时会加快硫酸盐颗粒的生成,从而使得颗粒物排放总量减少甚微。同时 DOC 可以有效减少排放中的 HC 和 CO,对 HC 和 CO 的处理效率可以达到 70% 以上。降低 SOF 的排放对人体健康尤其重要,因为 SOF 颗粒在直径和数量上,是柴油车排放颗粒物中对人体健康危害最严重的部分。

DOC 的主要功能是去除 CO、HC,次要功能是将 NO 氧化成 NO_2 和去除油性 SOF。因此,经常将 DOC 与 DPF 组合使用(图 7-7),既能降低 HC 和 CO 排放,还可以提高排放温度和自身氧化能力,也可以将尾气中的 NO 转化为 NO_2,促进 DPF 的被动再生能力。DOC 和 DPF 的组合使用,可以在车辆正常运转时利用发动机排放

的热量促使 DPF 再生处理 90% 以上的颗粒物，不需要消耗额外的燃油。由于 DOC 成本较低，且不需要过多的维护费用，所以 DOC 是目前应用最为广泛的尾气后处理技术之一。

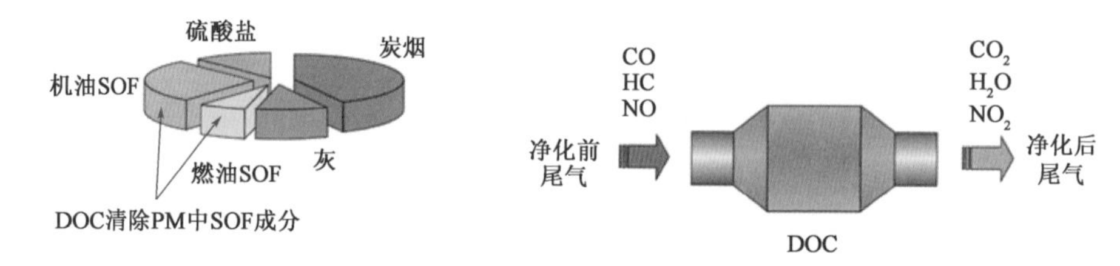

图 7-6　氧化型催化器的工作原理图

图 7-7　DOC 和 DPF 组合使用示意图

二、氧化型催化器的失效原因

1. 催化剂温度过高

常温下 DOC 不具备催化能力，其催化剂必须加热到一定温度才具有氧化能力，DOC 催化剂的起燃温度一般在 150℃ 左右，DOC 长期处于高温状态下时，会造

成催化剂的老化,催化性能下降,严重会发生烧结现象。

2. 催化剂温度过低

DOC 的总体布置位置不合理时,使催化剂工作温度达不到其起燃温度,将不能进行有效的废气转换。

3. 催化剂侵蚀

催化剂侵蚀一般是由于催化器上游金属屑或焊渣被吹落入催化器中对催化剂端面造成的冲击和侵蚀。常见的杂质是铁、铬等金属颗粒。

4. 催化剂"中毒"

催化剂在正常的工作状况下,如果接触到硫、铅、磷等元素,这些物质在燃烧后形成氧化物颗粒易被吸附在催化剂的表面,使催化剂无法与废气接触,直接影响到催化剂的活性,从而失去催化作用。

5. 机械振动

DOC 在使用过程中由于热冲击、机械冲击等原因容易造成催化器出现泄漏、破损等结构损坏现象,导致净化效率下降或失效,从而导致排放恶化。

三、氧化型催化器的检查方法

1. 外观检查

检查 DOC 壳体表面是否有凹陷,外表面是否有裂纹,与排放管的连接是否牢固,各管道是否有泄漏,如有应及时处理。

用拳头或橡皮锤轻轻地敲击并晃动 DOC,如果听到有物体移动的声音,则说明其内部催化剂载体破碎,需要更换 DOC。

2. 检查 DOC 是否堵塞

可使用三元催化转换器的堵塞检查方法对 DOC 进行检查。

四、氧化型催化器的维护方法

(1)装有 DOC 的车辆应使用正规的符合国家标准的低硫柴油。

(2)驾驶过程中减少怠速空转时间,避免发动机转速忽快忽慢,避免长期急速运转,避免点火时间过迟,避免发动机烧机油,防止氧传感器失效,防止散热不良造成的冷却液温度过高。

(3)行驶在不平整的道路时应特别注意不要“托底”，防止碰撞后导致催化器载体破碎，进而使催化器失效和排放管堵塞。

(4)定期维护车辆，做好对 DOC 的检查。检查内容有：排放管有无异响，这种异响通常由排放管接头松动、催化器损坏、催化剂更换塞松动等原因造成；排放管有无开裂或外壳压扁之类的外观损坏；排放尾管有无催化剂颗粒排出。如果 DOC 外壳损坏或排放尾管排出颗粒，均需对其更换。

汽车排放检验与维护闭环管理

当前，我国汽车超标排放、监管尚未形成闭环的问题依然突出。随着汽车保有量持续快速增长，汽车排放已经成为大气环境污染的重要来源之一。《打赢蓝天保卫战三年行动计划》《柴油货车污染治理攻坚战行动计划》明确要求全面建立实施汽车排放检验与维护制度（I/M 制度）。汽车排放 I/M 制度是指依法对在用汽车排放进行定期检验、监督抽测和维护修理，使汽车排放符合相关标准要求的管理制度，其实施有助于打赢蓝天保卫战，可使大气环境污染治理取得实效，并推进大气环境污染治理体系和治理能力的现代化。目前，北京、江苏、广东、四川等地已建立实施汽车排放 I/M 制度，取得了较好成效。为贯彻落实党中央、国务院部署，推动建立实施汽车排放 I/M 制度，提高汽车排放检验合格率，推进排放超标汽车维修和报废，需要地方各级生态环境、交通运输、市场监管部门统一思想，提高认识，强化组织协调，形成联防联控机制，推动构建汽车排放检验与维护闭环管理制度，有效推进超标排放汽车维护修理，减少汽车污染物排放。

I/M 制度适用于国内所有已取得号牌的在用汽油车、柴油车及燃气车等。机动车所有人（车主）是实施好 I/M 制度的关键一环。每一位车主都要自觉为保卫我们共有的蓝天、主动减少污染排放作出贡献。按照法律规定，在用机动车排放大气污染物超过标准的，应当进行维修；经维修或者采用污染控制技术后，大气污染物排放仍不符合国家在用机动车排放标准的，应当强制报废，其所有人应当将机动车交售给报废机动车回收拆解企业，由报废机动车回收拆解企业按照国家有关规定进行登记、拆解、销毁等处理。除社会车辆外，营运车辆特别是柴油货车排量大、使用强度高、行驶工况恶劣，是汽车排放超标控制的重点。因此，地方交通运输部门要加强重视，将其列为 I/M 制度实施、加强治理的重点对象。

汽车排放 I/M 制度是国际上认可的排放监管有效手段之一，为欧、美、日等发达国家和地区普遍应用。近年来，我国生态环境与交通运输主管部门也在研究我国 I/M 制度的建设问题，但因“I”制度的建设与“M”制度的建设分属不同部门职责，一直未能形成“I”制度与“M”制度联动的有效机制，制约了我国 I/M 制度的发展。2020 年 6 月 22 日，生态环境部、交通运输部和国家市场监督管理总局联合印发《关于建立实施汽车排放检验与维护制度的通知》（环大气〔2020〕31 号，以下简称《通知》），要求加快建立实施汽车排放检验与维护制度。

建立实施汽车排放 I/M 制度，是贯彻落实《大气污染防治法》规定、助力打赢蓝天保卫战、推进改善大气环境质量和经济社会可持续发展、提升人民群众幸福感和获得感的一项重要举措和制度建设。聚焦超标排放车辆全面实施 I/M 制度，统筹法律、政策、经济、技术、市场等各种手段，形成汽车排放“检验—维修—复检”闭环管理，意味着建立形成了我国针对在用汽车污染防治的一项重要长效机制，必将促进我国汽车排放性能“健康”状况大大改善，将超标排放汽车数量和排放总量控制在较低水平，从源头上削减我国在用汽车污染物排放。美国等发达国家以及国内部分城市地区试点经验表明，I/M 制度是低成本、成效好、易实行的在用汽车排放污染治理管理制度，实现了对在用汽车排放污染治理的闭环管理，将带来良好的经济效益、生态效益和社会效益。全面建立实施汽车排放 I/M 制度，是生态环境部门、交通运输部门主动践行生态文明理念、主动回应社会关切、主动推动交通运输高质量发展，为全社会污染防治作出贡献的重要实践。实践证明，I/M 制度的核心就是汽车尾气排放检验与排放超标汽车维修治理的闭环管理，最关键的就是要构成汽车尾气排放检验与排放超标汽车维修治理的联管联控体系，建立起“检验—维修治理—执法督察”运行机制，各相关部门各司其职、相互支持配合，齐抓共管，让排放超标的违法行为得到有效管制和受到处罚，实现排放超标管控机制上的共建、共创和共享，真正从源头做到“关住门，把好关”，杜绝汽车尾气排放检验机构的弄虚作假和假治理真欺瞒政府的行为发生，让制度性和机制性因素发挥作用，让市场配置资源的作用得到最大限度发挥，充分利用信息化手段使得检验机构和排放超标汽车治理企业不敢作假，无法作假。

本章为推进完善我国汽车排放 I/M 制度建设提出相关建议，使人们充分认识建立汽车排放 I/M 制度的重要意义，明确建立汽车排放 I/M 制度的必要性与重要性，要求主管部门强化组织协调，形成联防联控机制，推动构建汽车排放检验与维护闭环管理制度。

第一节　汽车排放检验与维护机构建设与管理

I/M 制度的实施涉及在用汽车检测和维修产业链上的多个主体。制度落实不到位除了有第六章提到的排放检验机构违规的问题，还有一些问题出现在车主和维修作业方面。首先是车主，目前有很多车主不愿意花更多钱维修车辆，在环境保护和减少维修费用方面选择了后者，车主环保意识的淡薄为排放检验弄虚作假提供了空间。其次是维修企业。一些小型维修站无论是在技术还是设备上都不具备维修资格，而大型维修站也存在盈利难、生存不易等问题。在缺乏相关监管制度和严格监管的情况下，有的维修企业也“乐于”帮助车主弄虚作假，开具虚假证明。还有一些维修站为了多挣钱，当车主来维修时，并不是一次维修到位，而是反复维修。多重因素叠加，使维修站的不作为成为普遍现象。为进一步规范汽车排放检验机构与维护（维修）站的建设，《通知》中也明确要求，各职能部门在机动车尾气排放链条各个关键性环节上务必相互支持与配合，使得“检验检测—维修治理—执法督察”得到实现。

一、汽车排放检验机构与维护机构的建设

《通知》中明确要求落实汽车排放检验和汽车排放性能维护修理主体责任。

（一）规范实施排放检验机构的建设

《通知》要求地方各级生态环境、市场监管部门要督促指导汽车排放检验机构（I 站）依法落实汽车排放检验主体责任。汽车排放检验机构应当严格按照《检验检测机构资质认定管理办法》（原国家质量监督检验检疫总局令第 163 号）和行业技术标准《检验检测机构资质认定能力评价　检验检测机构通用要求》（RB/T 214—2017）、《检验检测机构资质认定能力评价　机动车安全技术检验机构要求》（RB/T 218—2017）运行质量体系和程序文件，依法通过资质认定（计量认证），使用经依法检定合格或校准的排放检验设备，按照相关规范进行排放检验，并与生态环境部门联网，实现检验数据实时共享。要严格实施《汽油车污染物排放限值及测量方法（双怠速法及简易工况法）》（GB 18285—2018）和《柴油车污染物排放限值及测量方法（自由加速法及加载减速法）》（GB 3847—2018）等检验标准，除无法

手动切换两驱模式的全时及适时四驱车型，因使用特殊技术或存在安全隐患无法上线检测的车型，以及执法检查等特殊情况使用双怠速法和自由加速法外，要全面按标准使用简易工况法、加载减速法。汽车排放检验机构及其负责人对检验数据的真实性和准确性负责。地方各级生态环境部门要通过互联网、移动通信端等便于公众获取的方式公布本行政区域汽车排放检验机构的信息并及时更新。汽车排放检验机构要在办事大厅、休息区醒目位置张贴本地区可维护修理单位的信息，便于车主联系和送修。

我国自2005年发布《点燃式发动机汽车排气污染物排放限值及测量方法（双怠速法及简易工况法）》（GB 18285—2005）和《车用压燃式发动机和压燃式发动机汽车排气烟度排放限值及测量方法》（GB 3847—2005）两个在用汽车排放标准以来，各地陆续开展了I站的建设与简易工况法的实施，至2018年《汽油车污染物排放限值及测量方法（双怠速法及简易工况法）》（GB 18285—2018）和《柴油车污染物排放限值及测量方法（自由加速法及加载减速法）》（GB 3847—2018）两个修订标准的发布，目前我国的I站建设规模庞大，已完全满足排放检验业务需求。当前的I站在检测设备和检测技术方面，完全可以实现有效检测车辆是否真正达标。为进一步规范I站的建设，首先应强化准入制度，特别应强化检验机构的质量体系建设，强化检验机构的计量认证资质管理，应确保检验机构的设备、人员的技术能力能真正有效承担排放检验业务。排放监管方面，除加强排放监管人员的技术培训外，应强化监管系统的建设，增强防舞弊等监管能力，以技术为手段，进一步规范排放检验业务的开展。

在监管方面，市场监督主管部门则应通过强化对排放检验机构检验能力的监管，严格查处检验检测过程中的弄虚作假，与生态环境主管部门齐抓共管，遏制虚假检测行为。生态环境主管部门应不断提升监管能力，强化“事中事后”监管和“双随机、一公开”，担负起保卫碧水蓝天的法定职责，坚决惩治汽车排放检验活动中的一切违法行为。同时应增加投入，使得遥感测试、中重型柴油车OBD在线监测和汽车排放检验监管相结合的监控网络发挥重要作用，并利用遥感测试和中重型柴油车OBD在线监测对汽车排放检验机构的检验结果做认证性比对，强化监管措施和手段，倒逼汽车排放检验机构不敢弄虚作假，不能弄虚作假。

（二）规范实施排放维护（维修）机构建设

2016年以来，各地机动车I站已完成社会化改革，实行市场化运作。因此，I/M制度建设的关键环节在于机动车维修治理机构（M站）的设立和建设。虽然我

国已有规模庞大的汽车维修企业，他们也在承担着对汽车排放性能维修业务，个别城市也建有几个“M”示范站，但却未得到有效推广和发展。与此同时，虽然较早建立实施I/M制度的地区在机动车尾气排放治理方面取得了成效，但在实际工作中也存在一些问题。例如，由于M站管理不到位、监管不严等现象的存在，导致弄虚作假现象普遍，很多排放超标车辆没有真正得到有效维修，降低了I/M制度的实施效果。这就需要在全国推行I/M制度时吸取教训，加强监管，堵住漏洞，让政策真正发挥效力。为规范M站的建设和推进我国I/M制度的实施，2018年12月，中国汽车维修行业协会发布了《汽车排放污染维修治理站（M站）建站技术条件》（T/CAMRA 010—2018）团体标准，2020年6月，生态环境部、交通运输部、国家市场监督管理总局也联合印发了《通知》（环大气〔2020〕31号），这两个标准和文件的印发，对规范我国M站的建设，形成全国体系化的I/M制度，起到重要的作用。

《通知》要求地方各级交通运输部门要依法依规监督指导汽车排放维护修理工作。取得汽车维修经营备案的一、二类汽车维修企业和从事发动机维修的三类汽车维修企业，可作为汽车排放性能维护（维修）站。各级交通运输部门应当在网站公示本行政区域内汽车排放性能维护（维修）站名录和联系方式。汽车排放性能维护（维修）站应按照《机动车维修管理规定》（交通运输部令2019年第20号）、有关技术标准规范、汽车生产（含进口）企业公开的维修技术信息、机动车排放检验报告单及车载排放诊断系统记载信息等，对超标排放车辆进行科学诊断和合理维护修理。完成排放超标维护修理后，要按照规定向托修方交付维修结算清单，并通过汽车维修电子健康档案系统将汽车排放维护修理信息及时上传到当地交通运输部门，并注明是超标排放维修车辆。对于属于二级维护、总成修理、整车修理作业的车辆，维护修理完成并对维修竣工质量检验合格的，应签发《机动车维修竣工出厂合格证》。超标排放汽车经诊断后确实无法修复的或维修后仍然无法达到规定排放标准的，应如实告知托修方，由托修方决定是否继续维修。

地方交通运输部门可以根据工作实际，按照公开、公平、公正的原则，遴选一定比例制度完善、技术公认、维修质量信誉考核等级在AA及以上、群众满意度高的汽车排放性能维护（维修）站作为汽车排放性能维护（维修）技术示范站。技术示范站应挂牌运营，发挥汽车排放污染维护修理技术示范作用，并主动接受社会监督。汽车排放性能维护（维修）站及其技术示范站均应重视和持续加强排放超标汽车诊断和维护修理能力建设，加大技术投入和加强人员培训，稳定提升超标排放汽车维修技术。

为防止小病大修或者过度维修，防止以简单更换排放控制部件方式替换对车辆真正的故障诊断和维修，M 站采用智能数据分析、故障诊断等先进技术手段，借助检测设备科学研判超标车辆故障，并合理维修。M 站应充分发挥“汽车排放性能医院”的作用，对超标排放汽车进行故障诊断、维修治理，使超标排放车辆的排放性能恢复到达标水平。一是 M 站应按照《机动车维修管理规定》、有关技术标准规范、汽车生产（含进口）企业公开的维修技术信息、机动车排放检验报告单及车载排放诊断系统记载信息等，对超标排放车辆进行科学诊断和合理维护修理。二是 M 站在完成排放超标维护修理后，要按照规定向托修方交付维修结算清单，并通过汽车维修电子健康档案系统将汽车排放维护修理信息及时上传到当地交通运输部门，并注明是超标排放维修车辆。对于属于二级维护、总成修理、整车修理作业的车辆，维护修理完成并对维修竣工质量检验合格的，应签发《机动车维修竣工出厂合格证》。三是超标排放汽车经诊断后确实无法修复的或维护修理后仍然无法达到规定排放标准的，M 站应如实告知托修方，由托修方决定是否继续维修。四是 M 站应重视和持续加强排放超标汽车诊断和维护修理能力建设，加大技术投入和人员培训力度，稳定提升超标排放汽车维修技术。

二、汽车排放检验与维护机构的监督管理

随着我国经济的快速发展和人们对生存环境质量需求的不断提高，近年我国各级政府对环保工作越来越重视。《大气污染防治法》将机动车排放污染防治提升至国家法律层面，从车、油、路全方位对机动车的全生命周期污染防治工作作出了明确规定。《大气污染防治法》的发布实施，进一步促进了我国排放监管体系的完善，目前我国已形成以排放定期检验为主导，道路与车辆停放地抽检为辅，以简易工况法、遥感监测、黑烟车抓拍等先进技术为基础的空地立体化机动车排放监管模式。

随着汽车在我国逐步普及，直接带动了汽车维修业的繁荣，目前汽车维修业已成为一个庞大的产业，也形成了较完备的汽车维修等级体系。由于长期以来我国重视的是车辆的安全性能，早期的汽车检验重点也是安全性能，虽然随着人们对汽车尾气危害认识的提高，在汽车安全检验时也将汽车尾气的检验纳入其中，但汽车尾气检验却未得到真正重视，也因此，大多数汽车维修企业缺乏排放检测专业设备，排放维修能力也欠缺，排放维修也一直成为我国汽车维修行业的短板。为强化排放污染防治工作，我国自 21 世纪初开始研究学习国外排放监管先进经验，并随之逐步推进排放定期检验工作，汽车维修行业也开始重视和逐步增强排放维修能力，但总体上仍显欠缺，也鲜有专业性排放维修机构。

我国I站与M站分属不同部门管理，导致我国I/M制度主要存在如下不足：

(1)受部门职责职能和部门工作重点不同约束，导致I站与M站始终处于松散状态，虽通过部门协调，一些地方也形成了良好机制，但始终难以形成有效的长效机制。

(2)排放检验数据与排放维修数据未能实现有效共享，制约了排放维修技术的进步与发展。

(3)排放维修制度欠缺，未形成有效的M站论证标准，各地交通运输部门也对M站的建设要求缺乏有效认知。

（一）明确部门职责，强化监督管理

1.明确法律依据

在《大气污染防治法》规定中，有第五十五条、第六十条、第一百一十三条相关规定直接与I/M制度的建立实施有关，具体规定为：

第五十五条(部分)　机动车维修单位应当按照防治大气污染的要求和国家有关技术规范对在用机动车进行维修，使其达到规定的排放标准。交通运输、生态环境主管部门应当依法加强监督管理。

禁止机动车所有人以临时更换机动车污染控制装置等弄虚作假的方式通过机动车排放检验。禁止机动车维修单位提供该类维修服务。禁止破坏机动车车载排放诊断系统。

第六十条(部分)　在用机动车排放大气污染物超过标准的，应当进行维修；经维修或者采用污染控制技术后，大气污染物排放仍不符合国家在用机动车排放标准的，应当强制报废。其所有人应当将机动车交售给报废机动车回收拆解企业，由报废机动车回收拆解企业按照国家有关规定进行登记、拆解、销毁等处理。

第一百一十三条　违反本法规定，机动车驾驶人驾驶排放检验不合格的机动车上道路行驶的，由公安机关交通管理部门依法予以处罚。

2.加大对I站的监督管理

《通知》要求，地方各级生态环境部门要会同交通运输、公安机关交通管理、市场监管部门完善监管执法模式。推行生态环境部门检测取证、公安机关交通管理部门实施处罚、交通运输部门监督维修、市场监管部门监督检测的联合监管执法模式。地方各级生态环境部门和市场监管部门要依法加强对汽车排放检验机构(I站)的监督检查，可采取现场随机抽检、排放检测比对、远程监控排查等方式，强化

的监管。对于异地登记车辆排放检验比较集中、排放检验合格率异常的I站,应作为重点对象加强监管。严厉打击I站伪造检验结果、出具虚假报告、屏蔽或者修改车辆环保监控参数等违法行为,对存在此类违法行为的I站,一经查实,生态环境部门暂停网络连接和检验报告打印功能,依法予以严格处罚并公开曝光。同时将相关违法违规行为通报市场监管部门,由市场监管部门依法处罚,并记入信用记录。I站不应以任何方式经营或参与机动车维修业务,不应要求车主到指定的场所对机动车进行维修。

3. 加大对M站的监督管理

地方各级交通运输、生态环境部门应加强汽车排放性能维护(维修)站(M站)监督检查。地方各级交通运输部门要充分发挥汽车维修电子健康档案系统作用,提升行业数字化监管能力,规范汽车排放性能维护修理经营行为。对于不具备维护修理能力、以强制或者虚假信息诱导欺骗的方式向托修方违规搭售排放维护修理项目或配件装置、有意夸大配件装置性能或维修效果、群众举报投诉多的汽车排放性能维护(维修)站,要依法依规加强监管和处罚,规范净化汽车排放超标维护修理的市场秩序。对使用假冒伪劣配件维护修理、破坏汽车车载排放诊断系统、采用临时更换汽车污染控制装置等弄虚作假方式通过排放检验等行为,依据《大气污染防治法》《中华人民共和国道路运输条例》有关规定予以处罚。对有关汽车排放性能维护(维修)技术示范站存在违法违规情形的,除按照上述规定要求处罚外,还应撤销其示范站称号,并向社会公告。

交通运输部牵头组建汽车排放检验与维护专家委员会,加强对汽车排放检验与维护工作的技术支持,开展相关政策标准研究评估,进行国际学术交流,推动行业技术水平提升。各省级生态环境、交通运输部门要研究建立汽车排放检验与维护相关争议调解机制,保障各相关方合法权益。

(二)完善信息网络监管机制

虽然排放检验和维护(维修)机构违规手段多样,但在信息技术日益进步的今天,要解决以上一系列问题,也并非不可能,只需建立I站与M站的信息联通机制即可。但关键是,这一机制的建立要有强有力的监管做后盾。只有构建起汽车排放检验与维护的闭环管理制度,杜绝人为弄虚作假,才能让检测与维修落实到位。

《通知》已明确表明在国家层面上建立I/M制度部门联动机制。各地应以此为契机,建立具体的部门协调机制与长效制度,明确相关部门在I/M制度实施的

职责与任务，并以此为基础，实现排放检验与排放维修数据的共享，确保 I/M 制度的良好、有效实施。

实施 I/M 制度，通过部门联动和信息化闭环，从制度和技术两个层面来实现对超标排放汽车的闭环管理。各省级生态环境、交通运输部门要充分发挥汽车排放检验信息系统和汽车维修电子健康档案系统作用，通过信息闭环管理来实现汽车排放检验与维护制度联动，以及对超标排放汽车的闭环监管。具备条件的地市可通过地市级相关系统实现闭环管理，并将数据上传至省级系统。超标排放汽车到汽车排放检验机构复检的，汽车排放检验机构应通过系统查询其维护修理记录作为复检凭证。暂不具备信息化条件的地区，汽车排放检验信息系统和汽车维修电子健康档案系统实现联网前，可以将维修结算清单或者《机动车维修竣工出厂合格证》作为复检凭证。汽车未经检验合格或未取得检验合格标志上路行驶的，应当由有关部门依法依规进行处理和处罚。

各地要建立生态环境、交通运输、市场监管、公安机关交通管理等部门联合监管执法模式。生态环境、交通运输、市场监管等部门要充分运用“互联网 + 监管”手段，强化 I 站和 M 站动态监管。生态环境部门、交通运输部门要依托机动车排放污染数据监控系统和汽车维修电子健康档案系统，搭建超标机动车检测与维护信息管理平台，实现机动车排放 I 站和 M 站之间的信息共享和数据交互。推进超标排放大气污染物车辆的“检验、维修、复检”闭环管理，各地超标排放机动车的维修治理信息通过机动车企业排放污染维修管理软件上传至汽车维修电子健康档案系统，机动车排放检验机构从平台系统查询到该机动车维修治理信息后予以复检。生态环境部门、交通运输部门通过各自的监管系统实时远程调阅机动车排放污染维修机构的排放污染维修治理情况。

（三）强化部门联动管理

I/M 制度的监管涉及生态环境、交通运输、公安、市场监管等部门。生态环境部门负责排放检验监管，交通运输部门负责维修机构监管，市场监管部门负责排放检验设备监管，公安部门负责实施处罚，各部门之间存在严重的职能分割，无法形成部门信息互通、协作配合、共同监管的联动机制，无法有效打击机动车超标排放等违法行为。

《通知》要求各省级生态环境、交通运输部门应通过信息闭环管理来实现汽车排放检验与维护制度联动，以及对超标排放汽车的闭环管理。超标排放汽车的排放检验信息和维护修理信息，应分别按照生态环境部和交通运输部有关技术要求，通过汽车排放检验信息系统和汽车维修电子健康档案系统上传至各自省级系统，并通过两省级系统实现数据交互，按规定制度作出处理。具备条件的地市可以通过地市级相关系统实现闭环管理，并将数据上传至省级系统。

对超标排放汽车，汽车排放检验机构应通过书面告知、手机短信等方式通知汽车所有人或使用人到汽车排放性能维护（维修）站维护修理。汽车排放检验机构应积极为复检车辆提供预约服务、开辟绿色通道、实行检测费优惠等便利措施。

I/M 制度是依法对在用汽车排放性能进行定期检验、监督抽测、维修治理，使汽车排放符合相关排放标准要求的管理制度。省级生态环境、交通运输部门将通过信息闭环管理来实现汽车排放检验与维护制度联动以及对超标排放汽车的管理。同时，进一步研究建立汽车排放检验与维护相关争议调解机制，保障各相关方合法权益。各地也要高度重视，加强组织领导，加大政策宣传力度，认真组织做好工作落实。I 站和 M 站数据应分别按照有关技术要求，上传至排放检验信息系统和汽车维修电子健康档案系统，实现数据交互。省级生态环境、交通运输、市场监管等部门将建立定期会商、信息通报、联合监管等工作机制，推动 I/M 制度实施。

第二节　汽车排放检验与维护信息数据交互系统的建设

《通知》要求各级生态环境、交通运输部门应通过信息闭环管理来实现汽车排放检验与维护制度联动以及对超标排放汽车的闭环管理。具备条件的地市可以通过地市级相关系统实现闭环管理。所谓闭环管理，即是通过各类机动车排放检验检测信息与维修信息的共享，实现“不合格车辆必须维修，维修后的车辆必须检验”的目标。

I/M 制度闭环管理规定对在用汽车定期进行尾气排放检验，I 站应对检验超标汽车出具尾气排放检验结果书面报告，告知车主应到具有资质的 M 站进行强制治理，并将超标汽车检验报告与维修单位信息系统共享。超标汽车经 M 站治理后上传信息至尾气排放检验网络系统，车主再到同一家 I 站予以复检，经检验合格方可出具合格报告。相较于人工闭环，即 I 站人工读取其维修状态信息，上述软件闭环管理要可靠得多，基本可杜绝因徇私情等而逃避维修的情形发生，从而使强制维修落到实处。

过去汽车维修往往依靠技师个人经验来诊断故障。而 I/M 制度规定 M 站应

通过 I/M 制度信息数据交互系统（以下简称数据交互系统）获取尾气超标排放汽车的检验报告并结合车载排放诊断系统记载信息等，给出针对性的维护修理方案，有利于对超标车辆科学诊断和合理维护修理。即使日后发生争议，汽车排放检验与维护专家委员会可方便地通过数据交互系统查询检验报告和维护修理方案，分析两者因果关系，保障各相关方合法权益。

I/M 制度设计打破"数据孤岛""部门隔阂"，采集同一辆车的检验—维护—复检闭环数据，复检结论由依法通过资质认定（计量认证）的 I 站按相关规范得出，具有客观性、严肃性、权威性。复检合格率（复检合格率 = 复检合格车辆数/维护修理总辆次 ×100%）指标，即经 M 站治理后送 I 站复检的车辆合格率，可以量化 M 站的尾气治理水平。若一辆车经 1 次维护修理即复检通过，复检合格率为 100%；若经 2 次维护修理才复检通过，复检合格率为 50%；若经 10 次维护修理才复检通过，复检合格率为 10%。通过后台分析比对各 M 站复检合格率，管理部门能够全面掌握尾气治理质量，实现精细化、全覆盖的联动管理。

一、建设超标机动车检测与维护信息管理平台

I/M 制度闭环管理亟须建立信息化管理平台。通过信息管理平台使超标车辆"无处可逃"。2020 年 12 月，交通运输部联合生态环境部制定了《汽车排放检验机构和汽车排放性能维护（维修）站数据交换规范》（交通运输部、生态环境部公告 2020 年第 100 号）文件，规定了 I 站和 M 站之间的数据交换流程、数据交换内容、数据交换格式和数据交换接口等相关技术要求，促使 I 站和 M 站通过在用机动车排放检验信息系统和汽车维修电子健康系统进行机动车排放检验数据、机动车维护数据的交换共享。

（一）数据交换流程及要求

（1）I 站对机动车排放检验结束后，一方面向车辆所有人/送检人出具如图 8-1 所示的超标排放汽车维护修理告知书，另一方面须将超标排放车辆的排放检验报告等数据（含车辆复检数据），通过在用机动车排放检验信息系统实时上传至当地生态环境部门，并由省级在用机动车排放检验信息系统实时交换至省级汽车维修电子健康档案系统，用于 M 站对超标排放车辆的诊断维修。数据交换流程如图 8-2所示。

（2）M 站对超标排放车辆经维修并竣工质量检验合格的，将车辆维护修理数据通过汽车维修电子健康档案系统实时上传至当地交通运输部门，并由省级汽车

维修电子健康档案系统实时交换至省级在用机动车排放检验信息系统，作为I站对超标排放车辆进行复检的凭据。同时，按照《汽车维修电子健康档案系统　第1部分：总体技术要求》（JT/T 1132.1—2017）和《汽车维修电子健康档案系统　第4部分：数据交换与共享》（JT/T 1132.4—2017）要求，将相关统计数据上报至部级汽车维修电子健康档案系统。

超标排放汽车维护修理告知书（式样）

编号：xxxxxxxx

本汽车排放检验机构于×年×月×日按照规定程序和要求对送检车辆（车辆号牌号码：/车辆识别代号〔VIN码〕：　　）进行了污染物排放检验。经检验，该送检车辆的污染物排放超过了强制性国家标准（《汽油车污染物排放限值及测量方法（双怠速法及简易工况法）》（GB 18285—2018）/（《柴油车污染物排放限值及测量方法（自由加速法及加载加速法）》（GB 3847—2018）规定的在用汽油车/柴油车污染物排放限值要求。现向您进行告知，请尽快至任一家汽车排放性能维护（维修）站对该车辆进行维护修理。维护修理完成后，应持有效维护修理凭证进行复检。

《中华人民共和国大气污染防治法》第六十条规定，在用机动车排放大气污染物超过标准的，应当进行维修；经维修或者采用污染控制技术后，大气污染物排放仍不符合国家在用机动车排放标准的，应当强制报废。

汽车所有人/送检人　　　　汽车排放检验机构
签字：　　　　　　　　　　（盖　章）：

年　月　日　　　　年　月　日

附注：本《告知书》一式两份，由汽车所有人和排放检验机构各执（存）一份。

图8-1　超标排放汽车维护修理告知书

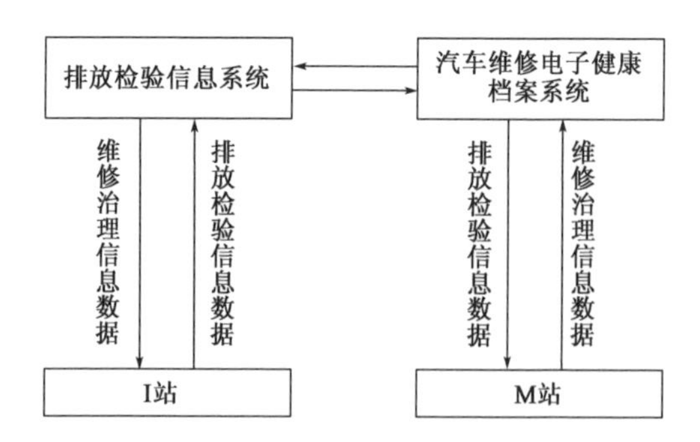

图8-2　I站和M站之间的数据交换流程

具备条件的设区的市级交通运输部门、生态环境部门可以通过市级相关系统实现超标排放车辆检验数据与维护修理数据的实时共享,并将数据上传至省级系统。具体条件由省级交通运输部门会同生态环境部门规定。

(二)数据交换内容及要求

数据交换内容包括:

(1)I 站交换至 M 站的车辆排放检验数据主要依据 I 站出具的《在用汽车检验(测)报告》,应包括检验的基本信息、外观检查结果、OBD 检查结果、排气污染物检测结果、燃油蒸发检测结果等。有关数据要求应符合 GB 3847—2018、GB 18285—2018 附录对《在用汽车检验(测)报告》的规定。

(2)M 站交换至 I 站的车辆维护修理数据主要依据 M 站出具的《机动车维修费用结算清单》及汽车维修电子健康档案,应包括维修基础信息、维修项目信息、维修配件信息等。所上传的数据应符合《汽车维修电子健康档案系统　第 2 部分:数据采集技术要求》(JT/T 1132.2—2017)的规定。

对 I/M 制度而言,检测信息的来源不应仅局限于机动车定期检测信息,还应该覆盖包括路检路查、入户抽测、遥感监测(含黑烟抓拍),甚至公众举报等各个可能的超标排放检出途径。只有这样,I/M 制度才能取得最大的实施效果。

I/M 制度闭环管理有利于汽车维修电子健康档案广泛应用,从购置到报废全过程的维修电子档案实现了汽车维修记录数字化、维修档案存储和查询云端化,使汽车维修业与时代发展同频共振,加快传统行业与互联网深度融合及创新发展。但目前存在车主主动注册并查询电子健康档案的数量少、维修企业上传维护修理记录的积极性低、管理部门事后监管企业上传记录的完整性难等问题。而 I/M 制度要求 I 站在网上查到尾气超标排放汽车经 M 站治理后才予以复检,引入了广大人民群众来协助管理部门监督 M 站是否上传维修记录,能够及时发现维修企业少传、漏传现象。落实 I/M 制度成为汽车维修电子健康档案系统的一个具体应用场景。机动车维修企业应遵循《机动车维修管理规定》,利用《汽车维修电子健康档案系统》(JT/T 1132)面向公众提供汽车维修公众服务,对机动车的维修记录实现信息化管理,实现维修数字信息化公开,通过汽车维修电子健康档案,展示维修企业的基本情况,实现阳光下消费,向车主提供便捷的维修信息化综合服务。对超标排放车辆的维修治理,由取得工商营业执照,并在交通运输部门备案的一、二类汽车维修企业和从事发动机维修的三类汽车维修企业实施,如实记录汽车排放污染物维修治理的相关信息,出具《机动车维修竣工出厂合格证》,与机动车环保检测平台实现数据交互,作为机动车排放污染物上线复检的依据,在制度上和机制上杜绝虚假维修治理,确保维修治理质量,交通运输主管部门依据《机动车维修管理规定》和运政信息系统强化监管,严厉处罚违规行为。

通过建立起来的政府信息管理平台,如遥感监测、路检路查、黑烟抓拍、OBD远程监控等监督管理平台,发现上路行驶车辆出现不合格情况,可以立即上传公安机关车辆管理部门,公安机关车辆管理部门按照《大气污染防治法》,针对重型柴油车排放超标,处以罚款并责令维护修理;对机动车排放污染物超过规定标准,经责令限期治理逾期拒不治理的,处以罚款记分操作。若车辆尾气抽检发现不合格,公安机关交通管理部门将当场暂扣车辆行驶证,车主必须在7日内进行维修整改,凭复检合格证明才能将行驶证换回。

通过政府管控信息系统的"维修治理锁"确保汽车排放检验机构不得承担未经维修治理车辆的复检。"维修治理锁"自车辆检验不合格即自行锁死,完成维修治理,由维修治理企业上传维修治理信息资料(包括视频、图片和与维修治理相关的参数,能够实现消耗材料的追溯和责任倒查),开具维修竣工出厂合格证后车辆即实施解锁,在未解锁之前,任何汽车排放检验机构均无法录入不合格车辆基本信息,无法完成车辆检验活动。对已维修治理的车辆须返回首次承检车辆的汽车排放检验机构进行复检。复检仍然不合格的,由原承担维修治理的机动车维修企业免费重新维修治理,连续两次不能治理合格的,车辆所有人有权选择到其他维修企业维修治理,切实保证维修治理企业不能弄虚作假,不敢弄虚作假,真正建立起有效的闭环监管机制,使得尾气排放超标车辆的维修治理得以全面掌控。对于超标排放汽车经诊断后确实无法修复的或维护修理后仍然无法达到规定排放标准的,应如实告知托修方,由托修方决定是否继续维护修理。

在I/M制度实施过程中,生态环境和交通运输部门应分别组织、指导汽车排放检验机构和维护(维修)站完成数据采集与传输,并通过汽车排放检验信息系统和汽车维修电子健康档案系统实现排放检验机构和汽车排放性能维护(维修)站之间的信息交互。同时,加强信息便民措施,实现信息实时查询功能,方便车主获取需求信息。

二、相关地市先进信息管理系统案例

为推进各地市I/M制度信息化平台的建设,本小节以上海市和安徽省芜湖市为例,介绍两地的I/M闭环管理平台。

（一）上海市 I/M 制度数据交互系统

1. 系统架构

实施 I/M 制度，公共信息共享是关键。为此，上海市在现有的上海市机动车排放检验服务平台和上海市机动车维修公共服务平台基础上，建立市级数据交互系统。该系统围绕在用汽车尾气治理目标，打通检验与维护业务数据链路，形成对尾气排放超标汽车闭环管理，使生态环境和交通运输部门实现汽车排放检验与维护制度联动，并提供公众信息服务。数据交互系统的逻辑架构如图 8-3 所示。

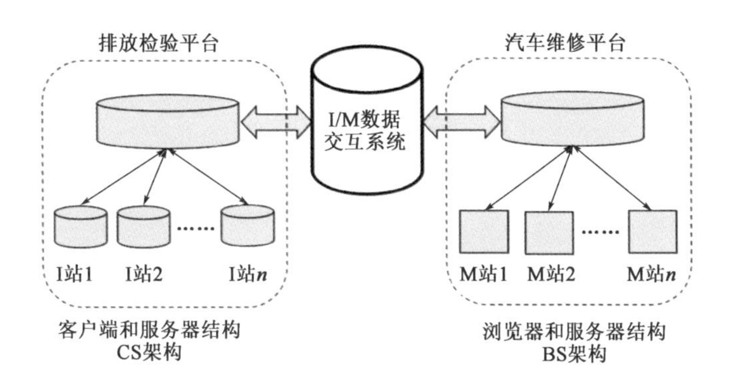

图 8-3　上海市 I/M 制度数据交互系统逻辑结构

2. 流程设计

上海市 I/M 制度的工作流程如图 8-4 所示。检验—维护—复检的闭环管理，从流程上看是从 I 站到 M 站又回到 I 站的一个循环。只有当检验合格或客户同意报废车辆提出撤单申请时才可以退出循环。

3. 系统功能

（1）I 站按有关规定进行汽车排放初检后，检验报告和车载排放诊断系统记载信息 OBD 数据自动上传数据交互系统。

（2）M 站通过 VIN 码或在《超标排放汽车维护修理告知书》上查询编号获取该车当前的检验报告和车载排放诊断系统记载信息。

（3）M 站可以获取该车历史检验报告和车载排放诊断系统记载信息及维护修理记录。

（4）M 站进行汽车维护修理后，维护修理记录自动上传至数据交互系统。

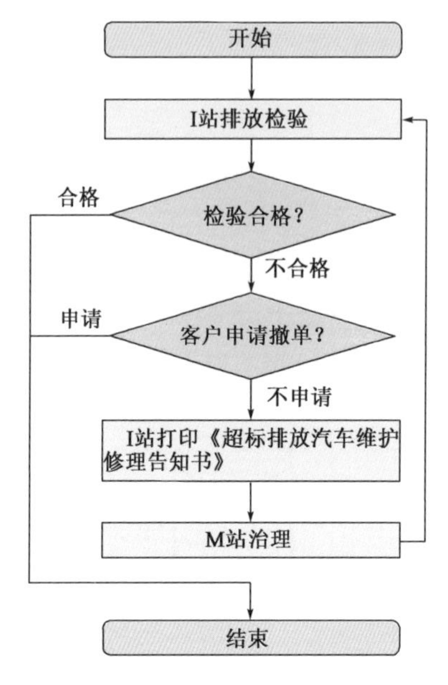

图8-4　上海市I/M制度工作流程

(5)I站查询到维护修理记录后方可进行复检,检验报告和车载排放诊断系统记载信息自动上传至数据交互系统。

(6)自动统计M站近3个月的维护修理总辆次和复检合格率,并在上海汽修平台微信公众号和小程序展示笑脸、平脸和哭脸标志。

(7)生态环境和交通运输部门能查询并导出检验报告和维护修理记录、I站名称、M站名称、车牌号、VIN码、车载排放诊断系统记载信息、燃油类型、品牌型号等。

(8)生态环境部门能对I站的车辆排放检验次数及排放检验合格率情况进行排序。

(9)交通运输部门能对M站的维护修理总辆次、复检合格率等进行排序。

4. 数据结构

I/M制度工作流程所经历的一次检验—维护—复检循环,在数据交互系统记作一个"IM环",IM环所包含的信息见表8-1,将上一个IM环和下一个IM环串联关系记作"IM链"(图8-5)。一辆车从初检到最终检验通过过程中产生的一系列数据记作一条环环相扣的数据链。

上海市 IM 环所包含的信息　　表 8-1

序　号	信　息
1	IM 环编号
2	检验报告及 OBD 数据
3	维护修理记录
4	复检结论

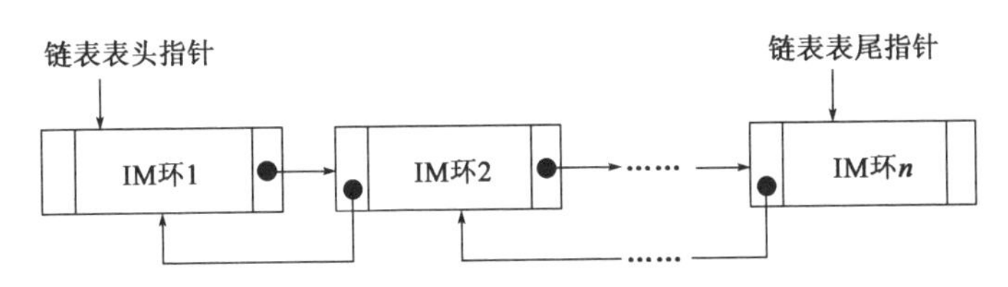

图 8-5　上海市 IM 链

汽车尾气排放复检一次通过的情况，其 IM 链长度为 2，内容填写如图 8-6 所示。复检结论可以有 4 种选项：复检通过、复检未通过客户撤单、复检未通过且客户未撤单、空白（等待录入上述 3 种情况之一）。

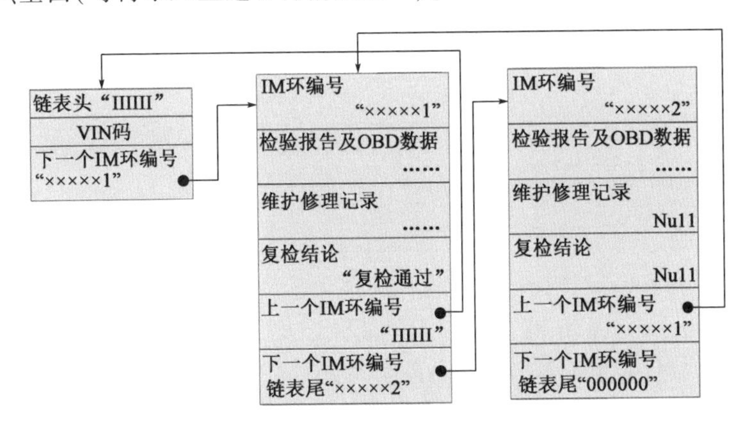

图 8-6　上海市复检一次通过的 IM 链

（1）当复检通过时，在当前 IM 环复检结论字段填"复检通过"，在 IM 链尾部插入一个新的 IM 环，当前 IM 环指针指向新环，登记检验报告数据，IM 链终止。

（2）当复检未通过客户撤单时，在当前 IM 环复检结论字段填"客户撤单"，IM 链终止。

（3）当复检未通过且客户未撤单时，在当前 IM 环复检结论字段填"复检未通过”,在IM链尾部插入一个新的IM环,当前IM环指针指向新环,登记检验报告数据。

5.数据库设计

以上运用双向链表数据结构从理论层面分析、推演了执行I/M制度过程中环环相扣的逻辑严密性,下面再从实践要求层面对数据库设计、数据的存储与读写过程进行介绍。

首先定义一张IM记录明细表,表中每一行记录对应一个IM环,一行或多行记录对应一条IM链。当数据交互系统收到I站上传的“检验报告”“检验结论”“车载排放诊断系统记载信息”时,自动追加一行记录。表8-2~表8-4所列为几种常见的IM链。

上海市初检一次通过的IM链　　表8-2

VIN码↑	IM链编号↑	IM环编号	检验时间↑	检验报告数据	检验通过	客户撤单	维护修理记录
VIN1	Linkl	Circle1	2020-01-01	……	False	True	Null

上海市初检一次未通过用户撤单的IM链　　表8-3

VIN码↑	IM链编号↑	IM环编号	检验时间↑	检验报告数据	检验通过	客户撤单	维护修理记录
VIN1	Linkl	Circle1	2020-01-01	……	True	Null	Null

上海市复检一次通过的IM链　　表8-4

VIN码↑	IM链编号↑	IM环编号	检验时间↑	检验报告数据	检验通过	客户撤单	维护修理记录
VIN1	Linkl	Circle1	2020-01-01	……	False	False	……
VIN1	Linkl	Circle2	2020-01-02	……	True	Null	Null

从表8-2~表8-4可以看出,当检验通过和客户撤单均为“False”时,IM链未终止,后续应该还有其他IM环,这是对尾气超标排放汽车实施治理的要求。只有在IM环的检验通过为“True”或客户撤单为“True”时,IM链才终止,表示此次I/M治理已闭环。

为简化说明,IM链和IM环编号规则为从1~n的自然数。一辆车在第一次新增IM环(检索VIN码返回0)时,设定IM链编号为1,以后再增加IM环时,若已有IM链未终止(按VIN码过滤并按IM链编号和检验时间升序排序,检查最后一条记录的检验通过和客户撤单状态),IM链编号不变,否则,IM链编号加1。IM链编号反映该车辆经历的I/M治理次数。同一IM链编号中的最后一个IM环编号为该次I/M治理经历的检验次数。

通过上述逻辑推演和数据库设计，确保每一辆汽车在其整个生命周期内落实I/M制度的详细情况都会被数据交互系统完整记录，为联合监管和科学决策提供依据。

6. 网络信息安全

通过采取措施，监测、防御、处置源于境内外的网络安全风险和威胁，如网络入侵、网络攻击等非法活动，非法获取、泄露公民个人信息和企业商业秘密。公民个人信息包括但不限于自然人的姓名、身份证、电话号码、VIN码、车牌号、品牌车型等。

按照重要程度对数据进行区分、归类，将重要数据复制、存储到硬盘阵列或云端。保密数据通过加密算法或密钥将明文转变为密文。

7. 应急预案

应急预案应包含有关各方的分工和责任，各类事故的诊断方法和流程，响应等级和应急处置操作规程，应急恢复过程关键状态、不同状态的沟通和报告内容，应急相关人员的协调内容和沟通方式，明确恢复服务步骤等，确保数据交互系统尽快恢复正常服务功能。

在发生危害数据交互系统信息安全的事件时，信息服务供应商应立即启动应急预案，采取相应补救措施，及时查明影响范围，分析、确定事件原因，提出防止危害扩大及恢复正常功能的补救措施和方案并组织实施，把损害降至最低，同时按照规定向有关主管部门报告。制订数据交互系统应急预案，最好是基于情景再现式的，少一些高深的理论和原则性叙述，多一些实在、易懂、管用的办法和思路。针对如何及时处置网络安全事件（如系统漏洞、计算机病毒、网络攻击、网络入侵、网络中断、拒绝服务等）保障数据交互系统服务能力，定期组织演练。

（二）安徽省芜湖市I/M闭环管理平台

安徽省芜湖市为实现闭环管理这一目标，设立了相应的管理平台，将I站（包括遥感监测、路检路查等取得的相关检测信息）和M站接入平台中，通过“黑名单”机制，使排放不合格机动车在软件程序的控制下，强制其进入维修环节（不维修就不能上线检验），M站在对其进行必要的维修后，将维修合格信息上传至“黑名单”库中，I站只有在“黑名单”库中读取到维修合格的信息，才能对其进行检验。当机动车检验合格后，I站通过软件自动将其状态标为“已结案”，而若检验不合格，说明维修不充分，其在“黑名单”中的状态由“已维修”修改为“待维修”，该车仍需返回M站继续维修。具体实现流程如图8-7所示。

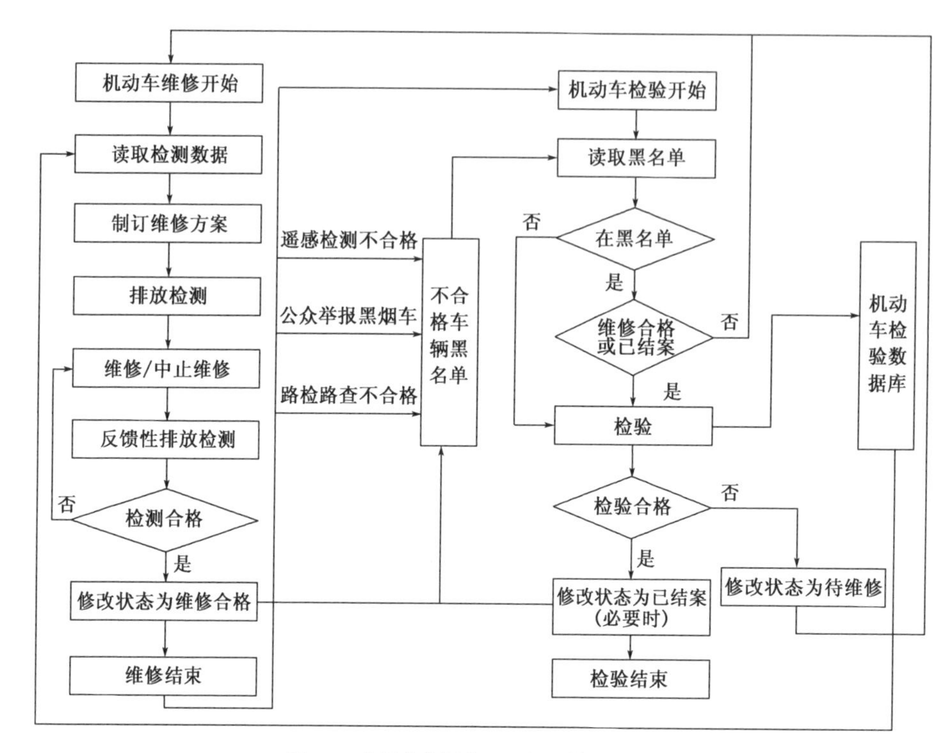

图 8-7　安徽省芜湖市 I/M 闭环管理流程图

1. I/M 制度实施的全面性

芜湖市认为全面建立实施 I/M 制度,不仅是指地域空间上的,还注重包括检(监)测信息来源的全面性,信息管理平台中除了机动车定期排放检验机构的信息外,还增加了路检路查、入户检测、遥感监测,甚至是公众举报的车辆,将定期检验和监督检查相结合,充分利用技术优势,锁定超标车辆,实现源头管控。

2. 维修的强制性

在维修方面,检测的强制性不仅要由制度来保证,而且要通过采取一定的技术手段(如软件闭环)在机制上来实现。环保检测机构的检测流程通常是:检测机构应用设备厂家提供的软件对车辆信息进行登录,将信息推送至检测工位机,检测结束后将检测结果传送至生态环境部门的监管平台,监管平台对检测报告进行编码后再推送至检测机构,检测机构打印检测报告,检测结束。上述流程中,监管平台处于检测流程的末端,无法保证维修的强制性。车主即使不进行正常的在 M 站的

维修,也能上线检测(只是出具不了正式的检验报告),这给弄虚作假和某些“糊弄性维修”留下了空间,使得M站可能被架空。在实践中,芜湖市通过优化环检流程,将环检平台中的机动车信息登录软件模块置于检测流程的最前端,对各类检测不合格(包括路检路查、遥感检测、公众举报等)的车辆通过软件进行自动检查,未经M站维修竣工的车辆不得开始检验,从而实现I/M闭环管理流程图(图8-2)所描述的闭环流程,进而在机制上保证了维修的强制性。

3. M站初检方法的经济性以及和I站的互洽性

对维修治理后的车辆进行初步检测,以判定维修治理的有效性,是车辆维修治理过程的内在逻辑和必然要求。在M站建设过程中,芜湖市以双怠速法和自由加速法作为M站维修竣工后的初检方法。这样做,一是考虑检测方法的经济性,使M站的建设门槛不至于过高,有利于工作的推动;二是考虑M站的检测方法和I站检测方法之间的互洽性。所谓互洽,即指两种检测方法所得出的结论在逻辑上能保持相互融通而不至于发生矛盾对立。当M站的检测结论与I站的检测结论不一致时,由于M站采用的是双怠速法或自由加速法,在法理上和逻辑上都很容易要求以采用工况法的I站检测结果为准,车主也容易接受。而如果M站也采用工况法,不仅投入成本过大,而且当检测结论和I站的检测结论不一致时,处理起来就比较棘手,这就是检测方法上的不互洽。极端情况下,这种不互洽,还可能扰乱机动车检测市场秩序。

4. 维修过程的可追溯性

通过维修信息的上传、过程监控等技术手段,对维修过程、行为进行必要的记录,为行政管理部门的事中与事后监管提供依据。

5. 在市场化条件下对I站和M站进行监管

市场经济是法治经济,运用市场化手段进行机动车I/M制度建设,更离不开监管;否则,这个市场必将走向无序,最终背离I/M制度设计的初衷。市场化条件下I站和M站的监管,需要从以下两个方面开展:

(1)日常行政监管。行政部门进行事中、事后监管,主要利用I站和M站的各类过程文件和监控视频等,通过检查、抽查、督查来实现。芜湖市对I站的管理学习兄弟城市的做法,还引入了记分制管理方法。除行政监管外,发挥行业协会的自律管理也是监管的一个重要方式。

(2)应用大数据进行监管,对日常行政监管在手段上进行延伸。《柴油货车污染治理攻坚战行动计划》印发以来，各地按其要求，建设了规模不等的机动车污染遥感监测平台，这些平台每日将产生大量的机动车遥感监测数据。

以芜湖市为例，截至 2021 年 7 月，已建设完成 19 个遥感点位，分布于城市各个入口和市区大型车辆行驶的主要道路，日产监测数据近 20 万条，而充分应用这些大数据，对 I 站和 M 站的监管具有十分重要的意义。无论是经 I 站检测的车辆还是经 M 站维修的车辆，其检测结果和维修效果都将经受独立的遥感监测系统的检验，在 I 站和 M 站与遥感监测平台的信息共享机制下，通过对遥感监测不合格车辆大数据排序，生成各 I 站车辆检测和 M 站车辆维修的"成绩单"。各 I 站检测的车辆及各 M 站维修的车辆有多少上路不合格，情况一目了然。此外，也可以遥感监测数据或黑烟车抓拍结果，对检验机构的检验过程进行倒查。对检测质量和维修质量不佳、"榜单"上靠前的企业，定期公布、重点监管并进行记分处理，严重者甚至令其停业(或半营业)学习、整顿，将大大提升行政监管效果，并将在一定程度上终结监管者与被监管者之间的"猫鼠游戏"，同时，也会对遏制检测上的弄虚作假行为和维修上的短期维修行为产生积极作用，因为无论怎么应付检测和维修，车辆都得通过遥感、抽测这关。

通过强有力的科学监管，在大范围、高密度遥感监测或抽测的前提下，发挥市场这只"无形的手"的调节作用，使得没有好的服务或过硬技术的 I 站和 M 站通过市场竞争而被淘汰。

第三节 汽车排放检验与维护制度实施成效案例

我国从 1989 年起，在全国 330 个城市对在用汽车排放污染开展了年检、路检及抽检工作。我国早在 1999 年就进行了"控制在用汽车排放的 I/M 计划研究"，开始探索我国的在用汽车排放 I/M 制度建设。1999 年颁布的《机动车排放污染防治技术政策》提出继续完善 I/M 制度。2004 年国家环境保护总局把深圳市、辽宁省、山东省列为检验维护制度技术规范实施示范省(市)，三省(市)在用汽车 I/M 制度启动试行。2014 年以来，江苏、广东、广西、河南、北京等地根据指导意见，率先试点实施了在用汽车 I/M 制度，出台了地方性法规文件、制定了地方标准规范等，取得了良好成效。在上海市的机动车排放 I/M 制度管理中，在用车辆实行一年一次的定期检验(年检)；不定期检验则根据部门执法情况来定。但囿于多元的机动车辆管理体制，试行在用车 I/M 制度的要求和规范又不够统一，主要集中于

车辆的安全性能检查(以下简称安检)上。2004 年社会安全检测站每年定期检验中安检的合格率在 95% 以上,但路检的达标率只有 50% ~60%,对机动车排放污染的监督流于形式。2019 年上海市印发《上海市推进实施机动车排放检测与强制维护制度(I/M 制度)工作方案》的通知,加强了机动车排放检验和维修行业管理。

根据我国部分试点城市推行在用车排放检验与维护制度的经验,主要是出台、实施专门地方法律规范,如指导文件、通知办法等,同时根据在用车排放污染趋势,不断提高机动车排放标准,强化定期检验与监督抽测管理,并且结合遥感监测(含黑烟抓拍)等技术手段等加强监管。但在实施排放检验与维护制度的过程中,表现出"重检测、轻维护"的特点,未能建立起真正的在用汽车 I/M 制度,未能实现理想的检验与维护效果。我国正在研究建立适合我国国情的机动车排放 I/M 制度,推进机动车排放 I/M 制度建设。

一、实施成效案例分析

(一)芜湖实施 I/M 制度一周年,5206 辆汽车被列入"黑名单",12 家检验机构被记分

安徽省芜湖市地处安徽省东南部,经济总量居安徽省第二位。素有"皖之中坚,皖南门户"之称。截至 2021 年 6 月,全市机动车保有量 70 余万辆,汽车保有量 50 余万辆,机动车环保检验机构 32 家。作为一项机动车污染防治的措施,2019 年,芜湖市投入 2400 余万元在城市建成区入口和市区大型车辆通过的主要道路建设了 19 套机动车排气污染遥感监测设备和黑烟车抓拍设备。2020 年 6 月,芜湖市发布了《关于在全市范围内实行机动车排放检测与强制维护制度的通告》,率先在全安徽省实施 I/M 制度。

自 2020 年 6 月至 2021 年 6 月,芜湖市共有 5206 辆汽车因尾气排放超标或排放黑烟被列入监管"黑名单",约占汽车保有总量的 1%,其中,3210 辆按 I/M 制度的要求进行了维修,扣除外地过境车辆 928 辆,维修率为75.03%,移交公安机关交通管理部门处罚 1068 辆。相较于该市汽车保有量和数十、数百辆的人工路查量,在短短的一年时间里,取得的治理成果相当丰硕。同时,对 12 家检验机构的 13 起违规行为进行了记分处理。2021 年 7 月 23 日《中国环境报》对此进行了大篇幅报道(图 8-8)。

芜湖市能在 I/M 制度上取得一定的成绩,得益于其构建了较为完善的信息共享机制,主要体现在以下几个方面:

08 | 法治

微信小程序举报便捷 短信告知透明高效

上半年芜湖接受公众举报黑烟车147辆(次)

芜湖实施I/M制度一周年，5206辆汽车被列入"黑名单"，12家检验机构被记分

检验能"糊弄"，遥感不好"糊弄"

在机动车污染防治方面，I/M有什么优势？

如何应对虚假、糊弄式维修和"年审神器"？

若要大范围推广，该制度还存在哪些短板？

图8-8 《中国环境报》报道安徽芜湖市I/M制度实施成效

1. 构建全方位监测体系，多途径严密防控机动车超标排放

除依法对机动车污染开展定期检验、巨资建设机动车污染遥感监测系统外，芜湖市花大气力构建全方位监测监控体系，多途径严密防控机动车超标排放，通过定期检验、遥感监测、黑烟车抓拍、路检路查、入户抽测和公众举报等途径检出的排放不合格机动车，都将纳入I/M制度体系，都要进行强制维修，力促I/M制度取得最大实施效果。

2. 通过I/M闭环管理+遥感监测，有效遏制违规检验和虚假维修行为

芜湖市共建有19套遥感监测设备，相当于每10万辆汽车拥有近3.8套遥感设备，可日产遥感监测数据近20万条。大范围、高监测密度的遥感监测系统相当于政府管理部门在现有的检验机构之外，设立了一套独立的监测系统。无论是经I站检测的车辆还是经M站维修的车辆，其检测结果和维修效果都将经受独立的

遥感监测系统的检验。为保证检验质量,除日常的视频监控巡查、检验过程视频全公开、全年检验质量检查全覆盖等管理措施外,2020 年 3 月,芜湖市生态环境局推出了《芜湖市机动车排放检验机构记分制管理办法(试行)》,一年内记分满 12 分的,市生态环境局将予以检验机构停止网络支持一个月的处理。通过 I 站和 M 站与遥感信息的共享,形成对遥感监测不合格车辆进行倒查的机制,有效地提高了对检验机构的监管成效,遏制了检验机构违规检验行为。同时对于逾期不维修治理的,芜湖市生态环境局将超标车辆的违法证据移送公安机关交通管理部门,公安机关交通管理部门依证据按“驾驶排放检验不合格的机动车上道路行驶的”交通违法行为依法实施处罚——处 200 元罚款不记分。

芜湖市通过市场化手段,采用申请/登记制,在全市设立 24 家 M 站。在交通运输监管部门、汽车维修行业协会和从业人员的共同努力下,M 站运行以来,未发生过一起虚假维修或过度维修的违法违规操作。同时,各 M 站还利用微信工作群交流信息,对车主不合理的要求主动拒绝,并在微信群中进行通报,对“利用价值”较高的部件,还主动将其毁损,防止其重新流入市场。

芜湖市介绍了这样一个案例:2021 年 5 月,一位张姓车主来电反映,称其车辆在某 M 站经历多次维修后,先后在某检测站上线检测 6 次,NO_x 排放均不合格,疑为检验机构故意刁难,要求更换机构。执法人员当即调阅该车检验记录,发现其 NO_x 排放值在 1800mg/km 以上,而同期其他车辆检验值却都正常,现场操作视频显示,检测站并无违规检验行为。执法人员向车主进行了解释,要求其回维修站进行进一步维修。同时就维修情况和该 M 站进行了联系,要求其查明情况,必要时可召集业内有关专家共同会诊。后经查明,车主自行在市场上购买了廉价劣质的三元催化转换器。在双怠速工况下,由于尾气排放量较小,NO_x 排放值并不高,但在工况法下,由于要求发动机输出功率要达到额定功率的 50%,排气量猛增,劣质三元催化转换器对大量尾气根本来不及处理。M 站为其更换了合格的三元催化转换器,上线检测一次通过,NO_x 排放值仅为 21mg/km。事后,该车主再次来电,对维修、收费和检测结果表示满意。

3. 通过广泛宣传,I/M 制度为公众所普遍接受

I/M 制度是机动车排放污染防控的一项新制度,为使公众了解、理解和支持这项制度,芜湖市生态环境保护综合行政执法支队编写了《I/M 制度十问十答》,通过报纸报道、散发宣传材料、在各 I 站和 M 站设立宣传牌、走进电台演播室解答听众提问、接受公众电话咨询等形式,进行广泛的宣传。

该项制度推出后，公众最大的疑虑，是怕 M 站垄断经营，获取高额利润，损害车主权益。市场经济是法治经济，运用市场化手段设立 M 站，绝不是放任不管，而是通过创新监管机制，应用技术手段加强事中、事后监管，并注意发挥行业协会的行业自律作用，培养从业人员职业操守，共同促使 I/M 制度规范运行。各 M 站的维修内容和收费情况都会通过网络上传到管理平台上，确保机动车维修的公开与透明。各待修车辆在 I 站的检验结果，只要键入或点击一下车牌号，就能立刻呈现出来，从而为 M 站维修方案的制订提供参考。I/M 制度能够规范运行，保障车主权益，打消公众的疑虑。

（二）上海市推进汽车排放检验与强制维护制度取得一定成效

为贯彻落实国务院《打赢蓝天保卫战三年行动计划》和生态环境部、交通运输部、国家市场监督管理总局《关于建立实施汽车排放检验与维护制度的通知》文件精神，推进在用汽车尾气超标排放治理，规范机动车排放检验和汽车维修行业管理，上海市道路运输局会同市生态环境局结合上海实际，研究制订了《上海市推进实施机动车排放检验与强制维护制度（I/M 制度）工作方案》，并于 2019 年 12 月 1 日起正式实施。

上海围绕在用汽车尾气超标排放治理目标，依托部门数据共享和互联网信息技术，打通检验与维护业务数据链，实现“检测—维修—复检”闭环管理。市道路运输局、市生态环境局、市道路运输事业发展中心（以下简称道运中心）和市环境监测中心初步建立定期会商、信息通报、联合监管等联防联控工作机制，并形成覆盖全市的在用汽车尾气超标排放治理体系。

截至 2020 年 7 月 31 日，上海市治理尾气超标排放汽车共计 26285 辆次；市道运中心受理热线诉求 10 件，其中投诉类 3 件；通过数据分析发现重复维修问题，对上海市 8 个行政区 13 家具有资质的 M 站开展了针对性上户检查，责令其严格执行机动车维修管理规定和相关服务规范，切实保障消费者权益；经优化调整后上海市符合规定的 M 站共有 475 家；目前经 M 站治理的车辆上线复检合格率达 85% 左右。

（三）江苏张家港——维修治理快速准确

“张家港地区经过 M 站维修治理后，汽车 3 种主要污染物（HC、NO_x 和 CO）平均减排率达到 40% 以上，柴油车烟度减排率达到 50%。”江苏省张家港市机动车维修管理处主任钱进估测，实施 I/M 制度每年可减少污染气体排放87.9t，节省燃油

35.16t,高效解决机动车污染防治难题。

《通知》明确指出,地方交通运输部门要依法依规监督指导汽车排放维护修理工作,遴选技术示范站,加大技术投入和人员培训力度,提升维护修理技术。2015年6月,张家港市遴选了第一家尾气专修技术示范站,分别设置尾气检测、诊断、维修3个工位,配置不同尾气检测方法的检测设备及汽车不解体检测诊断设备,配备完善的软硬件设施及专职尾气治理人员。此后,张家港交通运输主管部门陆续挑选了12家符合条件的企业作为M站,使M站总数达到了13家,分布于各个乡镇,基本形成了全市网格化布局。

在M站的诊断技术方面,张家港市重点采用了"汽车不解体检测诊断技术",该技术能快速准确引导维修技师定位尾气超标故障原因,有效避免了人为判断的随意性和模糊性,减少了对高级维修技术人员的过度依赖,达到快速、准确、科学治理尾气的目的。

考虑到目前部分M站不具备工况检测,在治理过程中的数据采样与I站不相符,张家港市研发了便携式车载排放检测仪,能准确地对排放进行量化。在提升M站硬件设施的同时,软实力也同步加强。张家港运输管理部门联合该市职业技能鉴定中心组织所有M站的尾气治理人员进行了126个课时的I/M专项技术培训,经市职业技能鉴定中心考核,发放了培训合格证书,并全体签订了服务承诺书。

(四)浙江宁波——信息互联双重闭环,深入推进I/M闭环管理制度

病人看病需要建病历,便于医生了解该病人的病史并进行诊断。同样,尾气排放不符合标准的汽车进站维修时,需要建立汽车维修电子健康档案。

宁波市在汽车维修电子健康档案系统的基础上,进一步开发了宁波市机动车尾气排放维护维修服务平台(以下简称行业公共服务平台)App,并将该平台与汽车维修电子健康档案系统平台平行对接于环保检测综合数据库。汽车维修电子健康档案系统和行业公共服务平台的信息交换,可实现交通、环保数据的多渠道共享,进一步保障政府的精准施策、对企业的精准管理和对车主的精准服务。

车主在获知超标排放汽车维护修理告知书后,通过汽车维修电子健康档案系统和行业公共服务平台,均可在地图上获取附近M站的定位信息,同时可查询该企业的备案情况、车主评价、收费标准、技术力量、质量信誉等信息。维修完毕后,亦可在平台上对本次维修的企业进行点评,供其他车主参考。

M站可以任意从两个系统平台提取车辆排放检验不合格信息,在对车辆维

修，排除超标排放故障后，可选择用手机终端的行业公共服务平台或电脑终端的汽车维修电子健康档案系统，将车辆修复相关信息进行上传，该两个平行系统会自动实施数据交换，并最终反馈给环保检测系统。

宁波市在I/M制度闭环中加入了平行的行业公共服务平台，形成管理部门联防联控协作机制，为管理部门、维修企业、车主实现了三方共赢。利用公共服务平台，管理部门可查询到车辆维修情况（关键过程信息）及M站服务质量，并做动态监管更新。有了全面详细的企业信息，车主可选择信誉度高的M站就近修车。对中小型维修企业而言，通过手机App可将车辆维修信息即时上传至汽车维修电子健康档案系统，减少了电脑端的操作，节省了时间和人工成本。

除了借助信息化手段之外，宁波还从体制机制创新和检测维修能力水平提升等方面，使机动车检测维修变得更便捷、更高效。

在体制机制创新方面，宁波从实际出发推行尾气轻微超标车辆“容缺处置”机制，对于因预热不足、排气系统有异物等原因，导致尾气轻微超标的私家车辆等，不强制要求M站维修治理，可自主调整后参加复检，既方便了车主又节约了资源。在检测维修能力水平提升方面，宁波积极组织召开机动车检测维修专题培训会、技术交流会20余场次，培训I站、M站管理人员、技术人员1500多人次，进一步提升了I站、M站检测维修能力和服务水平，更好地为车主提供服务。

自I/M制度实施以来，宁波上下联动，部门协同，多措并举，严格监管机动车检测维修，全面遏制机动车检测维修中的弄虚作假行为。宁波市生态环境部门以信息化平台为依托，以记分制管理为抓手，采取现场检查、视频抽查、数据倒查等方式对机动车检验机构实施全覆盖检查，2020年度累计开展现场检查153家次，核查检测数据视频超20万辆次，对9家检验机构违规行为进行记分处理，对1家检验机构弄虚作假行为作出行政处罚。在严格监管的保驾护航下，I/M闭环制度有序推进，致使宁波机动车排放初检和复检合格率同比分别提高了4.9%和11.2%。机动车排放检测合格率的提升，表明宁波车主的车辆维修意识进一步提升、超标车辆上路情况进一步减少。下一步，宁波将深入推进I/M闭环制度，严厉打击机动车检测维修违法行为，不断强化机动车排放污染治理，持续改善大气环境空气质量。

（五）汽车检测与排放控制治理技术中级模块考试在贵州省黔南布依族苗族自治州开考

1. 维修过程动态监管

贵州省交通运输管理部门联合省生态环境管理部门，采用“互联网+监管”的

模式,加强对 M 站维修过程和结果的远程动态监督。贵州省交通运输管理部门以汽车维修电子健康档案系统为基础,在机动车排放污染维修治理系统中添加数据通信接口。将尾气排放不合格车辆的进厂检验单、过程检验单、竣工检验单、配件管理、维修治理的关键环节照片,全过程维修作业视频录像、现场照片等,形成维修治理档案,并具备实时远程调阅功能。

各级交通运输、生态环境主管部门可通过自有的监管软件系统,远程调阅机动车排放污染维修治理的视频和作业情况。这一做法为维修的质量问题提供了溯源依据,有效杜绝了尾气超标维修过程中应付了事的侥幸心理,保护了消费者的合法权益,同时用科技补充执法力量,有效填补了现场监管检查的空缺。

据悉,远程调阅维修治理视频和作业情况的功能,还运用在都匀市人民法院机动车维修纠纷速裁法庭的案件办理中,这是全国首家针对迅速处理机动车维修纠纷案件的法庭。在以往的纠纷处理中,车主普遍反映,机动车维修行业涉诉案件专业性强、技术复杂程度高,即便是较小的案件,都不得不依赖于司法机构的鉴定,有时候鉴定费甚至比维修费还高。面对维修质量不达标的情况,许多消费者要么"认栽",要么不了了之。如此一来,不光消费者权益受损,尾气排放治理的质量依然得不到保证。目前通过调阅视频和维修单证的手段,既为速裁法庭提供可靠证据,更为汽车排放检验、维护和违法处罚联动的信息闭环管理提供了新的支撑。

2.1 +X 证书制度汽车 I/M 检测与排放控制治理技术(中级)全国首考

为全面贯彻党的十九大和十九届五中全会精神,深入贯彻党中央、国务院《国家职业教育改革实施方案》《关于全面加强生态环境保护打好污染防治攻坚战的意见》《关于印发打赢蓝天保卫战三年行动计划的通知》等文件精神,黔南民族职业技术学院、黔南布依族苗族自治州(以下简称黔南州)道路运输发展中心、黔南州生态环境局、黔南州汽车维修协会、黔南州汽车检测与维修企业多方共商共建,资源互享,信息互通,合力打造贵州省道路运输行业技术人才培养高地,于 2020 年 12 月 21 日—12 月 23 日在黔南民族职业技术学院举行 1 + X 证书制度汽车 I/M 检测与排放控制治理技术(中级)全国首考(图 8-9),助力地方"打赢蓝天保卫战"。

根据需要,黔南州实行"政校行企"协同,针对"打赢蓝天保卫战",对数百家企业进行数据分析,对 123 家重点企业进行实地调查,梳理出黔南州道路运输行业提质发展中的人才短板和弱项,结合国家职业标准、1 + X 证书制度,拟定"指南车人才计划",深化人才培养方案改革,由校企专家组建教学团队,构建了基于"课证融通”的汽车专业群的专业课程标准，采取“导析演练评”的教学方法。近半年针对行业、企业技术人员、校学生700余人开展了贵州省机动车排放污染治理（M站）技术及管理人才培训、黔南州机动车（I/M）检测与维修排放污染治理培训、都匀市汽车维修行业职业技能提升培训、汽车I/M检测与排放控制治理技术（中级）培训。完成了黔南州12个县市一类维修企业M站建站的验收指导工作。举行了针对黔南州汽车检测与维修行业顶岗实习双选会，有200多名学生进入省内各类汽车行业企业。

图8-9　黔南州1+X证书制度汽车I/M检测与排放控制治理技术（中级）考试

汽车检测与排放控制治理技术中级模块考试，是我国汽车运用与维修（含智能新能源汽车）1+X证书制度职业技能等级标准重要组成之一，是课证融通、服务地方产业需求、产教融合的融合创新举措，也是黔南州“政校行”多方共商共建，资源互享，信息互通，合力打造本土道路运输行业技术人才培养高地的核心内容。作为全国首考的主角，黔南民族职业技术学院“汽车医生班”70名学生参加了本次考试。考试合格的学生成为国务院开展国家职业标准1+X证书制度改革以来，全国首批拥有1+X证书制度汽车检测与排放控制治理技术中级资格的学生。黔南州成功举办此次1+X证书制度职业技能等级汽车检测与排放控制治理技术中级模块考试，对进一步推动黔南州“政校行”合作、培养本土汽车检测维护技术人才、助推黔南州汽车检测与排放控制治理制度深入实施奠定了更加坚实的基础，成为贵州省I/M制度实施的样板。

（六）荆门市"四步法"深入推进机动车I/M制度且成效显著

荆门市生态环境局于2021年5月24日发布了关于《荆门市"四步法"深入推进机动车排放检验与维修（I/M）制度成效显著》的动态信息。信息中指出自2020年以来，荆门市大胆探索，用"四步法"强力推进机动车排放检验与维修制度，成效显著。2021年以来，已有5000余辆超标排放机动车在M站接受尾气治理；全市I站首检合格率由2020年底的77.9%提升到2021年的83.5%，一次复检不合格率下降9.3%；全市路检路查查到的超标机动车下降了10%。

荆门市推进I/M制度分为四步：一是黑名单"增容"。一改过去只将I站定期检测不合格机动车纳入"黑名单"做法，将路检路查、遥感监测、在线监控、入户抽测和群众举报等多个手段途径发现的超标排放和排黑烟车辆全部纳入排放"黑名单"，关入I/M制度管理的"笼子"。未经M站维修的"黑名单"机动车在上路行驶、进入中心城区等方面将受到限制。二是闭环管理"上线"。充分利用"智慧荆门"移动源综合监管平台，实现机动车"检验—维修—复检"闭环管理线上流转。每个维修站拥有唯一固定账号，机动车维修信息在"智慧荆门"移动源综合监管平台一经录入，就全流程自动处理，避免了人为干扰，有效杜绝了作假，此举在湖北省开了先河。三是站点布局"扩面"。针对群众反映的检测维修站点偏少、检测维修不便等问题，荆门市生态环境、交通运输、市场监管等部门进一步加大《荆门市汽车排放检验与维护制度实施工作方案》宣传力度，在确保全面覆盖、严格把关的前提下，对全市检测维修站点进行"扩面"。截至2021年5月，全市机动车检验机构由19家增加到22家，维修站由22家增加到38家，后续申报受理工作仍在持续开展。四是监督管理"提效"。采取"线上"+"线下"方式强化监管，线上通过"智慧荆门"移动源综合监管平台，远程抽检、巡检，及时发现并提醒检测站、维修站规范操作，杜绝出现虚假检测、虚假维修、漫天要价等问题。

二、未来发展规划

欧美等发达国家和地区率先提出机动车排放I/M制度，这套制度体系的实施是建立在完善的诚信体系上，实现机动车污染防治工作健康有序开展。发达国家的诚信体系建设比较完善，这套制度在欧美等发达国家和地区也行之有效。这套管理体系自引入我国后，目前全国执行I/M制度的城市不足20家，基本上处于初级阶段，在执行过程中反映出诸多问题，没有真正体现"理为先，管为后"，也没有做到管理工作的公开化、透明化。南京市环境保护产业协会机动车污染防治专业委员会在调研中发现:许多城市的机动车环保检测站筛选不出高排放车辆,尾气治理站超标车治理业务量很少,环保养护治理产品真假难辨。这些问题的存在已有相当长时间,政府主管部门应该加强管理。但是,政府主管部门人力有限,技术力量薄弱,监管工作无法常态化,致使监管工作存在漏洞,导致“黄牛”乘虚而入,从而造成检验和治理行业弄虚作假的现象出现。这种现象长期出现后,导致普通老百姓对车辆检测以及年检颇有微词。上述现象造成大多数城市在I/M制度建设上无所适从,观望、等待是普遍现象,有的城市甚至持怀疑态度。为什么大多数城市的积极性不太高?究其原因,是因为在创建I/M制度架构和实践中没有建立一整套科学、完善、行之有效的智能监管平台,仅靠常规化的监管方式,无法实现工作的闭环模式,导致I/M制度不能有效落实。同时均忽略了为达到I/M制度的效果去建立全方位、多功能、智能化管理的实施方案,没有真正在“疏、堵、防、管、序”等方面下功夫。鉴于我国的国情,我国的机动车I/M制度应该建立在智能监管基础上,融合市场多方利益,梳理各方矛盾,实现机动车污染防治工作健康有序开展。智能监管可以减少人为参与,融合市场多方利益能够形成社会广泛参与的局面,梳理各方矛盾能够吸引企业主动参与。

机动车污染防治不仅仅是政府的责任,也是企业、广大老百姓和社会的责任。因此,我国的机动车污染防治问题要尽快解决,必须建立以机动车I/M制度构架为基础的智能监管模式,实现政府主导,社会、企业和个人共同参与,发展共赢。

《通知》属于行政规范性文件,具有一定的法律约束力,它的颁布对推进机动车尾气排放超标治理无疑是一件好事。但是好事务必办好才行,I/M制度是一项复杂的系统工程,涉及面广,且与老百姓切身利益密切相关,既要蓝天白云,也要社会和谐稳定,各个关键性环节的处置是否妥当、是否符合事物运行的规律,各类矛盾的内因和外因处理协调是制度成败的关键所在。I/M制度的真谛应该在每年一次的车辆“年检”之外,而不在于超标治理本身,关键是车辆使用习惯的培养及车辆维护与修理意识的塑造。I/M制度的关注点应该是车辆日常维护,是要培养车辆所有人良好的车辆使用、维护与修理习惯,而不是出现了尾气排放超标才去硬性治理。车辆日常维护及其维护作业质量是保障车辆技术状况的关键,是车辆尾气排放达标的前提和基础。尾气排放超标的实质就是发动机或发动机辅助系统(包括发动机后处理装置)出现了故障,如何精准诊断和正确排除故障才是尾气排放超标治理工作的核心。因此,应在汽车维修业培育“以养代修”的理念,规范推行“检测—诊断—维护—修理”工艺流程,积极推进并普及车辆维修的“三检制度”(即进厂检验、维修过程检验和维修竣工出厂检验制度),不但要解决尾气排放超

标车辆的治理问题，而且要解决好保持车辆良好技术状况的社会问题，使得车辆处于良好技术状况成为一种常态。要努力防止类似营运车辆强制二级维护曾经出现过的乱象和错误，绝对不可重蹈营运车辆强制二级维护的覆辙，以免违背制度设计的初衷。

（一）I/M 制度实施原则

国内许多学者对推进 I/M 制度的有效落地实施提出了相关建议，应该遵循以下五项基本原则。

（1）统筹兼顾，稳步实施。结合辖区具体实际，正确引导具备维修治理能力的企业积极投入，稳步推进 I/M 制度的实施。

（2）坚持标本兼治，闭环管理。强化源头管控，建立机动车排放检验和维修治理信息互联互通、数据共享机制，实现车辆运行、检验和维修治理闭环管理。

（3）规范经营，行业自律。落实企业主体责任，依法经营、诚实信用、公平竞争、优质服务；加强行业自律，发挥行业协会桥梁纽带作用，提升服务水平。

（4）强化监管，服务社会。建立依法行政，各司其职，监管到位，保障有力的综合执法模式，加强部门之间横向协作，强化事中事后监管，提升便民服务，维护汽车尾气排放检验机构、排放超标车辆维修治理企业和车辆所有人的合法权益。

（5）统一监管模式，避免孤岛现象出现。统一尾气排放检验方法和限值是确保公开、公平、公正的基础，统一监控网络系统是避免信息孤岛确保闭环管控的先决条件，统一维修治理竣工质量保证期是落实维修企业主体责任的途径，统一开放维修治理市场是维护消费者权益的前提，统一违法处罚是依法行政的保障。

（二）I/M 制度实施建议

机动车维修业已经是重要的民生服务业，机动车排放超标维修治理务必严格遵循“检验—维修治理—执法督察”的闭环管理，坚持依法行政、执政为民。通过规范检验机构的治理体系运行，强化监管手段和技术路径，彻底消除检验机构数据的弄虚作假，紧紧依靠成熟可靠先进的工艺流程来确保维修治理质量，不但要治理得了，还得治理得好，真正从根本上解决排放超标的根源。

1. 强化地方立法和政策指引，出台指导性规范和标准

立法是加强对在用机动车排放治理的动力和根本保证。国家层面已经发布了《通知》，旨在加快建立实施汽车排放 I/M 制度。该通知明确，为贯彻落实《大气污

染防治法》《打赢蓝天保卫战三年行动计划》《柴油货车污染治理攻坚战行动计划》有关要求，加快建立实施汽车排放 I/M 制度，防治在用汽车排放污染，助力打赢蓝天保卫战。地方亟须立法完善 I/M 制度，明确其法律地位，使制度建立和实施有法可依；明确制定实施文件、配套指南、检测标准、维护规范、数据规范、评估制度等的相关要求，以确保制度有效贯彻实施。近年来，地方各省、区、市根据《大气污染防治法》、部委规章文件制定了不少地方大气污染防治条例、机动车排气污染管理条例或办法等。依据相关法律法规，各省级人民政府可以根据机动车排放污染防治的需要，在地方性法规中根据在用汽车管理的实际问题，有针对性地完善实施排放检验与维护制度的质量体系、监督管理、机构服务建设等，坚持防治结合原则，推进在用汽车排放检验与维护制度更好地落地实施。

政策指引是推动 I/M 制度落地生根的保障。政府主管部门需不断规范和完善 I/M 制度的适用范围、绩效评估标准、检测人员的培训要求、检测设备的认证、质量控制、数据采集及分析、质量监督体系等内容，对 I/M 制度实施的组织架构与责任监督等规范细则予以明确和指引。此外，实施 I/M 制度的资金补贴等扶持政策，加大相关技术研究和创新，推动 M 站配备先进的技术设备，形成一套高效、便捷的维修工艺规范，确保尾气排放维护工作落到实处，取得实实在在的效果。

因此，相关部门应研究制定 M 站标准、维护技术规范及 I 站、M 站信息化标准等技术标准规范，确保统一规范。相关法律、法规、标准和规范需各有侧重、层层衔接，从而可形成一套完整、全面的适用于机动车尾气治理的法律体系。

2. 树立统一监管权威，明确部门分工，健全部门联动机制

在用汽车排放污染防治涉及生态环境、交通运输、市场监管、公安机关交通管理等多个部门，需要这些部门在机动车尾气污染防治工作中共同发挥作用，才能够建立一个有效的监管体系。由于生态环境、交通运输、市场监管、公安机关交通管理等相关部门，在法律上并未具体授予哪个部门优先于其他部门的特殊权力，导致监管部门“统一监管”的地位统而不实。当地政府应该明确统一当地监管部门，完善其在机动车尾气污染防治监管上的“统一监管”权力内容及实施细则，各部门在相应的机动车排气管理职责上应该配合该部门的工作，真正实现“统一监管”。

政府依法负有保护环境质量的责任，应该完善部门权责分工，明确各部门的监管职责，生态环境、交通运输、市场监管、公安机关交通管理四个部门之间应建立信息互通、协作配合、共同监管的联动工作机制。对汽车排放超标控制的监督管理体制，可以借鉴国际上通行的决策、执行、监管相分离的管理机制，从新车制造到实施

在用汽车 I/M 制度再到汽车淘汰报废的整个监督管理过程中，合理规划各部门职责。具体的分工情况可参考如下。

(1)生态环境部门：负责机动车污染防治的统筹管理，制订污染控制计划和目标，建立、管理和维护在用汽车 I/M 制度；汇总数据并定期公开发布机动车管理年报；加强对检验机构的监管，加大对以作弊等虚假手段进行检验工作的检验机构的处罚。与公安、交通运输部门一同在路检执法中对超标机动车进行监管。

(2)交通运输部门：营运车辆的行业主管部门，会同相关部门组织研究、制定与推广排放检验、维修与降低排放的技术、标准与规范，对检测站、维修企业进行行业管理和监督，负责管理在用汽车排放污染的治理及对排放超标车辆的维修监管。

(3)市场监管部门：应该加强对机动车排放检验机构及维护企业的计量认证及资质管理，落实排放检验与维护的主体责任。

(4)公安机关交通管理部门：作为政府授权的机动车牌照和安全管理部门，负责车辆的入户、年检以及审核机动车有无安全技术检验合格证，配合生态环境部门进行路检及对不合格车辆的禁行和处罚。

对于目前监管过程中存在的职权交叉，尤其是处罚权界限不清的问题，法律法规应该明确对检验机构、在用排放超标车辆、维修企业的处罚权。依据《通知》，可以推行生态环境部门检测取证、公安机关交通管理部门实施处罚、交通运输部门监督维修、市场监管部门监督检测的联合监管执法模式。对于遥感监测等信息技术手段，在当前逐渐推广使用的情况下，应确立这些信息手段监测的数据也能作为执法依据，进行违法处理，否则，无法完全发挥这些监管手段的威慑作用。生态环境、交通运输、公安等部门应努力推动建立汽车排放检验、维护和在用汽车淘汰制度，实现机动车达标监管部门间的联动协作、闭环管理和数据共享。

3.强化专业人才与技术支撑，加强社会诚信体系建设

M 站是一项机动车综合性污染控制技术系统工程，各技术系统关联性复杂且严密，要求人员具备综合污染控制技术能力。生态环境、交通运输、市场监管部门应指导汽车排放检验、汽车维修行业建立健全从业人员培训制度，积极开展有关制度和专业技能培训，持续提升从业人员的专业技能和素质。鼓励汽车排放检验机构和汽车维修企业优先聘用具备专业学历或职业技能等级证书的人员。鼓励组织开展汽车排放诊断修理技术比武和技能竞赛。鼓励企业加强技术改造，引进先进适用技术、工艺和设备，加强传统技术、设备改造，强化技术支撑，建设具有综合污染控制技术能力的 M 站。为 I/M 制度的实施提供更多更优秀的专业管理人才和

专业技术，实现I站与M站的无缝衔接。

I/M制度体系的实施只有建立在完善的诚信体系上，才能实现机动车污染防治工作的健康有序开展。目前，I/M制度在执行过程中反映出诸多问题，排放检验机构为了一己私利通过机动车尾气采样稀释检验、擅自修改软件系统参数、机动车替换检验等弄虚作假方式逃避排放检验；政府主管部门人力有限，技术力量薄弱，监管工作无法常态化开展，致使监管工作存在漏洞，导致车辆代检机构乘虚而入，从而造成检验和治理行业弄虚作假的现象出现。不健全的社会诚信体系严重影响了机动车污染防治工作健康有序开展。因此，一是要加强I/M诚信制度建设。开展诚信承诺活动，加大诚信企业、机构和个人示范宣传和典型失信案件曝光力度，引导企业、机构和个人增强社会责任感，强化信用自律，改善I/M制度信用生态环境，营造“守信者荣、失信者耻、无信者忧”的社会氛围。二是要建立守信激励和失信惩戒机制。加大对守信行为的表彰和宣传力度，对诚信企业、机构和个人给予表彰，通过新闻媒体广泛宣传，营造守信光荣的舆论氛围，强化行政监管性约束和惩戒。健全失信惩戒制度，建立企业、机构和个人黑名单制度和失信企业市场退出机制。切实落实对举报人的奖励，保护举报人的合法权益。通过信用信息交换共享，实现多部门、跨地区信用奖惩联动。

4. 实行信息共享与联动执法，完善国家网络监管机制，促进城市间I/M制度联动机制的形成

建立I/M制度后，生态环境、交通运输、市场监管、公安机关交通管理等部门应建立信息共享、协作配合、共同监管的联动工作机制，应增加投入，使得遥感检测、中重型柴油车OBD在线监测和汽车尾气排放检验监管相结合形成监控网络，并利用遥感检测和中重型柴油车OBD在线监测对汽车尾气排放检验机构的检验结果做认证性比对和现场随机抽检等手段，严厉打击弄虚作假和不按标准和规范检测、维护车辆的违规经营行为，强化监管措施和手段，倒逼汽车排放检验机构不敢弄虚作假，不能弄虚作假。建立互联互通的数据系统，实现部门间的数据共享，机动车登记管理部门与I/M主管部门密切配合，实施路检，限期维修，以保障闭环管理。同时，建立排放超标车辆检验维护信息追溯反馈机制，倒查排放超标车上路行驶原因，从而形成覆盖全市的维修治理网络和便民、高效、科学的治理监管体系。

排放检验实施异地检验与检验数据的全国互认，为车辆的年审提供极大便利，但异地检验互认需要各地检验数据的有效共享做支持。除地方应按标准要求完善

各种监管功能外，国家还应建立完善的数据共享机制，促进城市间 I/M 制度联动机制的有效消除，确保异地检验车辆排气检验监管工作的有效实施。

5. 不断加大普及宣传力度，完善公众参与度

生态环境、交通运输、市场监管等部门要充分运用媒体的舆论导向作用，通过互联网、报纸杂志、广播电视等多种渠道，开展专家解读、专题宣传活动，大力宣传汽车排放检验与维护制度要求、车主保证机动车排放检验合格和出现问题及时维修的法律责任和义务、违法违规处罚条例等内容。努力提升社会、车主对实施 I/M 制度的认知、理解和支持，促进机动车污染排放社会共治，保障机动车车主和社会公众的合法权益，营造良好社会环境和舆论氛围，努力使该项制度深入人心。

机动车尾气的治理除了得引入市场机制外，也需要政府、社会、公众的多方参与，这也是协同治理的体现。公众既是大气污染的受害者，也是污染防治义务人，政府更应该积极行动，开展系列宣传活动，大力度、全方位地宣传机动车环保法规政策，追踪报道日常工作动态，让公众能充分了解并及时参与到机动车污染防治的活动中来。

附　录

本书涉及英文缩略语

英文缩略语	中　文	英文缩略语	中　文
ASM	稳态工况法	HC	碳氢化合物
CF	符合性因子	I/M	定期检测和维护
CH_4	甲烷	IR	红外法
CLD	化学发光法	LEV	低排放车
CO	一氧化碳	LIDAR	紫外线反射光探测技术
CVS	定容取样	MIL	故障指示灯
DOC	柴油机氧化型催化器	NDIR	不分光红外线法
DPF	柴油机颗粒捕集器	NDUV	非扩散紫外线检测技术
DTC	故障代码	NEDC	新标欧洲循环测试
ECE	欧洲经济委员会	NMHC	非甲烷碳氢化合物
ECU	电子控制系统	NMOG	非甲烷有机气体
EEC	欧洲经济共同体	NO_2	二氧化氮
EGR	废气再循环	NO_x	氮氧化物
FID	氢火焰离子法	NO	一氧化氮
FWC	四元催化转换器	OBD	车载诊断系统
GDI	汽油直喷发动机	OBM	车载测量系统
GPF	汽油机颗粒捕集器	ORVR	车载油气回收

续上表

英文缩略语	中　文	英文缩略语	中　文
OSC	储氧能力	ULEV	超低排放车
PCV	曲轴箱强制通风	UNECE	联合国欧洲经济委员会
PEMS	车载排放测试系统	UV	紫外法
PFI	进气道喷射发动机	VelMaxHP	转鼓线速度
PM	颗粒物质量	VMAS	简易瞬态工况法
PMP	颗粒物测量规程	VOCs	挥发性有机化合物
PN	颗粒物数量	VSP	车辆比功率
Rb	波许单位染黑度	VVT	可变气门正时技术
SBC	台架老化试验	WHSC	稳态循环
SCR	选择性催化还原	WHTC	瞬态循环
SO_2	二氧化硫	WLTC	全球轻型汽车统一测试程序
SOF	有机可溶成分	WLTP	世界轻型车测试程序
TLEV	过渡低排放车	WNTE	非标准循环排放试验
TWC	三元催化转换器	ZEV	零排放车

参 考 文 献

[1] 中华人民共和国生态环境部. 汽油车污染物排放限值及测量方法(双怠速法及简易工况法):GB 18285—2018[S]. 北京:中国环境科学出版社,2018.

[2] 中华人民共和国生态环境部. 柴油车污染物排放限值及测量方法(自由加速法及加载减速法):GB 3847—2018[S]. 北京:中国环境科学出版社,2018.

[3] 中华人民共和国国家环境保护总局. 点燃式发动机汽车排放污染物排放限值及测量方法(双怠速法及简易工况法):GB 18285—2005[S]. 北京:中国环境科学出版社,2005.

[4] 中华人民共和国国家环境保护总局. 车用压燃式发动机和压燃式发动机汽车排放烟度排放限值及测量方法:GB 3847—2005[S]. 北京:中国环境科学出版社,2005.

[5] 中华人民共和国环境保护部. 在用柴油车排放污染物测量方法及技术要求(遥感检测法):HJ 845—2017[S]. 北京:中国环境科学出版社,2017.

[6] 中国国家认证认可监督管理委员会. 检验检测机构资质认定能力 评价检验检测机构通用要求:RB/T 214—2017[S]. 北京:中国标准出版社,2017.

[7] 中国国家认证认可监督管理委员会. 检验检测机构资质认定能力 评价机动车检验机构要求:RB/T 218—2017[S]. 北京:中国标准出版社,2017.

[8] 中华人民共和国生态环境部. 机动车排放定期检验规范:HJ 1237—2021[S]. 北京:生态环境部环境标准研究所,2021.

[9] 中华人民共和国生态环境部. 汽车排放定期检验信息 采集传输技术规范:HJ 1238—2021[S]. 北京:生态环境部环境标准研究所,2021.

[10] 葛蕴珊,梁宾,李海涛,等. 在用柴油车加载减速烟度和柴油机全负荷烟度的相关性研究[J]. 内燃机工程,2005(03):8-10.

[11] 葛蕴珊,杨志强,张学敏,等. 在用汽油车瞬态工况排放测试方法研究[J]. 汽车工程,2007(03):212-215.

[12] 韩应健. 我国在用汽车排气污染物检测方法及应用进展[J]. 环境保护科学,2007(05):4-7.

[13] 姜天喜. 日本对汽车数量及其尾气排放量的控制[J]. 生态经济,2007(11):157-159.

[14] 晓青. 欧洲汽车尾气排放标准与环保[J]. 天津汽车,2003(04):29-31.

[15] 余燕锋. 国内外汽车排放法规对比研究[J]. 内燃机与配件,2020(01):186-187.

[16] 王光耀. 国内外排放法规体系现状及我国排放法规分析[J]. 北京汽车,2022(01):1-3+31.

[17] 张静,刘宁锴,周平. 在用点燃式发动机轻型汽车稳态工况法排气污染物排放限值修订方法研究[J]. 环境污染与防治,2017,39(12):1391-1393.

[18] 钱人一. 点燃式发动机在用汽车排放测试之稳态工况法[J]. 汽车与配件,2012(16):44-47.

[19] 安相璧,王政荣,孙协胜. 国内外在用汽车排气污染物基本检测方法[J]. 汽车运用,2008(08):32.

[20] 危红媛,周华,颜燕,等. 我国重型柴油车排放标准的发展历程[J]. 小型内燃机与车辆技术,2020,49(06):79-87.

[21] 欧阳爱国,刘军. 在用车尾气检测方法的研究进展[J]. 安全与环境学报,2011,11(06):84-87.

[22] 郑洲,葛鹏. 中国汽车排放现状及管理趋势研究[J]. 交通节能与环保,2020,16(03):9-12.

[23] 吉江林,赵海光,郑丰,等. 法规工况下轻型汽油车氨排放特征[J/OL]. 环境科学研究,1-9.

[24] 罗佳鑫,崔健超,谭建伟,等. 基于 WLTC 和 NEDC 循环的轻型车氨排放特性研究[J]. 汽车工程,2019,41(05):493-498.

[25] 李紫帝,谭建伟,王欣,等. 轻型车 NH_3 排放实验研究[J]. 环境工程,2017,35(08):92-95 + 101.

[26] 张凤鸣. 国六轻型车排气污染物中甲烷的不确定度评定[J]. 时代汽车,2022(02):12-14.

[27] 罗佳鑫,温溢,朱庆功,等. 轻型汽油车主要含氮化合物排放特性研究[J]. 小型内燃机与车辆技术,2021,50(05):42-47.

[28] 谭丕强,曾欢,胡志远,等. 重型柴油机主要含氮化合物的排放特性[J]. 化工学报,2015,66(12):5022-5030.

[29] 江楠,游刚,刘丹凤,等. 车内空气中醛类与苯系物散发特性和健康效应[J]. 科学技术与工程,2019,19(34):433-439.

[30] 王海媚,童丽萍,熊建银. 基于小环境舱测试的实际车内 VOC 浓度预测[J]. 北京理工大学学报,2022,42(02):145-151.

[31] 王晓冬,朱佐刚,马驰. 车内空气中挥发性有机化合物主要成分浅析[J]. 安全,2018,39(04):31-33 + 36.

[32] 郑鑫程,王剑凯,曾晓莹,等. 不同车型的颗粒物及其重金属排放分担率研究[J]. 环境科学与技术,2021,44(07):60-69.

[33] 张子鹏,张新峰,刘振国. 轮胎磨损颗粒物排放特性研究现状综述[J]. 时代汽车,2020(12):145-148.

[34] 丁焰,方茂东,王计广. 机动车污染防治行业 2017 年发展综述[J]. 中国环保产业,2018(10):16-22.

[35] 刘嘉,尹航,葛蕴珊,等. 遥感法用于车辆实际道路行驶污染状况评估[J]. 环境科学研究,2017,30(10):1607-1612.

[36] 肖翠翠. 美国加州交通污染排放管理模式及对中国的启示[J]. 环境科学与管理,2015,40(11):14-17.

[37] 胡厚钧. 汽车尾气遥感监测[J]. 中国环境监测,2000(06):25-29.

[38] 袁孝尚. 国家机动车产品质量监督检测中心排放与节能技术研究所相关负责人 OBD 与“车联网”技术融合是发展趋势[J]. 商用汽车新闻,2013(21):15.

[39] 岳崇会. 美国重型车用柴油机 OBD 通用要求解读[J]. 中国标准化,2021(13):175-179+184.
[40] 王洪波,范小伟. 汽车排放污染治理利器车载诊断 OBD 系统(十一)[J]. 汽车维修技师,2021(01):117-119.
[41] 王洪波,范小伟. 汽车排放污染治理利器车载诊断 OBD 系统(十二)[J]. 汽车维修技师,2021(02):116-117.
[42] 刘宝利,甄凯,包俊江,等. 重型柴油车 NO_x 排放远程监测准确性研究[J]. 汽车实用技术,2021,46(01):113-116.
[43] 毛俊豪,何晓云,吴砚,等. 汽车遥感检测技术原理及应用[J]. 轻工科技,2019,35(05):105-106.
[44] 孔繁国,徐德伟,邓杰成. 黑烟车电子抓拍林格曼黑度对比验证研究[J]. 环境监控与预警,2019,11(01):36-39.
[45] 余建峰,叶金平. 电子抓拍技术在柴油车污染治理上的应用研究[J]. 资源节约与环保,2019(11):128.
[46] 郭子君,刘育,隋新亮. 黑烟车电子抓拍系统检测方法研究[J]. 计量技术,2020(01):3-6.
[47] 翟学超,张艺琛,张晴. 柴油发动机尾气后处理技术应用研究[J]. 时代汽车,2019(18):19-21.
[48] 陈春生. 三元催化转化器的失效模式研究[J]. 机电技术,2014(02):125-127.
[49] 宋志辉,冯晓娟,李启鹏,等. 发动机三元催化器载体失效实例分析[J]. 汽车工程师,2014(07):43-45.
[50] 鲁传平. 三元催化器的作用和故障表现[J]. 汽车与驾驶维修(维修版),2019(05):29-30.
[51] 闫志毅. 试论三元催化器损坏的关键因素及失效模式[J]. 经贸实践,2016(22):262+264.
[52] 李新伟. 轿车三元催化器的故障检修与失效防护[J]. 汽车实用技术,2017(19):165-167.
[53] 魏其广. 汽车三元催化装置失效原因和检测方法[J]. 河北农机,2019(11):84-85.
[54] 姚广涛,伍恒. 柴油机排气后处理 DPF 失效时故障特征[J]. 装甲兵工程学院学报,2015,29(03):55-58.
[55] 温吉辉,滕勤. 缸内直喷汽油机颗粒捕集器(GPF)技术研究进展[J]. 小型内燃机与车辆技术,2016,45(01):77-83.
[56] 李配楠,程晓章,骆洪燕,等. 基于国六标准的汽油机颗粒捕集器(GPF)的试验研究[J]. 内燃机与动力装置,2017,34(01):1-5.
[57] 杨君喜. SCR 后处理系统催化器堵塞失效原因分析[J]. 农机使用与维修,2020(03):82-83.
[58] 贾传德,李贵麒,张强,等. DOC+DPF 对柴油机颗粒物排放特性的影响研究[J]. 汽车实用技术,2021,46(03):125-128.
[59] 葛蕴珊,赵伟,王军方,等. DOC 对柴油机排放特性影响的研究[J]. 北京理工大学学报,2012,32(05):460-464.

[60] 梁曦. DOC 与 DPF 结合在柴油机后处理上的应用研究[J]. 科技创新与应用,2013(11):24.

[61] 楼狄明,谭畅,谭丕强,等. DOC + CDPF + SCR 对轻型柴油机排放特性的影响[J]. 车用发动机,2019(02):16-21 + 27.

[62] 张郁森,吴明,张耀轩. 汽车燃油蒸发排放控制系统检测方法研究[J]. 公路与汽运,2021(05):8-10.

[63] 刘圣华,谷超平,李喆洋,等. 乘用车燃油蒸发排放 OBD 诊断替代车检泄漏试验[J]. 中国公路学报,2021,34(06):265-273.

[64] 张跃涛,袁大宏,张云龙,等. 在用车排放检测试验方法的研究[J]. 汽车工程,2001(03):160-163 + 155.

[65] 刘军民. 国外 I/M 制度的应用及启示[J]. 汽车与安全, 2003(5):4.

[66] 卢希果. 上海市在用车推行 I/M 制度中检测方法的研究[J]. 上海环境科学,2002,21(7):4.

[67] 江宇红,陈桂珠. 汽车排放检测新技术研究[J]. 中国环境监测,2004(01):24-27 + 16.

[68] 刘昶,黎俊伯,徐渭芳. 上海市在用车 I/M 计划管理体系的探讨[J]. 上海环境科学,2001,20(2):3.

[69] 中华人民共和国交通运输部. 汽车排放污染维修治理站(M 站)建站技术条件:T/CAMR A 010—2018[S]. 北京:中国汽车维修行业协会,2019.

[70] 陈泽斌. 莫让机动车环保检测形同虚设[J]. 环境,2016(08):57-59.

[71] 倪初宁. 解决机动车环保检测造假问题的管控建议[J]. 汽车维护与修理,2017(06):35-38.

[72] 郝利君,王军方,王小虎,等. 柴油车气态排放物遥感检测技术研究[J]. 车辆与动力技术,2020(04):47-52.

[73] 王长宇,黄英,葛蕴珊,等. 汽车排放法规的发展历程和技术对策[J]. 车辆与动力技术,2000(04):58-62.

[74] 葛蕴珊,王爱娟,王猛,等. PEMS 用于城市车辆实际道路气体排放测试[J]. 汽车安全与节能学报,2010,1(02):141-145.

[75] 刘颖帅,葛蕴珊,谭建伟,等. 颗粒捕集器主动再生温度特性试验研究[J]. 内燃机与动力装置,2019,36(02):1-6.

[76] 孙一龙,郭勇,王长园. 重型车 OBDⅢ远程排放管理车载终端在线数据一致性研究[J]. 小型内燃机与车辆技术,2019,48(02):1-6.

[77] 危红媛,周华,颜燕,等. 我国重型柴油车排放标准的发展历程[J]. 小型内燃机与车辆技术,2020,49(06):79-87.

[78] 熊兴旺,杨妍妍,甄凯,等. 一种重型车监控平台与 OBD 数据延时修正方法[J]. 车用发动机,2021(02):82-87.

[79] 郭子君,刘育,隋新亮.黑烟车电子抓拍系统检测方法研究[J].计量技术,2020(01):3-6.
[80] 余建峰,叶金平.电子抓拍技术在柴油车污染治理上的应用研究[J].资源节约与环保,2019(11):128.
[81] 刘天宇,李光春,张晶,等.I/M 制度实施的现状、问题分析与相关建议[J].汽车维护与修理,2021(09):10-13.
[82] 李莹英,安琴.利用机动车排污监管平台发挥监管作用的探讨[J].山西化工,2018,38(06):199-200+211.
[83] 刘景红,徐晓伟,吴朝政,等.规范机动车排放检验,加强机动车环保监管——重庆市在用机动车排放检验机构监管纪实[J].环境保护,2016,44(12):73-74.
[84] 王成君,黎苏,周文瑾,等.GPF 故障诊断策略研究[J].汽车实用技术,2021,46(19):89-93.
[85] 吴卫国,余国成,王再兴,等.SCR 系统故障诊断策略研究[J].内燃机与配件,2021(18):136-138.
[86] 赵成磊.柴油发动机排放现状及远程在线监控探索[J].内燃机与配件,2021(13):200-201.
[87] 岳崇会.轻型和重型国六标准 OBD 要求对比研究[J].标准科学,2021(06):57-62.
[88] 吴飞,徐林林.机动车尾气排放检验与超标车维修治理问题研究[J].汽车维护与修理,2022(01):13-16.
[89] 尹胧, 李涛, 杨嘉宁. 机动车排放检验机构能力比对实验方案探索[J]. 价值工程, 2021, 40(13):2.
[90] 黄利君.机动车检验检测机构执行机动车污染物排放检验新标准 GB 18285—2018 和 GB 3847—2018的几点建议[J].中国检验检测,2020,28(06):107-108.
[91] 吴东风.依法行政 打赢排放超标车辆治理攻坚战[J].汽车维护与修理,2020(15):5-9.
[92] 蔡健.江苏省率先实施汽车检测与维护(I/M)制度[J].汽车维护与修理,2016(09):95.
[93] 张政栋.浅谈上海推进汽车排放检验与维护制度——I/M 制度数据交互系统的建设[J].汽车维护与修理,2020,(17):20-24.
[94] 罗海斌.我国 I/M 制度现状分析与实施对策建议[J].新型工业化,2020,10(09):31-33.
[95] 刘启龙.机动车排放检测与维护(I/M)制度实施的主要问题与对策研析[J].环境影响评价,2020,42(06):26-29+59.
[96] 许仁平.论机动车 I/M 制度的实现途径及其监管[J].环保科技,2021,27(04):39-43.
[97] 沈姝,李菁元,付铁强.国内外在用车 I/M 制度及实施情况[J].环境保护前沿,2020,10(4):8.
[98] 渠桦.北京市运输管理局汽车维修管理处.实施检查/维修(I/M)制度,治理汽车排放污染[J].北京汽车工程学会 2005 年学术年会,2011.
[99] 渠桦.建立健全汽车尾气治理体系实施适合国情的检查/维护(I/M)制度(上)[J].汽车运

输节能技术,2000(1):7.

[100] 渠桦.建立健全汽车尾气治理体系实施适合国情的检查/维护(I/M)制度(下)[J].汽车运输节能技术,2000.

[101] 杨超,李锦,张华,等.重型车车载诊断系统中的DPF和SCR系统的监控[J].内燃机,2007(1):3.

[102] 李浩,徐正飞,张伟,等.基于OBD功能的重型柴油车SCR系统监控[J].中国高新技术企业,2010(30):17-19.

[103] 李晓斌,李毓勤,刘颖,等.重型柴油车污染排放OBD在线监控系统研究[J].时代汽车,2021(05):25-26.

[104] 田苗,王军方,黄健畅,等.唐山市柴油车远程监控综合管控平台的开发及应用[J].环境科学研究,2021,34(01):132-140.

[105] 滕方明,薛浩慧,刘杰,等.解析机动车排气污染物排放检测新标准及检测方法(五)[J].汽车维护与修理,2019(19):63-64.

[106] 崔晓倩,张宪国,陈海峰.美国在用车检测维护(I/M)制度经验借鉴[J].汽车纵横,2018(12):65-67.

[107] 徐洪磊,龚巍巍.我国汽车检测与维护制度的实施现状及推进思路[J].汽车维修与保养,2018(10):37-39.

[108] 王光辉.I/M制度实施过程中可能遇到的问题与对策(上)[J].汽车与驾驶维修(维修版),2017(05):16-18.

[109] 王光辉.I/M制度实施过程中可能遇到的问题与对策(下)[J].汽车与驾驶维修(维修版),2017(06):14-15.

[110] 孟晓辉.浅析我国机动车尾气治理的发展阶段[J].汽车维护与修理,2017(02):28-29.

[111] 马冬,尹航,丁焰,等.基于大数据的中国在用车排放状况研究[J].环境污染与防治,2016,38(07):42-48+55.

[112] 王莹.关于对在用车环保检测机构监管的研究[J].黑龙江环境通报,2015,39(03):84-86.

[113] EPA. Guidance on Use of Remote Sensing for Evaluation of I/M Program Performance[M], United States Environmental Protection Agency, 2004.

[114] YANG Z. Remote-Sensing regulation for measuring exhaust pollutants from in-use diesel vehicles in China[R], The International Council on Clear Transportation,2017.

[115] LIU Y S,GE Y S,TAN J W,et al. Research on ammonia emissions characteristics from light-duty gasoline vehicles[J]. Journal of Environmental Sciences,2021,106(08):182-193.

[116] JIANG Y, YANG J, TAN Y, et al. Evaluation of Emissions Benefits of OBD-based Repairs for Potential Application in a Heavy-duty Vehicle Inspection and Maintenance Program[J]. Atmospheric Environment, 2021, 247(3):118186.

[117] LMBVA B, FDOP A, AG C, et al. Inspection and maintenance programs for in-service vehicles: An important air pollution control tool[J]. Sustainable Cities and Society, 53.

[118] KAZOPOULO M, KAYSI I, FADEL M E. A stated-preference approach towards assessing a vehicle inspection and maintenance program[J]. Transportation Research Part D Transport & Environment, 2007, 12(5):358-370.

[119] EISINGER D S, WATHERN P. Policy evolution and clean air: The case of US motor vehicle inspection and maintenance[J]. Transportation Research Part D Transport & Environment, 2008, 13(6):359-368.

[120] MOGHADAM A K, LIVERNOIS J. The abatement cost function for a representative vehicle inspection and maintenance program[J]. Transportation Research Part D Transport & Environment, 2010, 15(5):285-297.

[121] OVALLE C P. Vehicle inspection and maintenance, and air pollution in Mexico City[J]. Transportation Research Part D: Transport and Environment, 2002.

[122] PIERSON W R. Motor vehicle inspection and maintenance programs—How effective are they? [J]. Atmospheric Environment, 1996, 30(21):i-iii.

[123] DOYLE C P, WOODRUFF C, ESCHENROEDER A, et al. Impacts of motor vehicle inspection and maintenance on emission reductions in Southern California[J]. Science of the Total Environment, 1982, 22(2):125-131.

[124] SOSNOWSKI D, GARDETTO E. Performing Onboard Diagnostic System Checks as Part of a Vehicle Inspection and Maintenance Program[J]. environmental impacts, 2001.

[125] HAUSKER K. Vehicle Inspection and Maintenance Programs: International Experience and Best Practices,2004.

[126] ZHANG Y,YUAN D,Wang S. A study on in-use vehicle inspection and maintenance programs [J]. Automotive Engineering, 2001.

[127] LI Y. Evaluating and Improving the Effectiveness of Vehicle Inspection and Maintenance Programs: A Cost-Benefit Analysis Framework[J]. 环境保护(英文), 2017, 8(12):26.

[128] TAEWOO, LEE, JIHOON, et al. Emission Factor and Fuel Economy Calculation Using Vehicle Inspection and Maintenance Program[J]. Transaction of the Korean Society of Automotive Engineers, 2009, 17(5):97-106.

[129] WILLIAMS A,LUECKE J,MCCORMICK R L, et al. Impact of Biodiesel Impurities on the Performance and Durability of DOC, DPF and SCR Technologies[J]. Sae International Journal of Fuels & Lubricants, 2011, 4(1):110-124.

[130] TAN J,SOLBRIG C,SCHMIEG S J. The Development of Advanced 2-Way SCR/DPF Systems to Meet Future Heavy-Duty Diesel Emissions[C]//SAE 2011 World Congress & Exhibition, 2011.

[131] VRESSNER A,GABRIELSSON P,GEKAS I, et al. Meeting the EURO VI NOx Emission Leg-

islation using a EURO IV Base Engine and a SCR/ASC/DOC/DPF Configuration in the World Harmonized Transient Cycle[C]// Sae World Congress & Exhibition, 2010.

[132] SUN W,WANG L,SUN K, et al. Effect of DOC + DPF + SCR After-Treatment System on Performance and Emission for Small Diesel Engine[J]. Internal Combustion Engine & Powerplant, 2019.

[133] GARDNER S. EU Commission Proposal Outlines Euro VI Emission Standards for Trucks, Buses[J]. International Environment Reporter, 2008, 31(1):p.9.

[134] ZHOU H,WANG F B,GUO Y, et al. Experiments of Load Effects on the NOx Emission Characteristics of an Euro VI Heavy Duty Vehicle[J]. DEStech Transactions on Engineering and Technology Research, 2017(icamm).

[135] SAGEBIEL J C,ZIELINSKA B,WALSH P A, et al. PM-10 Exhaust Samples Collected during IM-240 Dynamometer Tests of In-Service Vehicles in Nevada[J]. Environmental Science & Technology, 1997, 31(1):75-83.

[136] SHAN H,LIU H,ZHANG L, et al. The control method of Acceleration Simulation Mode emissions detection systems based on Fuzzy proportional-integral-derivative control[C]// International Conference on Fuzzy Systems & Knowledge Discovery. IEEE, 2016.

[137] ZHONG K,ZHU R A. The Application Research on Emission Measurement System with VMAS [J]. Automotive Engineering, 2007.

[138] LI M,JING X A. PM Emission of Diesel Vehicle with DPF Under Lug-Down Mode[J]. Automotive Engineering, 2007.

[139] GE Y S, Liang B,LI H T, et al. Study of the Relationship Between Lug-down and Full load Exhaust Visible Smoke from Diesel Engines[J]. Chinese Internal Combustion Engine Engineering, 2005, 26(3):8-10.

[140] NARAZAKI A, ARIGA N. Engine Lug-Down Suppressing Device for Hydraulic Work Machinery[J].2011.

[141] WU Y H,OU L L,YUAN X, et al. An experimental investigation of exhaust smoke and power output of city bus installing DPF by the Lug-Down mode test[J]. Journal of Transport Science and Engineering, 2009.

[142] POSADA F,YANG Z,MUNCRIEF R. Review of Current Practices and New Developments in Heavy-Duty Vehicle Inspection and Maintenance Programs[J],2015.

[143] WU X Y,SHEN Y. CO Dynamic Comparative Test Using Remote Sensing Monitoring Instrument Measurement for Motor Vehicle Exhaust[J]. The Administration and Technique of Environmental Monitoring, 2011.

[144] GUO H,ZHANG Q,YAO S, et al. On-road remote sensing measurements and fuel-based motor vehicle emission inventory in Hangzhou, China[J]. Atmospheric Environment, 2007, 41

(14):3095-3107.

[145] DONG G,CHAN T L,CHEUNG C S, et al. Remote Sensing Measurement of On-Road Motor Vehicle Emissions and Estimation of Emission Factors[J]. Transactions of Csice, 2003.

[146] HEDMAN S. Approval and Promulgation of Air Quality Implementation Plans; Wisconsin; Amendments to Vehicle Inspection and Maintenance Program for Wisconsin.

[147] CLARK N N,GAUTAM M. Evaluation of Technology to Support A Heavy-Duty Diesel Vehicle Inspection And Maintenance Program,2001.

[148] EISINGER D S,WATHERN P. Policy evolution and clean air: The case of US motor vehicle inspection and maintenance[J]. Transportation Research Part D Transport & Environment, 2008, 13(6):359-368.

[149] HULLER D,LUDWIG M. Method and arrangement for performing an exhaust gas analysis on motor vehicles having an on-board engine control and diagnostic system[J]. US, 2004.

[150] RAJPUT P,PAREKH R. On-Board Diagnostics based remote emission test for Light Motor Vehicles[C]//International Conference on Electronics, Computing and Communication Technologies, CONECCT 2020. IEEE, 2020.